Green Development and Model Construction
of Industrial Parks in the New Era

国家出版基金项目
NATIONAL PUBLICATION FOUNDATION

"十四五"国家重点出版物
出版规划项目

工业
污染源
控制与管理
——丛书

Green Development and Model Construction
of Industrial Parks in the New Era

新时代工业园区
绿色发展与模式构建

姚 扬 乔 琦 等编著

化学工业出版社

·北京·

内容简介

本书在总结我国工业园区起源、发展和现状的基础上，探讨了其走绿色发展道路的必然性和重要意义，分析了目前工业园区绿色发展面临的机遇和挑战；系统地阐述了生态工业园区、园区循环化改造、绿色园区、城市矿产园区等当前国内比较普遍的工业园区绿色发展典型模式。从减污降碳协同治理、水循环利用、固体废物综合利用、能源综合利用、"邻避效应"规避等方面介绍了国内典型的工业园区绿色发展案例，提出了几种典型的工业园区绿色发展评价体系，并对我国工业园区未来发展的重点方向提出了展望。

本书具有较强的系统性和技术应用性，可供从事工业园园区模式建设和发展规划等的工程技术人员、科研人员和管理人员参考，也可供高等学校环境科学与工程、生态工程及相关专业师生参阅。

图书在版编目（CIP）数据

新时代工业园区绿色发展与模式构建 / 姚扬等编著
. -- 北京：化学工业出版社，2023.5
（工业污染源控制与管理丛书）
ISBN 978-7-122-42840-0

Ⅰ.①新… Ⅱ.①姚… Ⅲ.①工业污染防治－研究
Ⅳ.①X322

中国国家版本馆CIP数据核字(2023)第004177号

责任编辑：卢萌萌　刘兴春　刘　婧　　文字编辑：杜　熠
责任校对：边　涛　　　　　　　　　　　装帧设计：王晓宇

出版发行：化学工业出版社
　　　　　（北京市东城区青年湖南街13号　邮政编码100011）
印　　装：北京建宏印刷有限公司
787mm×1092mm　1/16　印张20¾　字数432千字
2025年1月北京第1版第1次印刷

购书咨询：010-64518888　　　　　售后服务：010-64518899
网　　址：http://www.cip.com.cn
凡购买本书，如有缺损质量问题，本社销售中心负责调换。

定　　价：158.00元　　　　　　　　　版权所有　违者必究

《工业污染源控制与管理丛书》
编 委 会

顾　　　问：郝吉明　曲久辉　段　宁　席北斗　曹宏斌

编委会主任：乔　琦

编委会副主任：白　璐　刘景洋　李艳萍　谢明辉

编委成员（按姓氏笔画排序）：

白　璐　　司菲斐　　毕莹莹　　吕江南　　乔　琦　　刘　静

刘丹丹　　刘景洋　　许　文　　孙园园　　孙启宏　　孙晓明

李泽莹　　李艳萍　　李雪迎　　宋晓聪　　张　玥　　张　昕

欧阳朝斌　周杰甫　　周潇云　　赵若楠　　钟琴道　　段华波

姚　扬　　黄秋鑫　　谢明辉

《新时代工业园区绿色发展与模式构建》
编 著 者 名 单

编著者：姚　扬　乔　琦　方　琳　史菲菲　尹　姝　解　蕾

　　　　袁　殷　苑　雯

工业园区是由政府或企业通过行政化或市场化等手段，以实现某一产业发展为目标而设立的特定区域。全球各国出于管理和研究的需要，对工业园区的界定并不统一，本书研究并阐述的工业园区使用以下定义：以产品制造和能源供给为主要功能，工业总产值占地区生产总值的比重超过50%，具有法定边界和明确的区域范围，具备统一的区域管理机构或服务机构的工业集聚区，包括各类经济技术开发区、高新技术产业开发区、经济开发区、产业园区等。

我国的工业园区是伴随着我国改革开放的步伐发展起来的，通过制定中长期发展规划、政策等建设并完善企业进驻和发展的各种环境，促进产业或企业集聚，最终形成产业集约化程度高、产业特色鲜明、集群优势明显、功能布局完整的发展载体，是区域经济发展、产业结构调整、产业转型升级的重要空间集聚形式，担负着聚集创新资源、培育新兴产业、推动城市化建设等一系列重要使命。

截至目前，我国各级、各类工业园区在数量和规模上持续扩大，目前省级以上工业园区已达2500余家，80%以上工业企业进入园区，园区经济总量已占全国GDP的60%以上，各类工业园区已经成为现代产业快速发展不可或缺的载体。但突出的环境问题也在工业园区集中体现，工业园区正成为我国污染防治攻坚战的主阵地。党的十八大、十九大以来，工业园区落实习近平生态文明思想，贯彻新发展理念，走绿色发展道路势在必行。

本书在总结我国工业园区起源、发展和现状的基础上，探讨了其走绿色发展道路的必然性和重要意义，分析了目前工业园区绿色发展面临的机遇和挑战，系统地阐述了生态工业园区、园区循环化改造、绿色园区、城市矿产园区等当前国内比较普遍的工业园区绿色发展典型模式。从减污降碳协同治理、水循环利用、固体废物综合利用、能源综合利用、"邻避效应"规避等方面介绍了国内典型的工业园区绿色发展案例，提出了几种典型的工业园区绿色发展评价体系，并对我国工业园区未来发展的重点方向提出了展望。本书可供环境管理、工业园区管理、工业行业、城市规划等部门的管理人员以及工业生态学、环境管理科学等学科的研究人员进行生态工业研究、生态工业园区规划和建设参考，也可供高等学校环境科学与工程、生态工程及相关专业师生参阅。

本书由中国环境科学研究院科研团队组织编著，由姚扬、乔琦等编著，具体编著分工如下：内容框架设计由姚扬和乔琦完成；第1章由方琳编著；第2章由史菲菲编著；第3章由尹姝编著；第4章由解蕾编著；第5章由袁殷编著；第6章由苑雯编著；全书最后由姚扬统稿并定稿。本书编著过程中受到了段宁院士、欧阳朝斌、刘景洋、王璠、张玥等的指导和协助，在此一并表示感谢。

限于编著者水平和编著时间，书中难免存在不足和疏漏之处，欢迎广大读者批评指正。

编著者

2022年10月

目录
CONTENTS

第 **1** 章

中国工业园区概述

- ☐ 工业园区的概况
- ☐ 中国工业园区的类别
- ☐ 中国工业园区的发展历程
- ☐ 中国工业园区的发展现状

1.1 工业园区的概况

工业革命以来，人们不断探索经济效益的增长方式。到了19世纪中叶，工业活动逐渐显现出集聚的空间特征，形成特定区域，与居住区和农业区隔离开，这便是早期的工业园区。基于此现象，19世纪末，英国经济学家马歇尔提出"产业集聚"的概念，将特定地理范围内的多个产业相互联结，形成区域特色竞争优势，实现经济效益的提高。产业集聚是工业化过程中的必然现象，是推动工业园区发展的重要理论基础之一。

工业园区不仅是工业生产的空间载体，更是工业发展的重要组织模式。欧美日韩等发达国家和地区在其工业化进程中形成了许多著名的工业园区，如德国鲁尔工业园区、荷兰鹿特丹工业园区、美国休斯敦化工园区、日本川崎工业园区和韩国蔚山工业园区等。发展中国家尤其是中国效仿这一工业组织模式，也建立起以园区为载体的工业发展体系。联合国环境规划署公布的数据显示，20世纪末全球工业园区的数量已经超过2万个。

1.1.1 工业园区的定义

目前，"工业园区"没有一个比较统一的定义。

联合国环境规划署认为：工业园区是工业企业的集聚区，该区域具备面积大、拥有完善的服务设施、具有专门的管理部门等特点。

国内学者通常认为：工业园区是集聚一定数量的工业企业，享受一定政策优惠，可把人才、技术、政策、资金和管理综合集成，有利于实现结构升级的局部区域。

由生态环境部、商务部、科学技术部联合推进的生态文明建设示范区（生态工业园区）（原"国家生态工业示范园区"）工作中，曾在《国家生态工业示范园区标准（征求意见稿）》中定义工业园区，即以产品制造和能源供给为主要功能，工业总产值占地区生产总值的比重超过50%，具有法定边界和明确的区域范围，具备统一的区域管理机构或服务机构的工业集聚区，包括各类经济技术开发、高新技术产业开发、经济开发区、产业园区等。

本书将工业园区定义为：具有法定边界和明确的区域范围，具备统一的区域管理机构或服务机构，以工业为主体，兼具农业、服务业的复合系统，亦称为开发区。

1.1.2 工业园区的特征

具有特定的区域范围、集聚大量工业企业、具有专门的管理服务机构、共享基础设施，是工业园区最基本的特征表述。随着工业园区综合发展水平的提升及城市化扩张，工业园区已经从纯粹的工业集聚区逐渐发展为集人口、经济、生态、社会服务等功能为一体的城市新区，空间类型涵盖了工业、人居、公共服务设施、城市绿化地、耕地林地、河流湖泊、岸带等，是集生产、生活、生态空间为一体的有机复合体。

1.2　中国工业园区的类别

1.2.1　不同级别的工业园区

从工业园区获得批准建设的批文发布单位级别看，工业园区分为由国务院批准设立的国家级开发区和由省（自治区、直辖市）人民政府批准设立的省级开发区。省级以下，没有法定边界和明确的区域范围，没有具备统一的区域管理机构或服务机构的，仅视作工业集聚区，不列入我国获得认可的工业园区。国家级开发区是对外开放的重要组成部分，多位于各省（自治区、直辖市）中心城市或核心区，是所在城市及周围地区发展对外经济贸易的重点区域。省级工业园区层面以经济开发区和高新技术开发区为主，已成为培育国家级开发区的后备力量。

1.2.2　不同功能属性的工业园区

从工业园区的功能属性看，《中国开发区审核公告目录》（2018年版）显示，国家级开发区分为经济技术开发区、高新技术产业开发区、海关特殊监管区域、边境/跨境经济合作区、其他类型开发区。中国开发区协会官方网站显示，国家级开发区包括经济技术开发区、高新技术产业开发区、海关特殊监管区域、边境/跨境经济合作区、自贸区、新区、自创区等。

1.2.3　不同主导行业的工业园区

从工业园区主导行业类别看，可划分为综合类、行业类、静脉产业类三大类工业园区。其中，综合类工业园区是由不同行业的企业组成的工业园区；行业类工业园区是以某一类工业行业的一个或几个企业为核心，通过物质和能量的集成而形成的工业园区；静脉产业类工业园区是以从事静脉产业生产的企业为主体建设的工业园区，静脉产业即资源再生利用产业，是以保障环境安全为前提，以节约资源、保护环境为目的，运用先进的技术，将生产和消费过程中产生的废物转化为可重新利用的资源和产品，实现各类废物的再利用和资源化的产业，包括废物转化为再生资源及再生资源加工为产品两个过程。

1.2.4 不同产品用途的工业园区

从工业园区产品用途类别看，有轻工业园区和重工业园区之分。早期工业仅有轻、重工业之分。重工业是为国民经济中各生产部门提供物质及技术基础的工业门类，轻工业则主要为居民提供一般的生活消费品和所需的手工工具。到近代，因为工业产品分类进一步细化，工业划分为化学工业、轻工业和重工业三大类，化工园区因此诞生。

1.2.5 不同空间分布的工业园区

从工业园区的空间布局看，可划分为四大类工业园区，划分依据为《国民经济和社会发展统计公报》中对地域的分类，即除香港、澳门、台湾外的其他省（自治区、直辖市）划分为东部地区、中部地区、西部地区、东北部地区。其中，东部地区包括北京、天津、河北、上海、江苏、浙江、福建、山东、广东和海南10省（直辖市）；中部地区包括山西、安徽、江西、河南、湖北和湖南6省；西部地区包括内蒙古、广西、重庆、四川、贵州、云南、西藏、陕西、甘肃、青海、宁夏和新疆12省（自治区、直辖市）；东北部地区包括辽宁、吉林和黑龙江3省。

1.2.6 不同管理体制的工业园区

从工业园区管理体制类型看，可分为政府主导型、公司主导型、政企混合型三大类工业园区。

（1）政府主导型管理体制

政府主导型管理体制的工业园区主要由政府派出机构管理委员会进行管理，其职能部门由上级或自主设置，受地方主管部门领导，部分工业园区范围与所在地人民政府辖区范围一致，存在"一套班子，两块牌子"的现象。

（2）公司主导型管理体制

公司主导型管理体制的工业园区主要由经济实体负责，地方政府不再设置管理委员会，环保、基建等公共事务由园区建设主体即公司负责。

（3）政企混合型管理体制

政企混合型管理体制的工业园区同时具备政府主导型和公司主导型管理体制的特点，在园区内同时设置开发总公司和管理委员会，有关的管理职能由两者共同行使。

1.3 中国工业园区的发展历程

中国工业园区的发展与改革开放后经济技术开发区的建设发展密切相关，自1979年发展至今已有四十余年，先后经历了探索起步、快速发展、科学发展三个阶段。

1.3.1 探索起步阶段（1979～1991年）

1979年，中共中央和国务院决定在深圳、珠海、汕头、厦门兴办"经济特区"，其中深圳特区南头半岛的蛇口工业区，面积2km^2，是中国第一个对外开放的工业园区。

1984年，中共中央和国务院决定进一步开放天津、上海、大连、秦皇岛、烟台、青岛、连云港、南通、宁波、温州、福州、广州、湛江和北海14个沿海港口城市，在扩大城市权限和给予外商投资者若干优惠方面，实行特殊政策和措施，其中包括"可以划定一个有明确地域界限的区域，兴办新的经济技术开发区"。

1988年，国家批准建立第一个高新技术产业开发区——北京市新技术产业开发试验区，同年又在上海建设漕河泾新兴技术开发区。

在探索起步阶段，我国步入以经济建设为中心的发展轨道，设立了经济特区、开放城市，并建立经济技术开发区，省级及以上真正意义的工业园区在我国建设开来。

1.3.2 快速发展阶段（1992～2002年）

1992年，国务院开放了一大批沿长江、沿内陆边境城市和内陆省会城市，并开始建设国家高新技术产业开发区。此后中国出现一股"开发区热"。

在快速发展阶段，工业园区与城市的联系更加紧密，工业园区除了其基本功能外还肩负城市拓展区的功能，产城融合发展趋势逐渐显现，居住、娱乐、贸易等用地及绿地景观体系也纳入了工业园区的建设内容，绝大多数一线、二线城市都有工业园区。

随着工业园区在全国范围内的快速建设和发展，暴露出了一系列问题，包括部分地方和部门擅自批准设立名目繁多的各类开发区、随意圈占大量耕地、越权出台优惠政策、开发区功能不完善等。

1.3.3 科学发展阶段（2003年至今）

自2003年7月《国务院办公厅关于暂停审批各类开发区的紧急通知》发布以来，国务院有关部门根据清理整顿开发区的有关法规和政策性文件，对全国各类开发区进行了清理整顿和设立审核。按照"布局集中、用地集约、产业集聚"的总体要求，对符合条件和标准的开发区予以公告并确定了四至范围。通过清理整顿和设立审核，核减了全国开发区数量，压缩了规划面积，突出了产业特色，优化了布局。各类开发区在项目准入、单位土地面积投资强度、容积率及生态环境保护等方面的标准明显提高，清理整顿和设立审核工作取得初步成效，为开发区下一步规范发展营造了良好环境。此次撤并开发区数量超过4500家，收回土地逾20000km^2。

2007年3月，国家发展改革委等三部门联合发布《中国开发区审核公告目录》（2006年版）（后简称《目录》），数据显示，截至2006年，国务院共批准设立了222家国家级开发区和1346家省级开发区。此后，一批园区陆续升级为国家级开发区，成为中国工业园区的主要类型。

面对工业园区在发展过程中出现的土地滥用、资源浪费、环境污染等问题，21世纪前后，我国逐步将20世纪80年代引入我国的循环经济、产业生态学理念付诸实践，国家生态工业示范园区、循环化改造示范园区、国家低碳工业园区、绿色园区等面向工业园区生态化建设的示范试点活动，逐渐成为解决工业园区资源环境瓶颈、实现区域经济可持续发展的主要途径之一，将工业园区发展引入人与自然和谐共生发展的良好局面。

1.4 中国工业园区的发展现状

1.4.1 数量及空间分布

为认真贯彻落实习近平新时代中国特色社会主义思想和党的十九大精神，以新发展理念为指引，坚持科学规划、合理布局、分类管理、因地制宜、整合资源、集约发展原则，遵循开发区以产业发展为主，努力成为制造业、高新技术产业和生产性服务业集聚发展平台的功能定位，国家发展和改革委员会等六部门按照土地利用、规划建设、基础设施、数量控制、产业集聚、产业特色、发展定位、区域布局、环境保护、安全生产等标准，对开发区进行了严格审核，于2018年2月联合发布《中国开发区审核公告目录》

（2018年版）。这是目前最为权威的明确省级及以上开发区的名录，包括2543家开发区，其中国家级开发区552家、省级开发区1991家（见附录1）。

与2006年版《目录》中开发区的数量相比，2018年版《目录》增加了975家开发区，与2006年版《目录》中重合的有1511家、新增1032家。按不同区域分类比较前后两版的开发区数量，东部地区有964家，比2006年版增加216家；中部地区有625家，比2006年版增加224家；西部地区有714家，比2006年版增加425家；东北部地区有240家，比2006年版增加110家。

空间布局数据显示，我国的工业园区呈现"东强西弱"态势。2543家开发区中，有38%的开发区位于东部地区，其中山东省、江苏省、河北省位列前三，分别有174家、170家、153家省级及以上开发区。在国家级552家开发区中，东部地区的优势更为明显，占比达到47%；前五名均为东部地区省份，分别为江苏省、山东省、浙江省、广东省、福建省，其中江苏省有67家国家级开发区。

1.4.2 经济贡献及增速

我国工业园区有力地推动了我国开放型经济的发展，促进了工业化、城镇化进程，对区域经济发展起到了重要的支撑作用。2020年，我国国内生产总值（GDP）达到101.60万亿元，稳居世界第二位，人均GDP再次站上1万美元的新台阶，其中，全国GDP 1/4来自园区经济。我国国家经开区和国家高新区的GDP保持快速增长态势，平均增速分别为8.6%和10.9%，均高于全国平均水平。国家级工业园区不仅是区域经济发展的重要支撑，还在我国经济增长中发挥了引领性作用。

参考文献

[1] 刘业业. 工业园区生态文明发展水平评价方法的建立与应用 [D]. 济南：山东大学，2016.

[2] 贾小平，石磊，杨友麒. 工业园区生态化发展的挑战与过程系统工程的机遇 [J]. 化工学报，2021，72(5): 2373-2391.

[3] 李莎. 长沙工业园区可持续发展能力评价体系研究 [D]. 长沙：湖南大学，2015.

[4] 李庆国. 吉林省轻工业发展的现状、特点及趋势分析 [J]. 中国集体经济，2014(1): 8-9.

[5] 于毅. 开发区管理体制改革研究——以山东商河经济开发区为例 [D]. 济南：山东大学，2021.

[6] 李志群，刘亚军，刘培强. 开发区大有希望（上册：概论）[M]. 北京：中国财政经济出版社，2011: 3-36.

[7] 田金平，刘巍，臧娜，等. 中国生态工业园区发展现状与展望 [J]. 生态学报，2016, 36(22): 7323-7334.

[8] 国务院. 中共中央、国务院关于批转《沿海部分城市座谈会纪要》的通知 [EB/OL]. 1984-05-04.

[9] Yang Y R,Wang H K. Dilemmas of local governance under the development zone fever in China: a case study of the Suzhou region[J]. Urban Studies, 2008, 45(5-6): 1037-1054.

[10] 赵若楠，马中，乔琦，等. 中国工业园区绿色发展政策对比分析及对策研究 [J]. 环境科学研究，2020, 33(2): 511-518.

[11] 中华人民共和国国家发展和改革委员会，中华人民共和国科学技术部，等. 中国开发区审核公告目录（2018年版）[R]. 2018年第4号公告.

第 **2** 章

新时期工业园区的
绿色发展

2.1 工业园区绿色发展的概述

2.1.1 工业园区绿色发展的定义与要点解析

2.1.1.1 绿色发展的提出背景与理念内涵

绿色发展是在经济增长伴随着资源耗竭和生态环境恶化的背景下提出的新发展理念。绿色发展理念最早源于英国经济学家大卫·皮尔斯于1989年发表的《绿色经济的蓝图》中提出的"绿色经济"概念，它是一种在自然环境与人类承受范围之内，不因经济增长导致生态破坏、资源耗竭和社会分裂的可持续经济发展方式。在2007年年底的巴厘岛联合国气候变化大会上，时任联合国秘书长潘基文指出"人类正面临着一次绿色经济时代的巨大变革，绿色经济和绿色发展是未来的道路""绿色经济正在为发展和创新产生积极的推动作用，它的规模之大可能是自工业革命以来最为罕见的"。2011年，经济合作与发展组织（OECD）发布《迈向绿色增长》报告，从7个方面构建绿色增长政策框架。2012年，联合国世界可持续发展高峰会议提出"发展绿色经济"倡议，将绿色转型确定为全球经济的发展方向，至此绿色经济和绿色增长成为全球广泛共识，绿色发展逐渐成为全球主流趋势。

2015年10月29日，习近平总书记在党的十八届五中全会第二次全体会议上的讲话指出："绿色发展注重的是解决人与自然和谐问题"。2016年1月18日，习近平总书记在省部级主要领导干部学习贯彻党的十八届五中全会精神专题研讨班上的讲话再次指出："绿色发展，就其要义来讲，是要解决好人与自然和谐共生问题"。党的十九大报告强调"要坚持人与自然和谐共生"，将推进绿色发展作为生态文明建设的重要路径之一。党的二十大报告提出推动绿色发展、促进人与自然和谐共生的战略部署，擘画了人与自然和谐共生的中国式现代化宏伟蓝图，强调站在人与自然和谐共生的高度谋划发展，为生态文明建设和高质量发展提供了遵循的根本。

绿色发展与绿色增长、绿色经济等概念理念内涵一致，强调在保证生态环境容量和资源承载力的前提下把生态环境保护作为实现区域可持续发展的重要手段，究其根本是在经济、环境和社会发展之间寻求一种利益最大化的发展模式，是追求高效益、高质量的可持续发展模式。绿色发展具有下述特征：

① 绿色发展的协调性，即绿色发展兼顾经济发展、社会发展和资源环境承载力，旨在实现绿色富国、绿色惠民；

② 绿色发展的系统性，绿色发展涵盖了资源能源节约与高效利用、环境污染治理、生态修复、循环经济、清洁生产、国土空间规划等诸多领域；

③ 绿色发展的全球性，当前全球面临共同的气候危机和环境危机，积极应对气候变化、保护地球环境、实现全球可持续发展，与每个国家的利益密切相关。

当前绿色发展仍处于理论构建和实践摸索阶段，急需全球人们共同努力。

2.1.1.2　国外工业园区绿色发展历程

工业园区不仅是工业发展的空间载体，更是工业经济的产业组织形式。西方工业化国家率先建立起工业园区的发展模式，同时也经历了随之而来的环境污染问题，在环境治理历程中逐渐探索和积累了绿色发展和低碳化的模式与经验。早期园区生态化的措施主要是建设集中污水处理厂和工业废物焚烧、填埋设施等，后来逐渐拓展到产业规划、基础设施建设和园区管理等整体层面。随着工业园区规划建设的逐渐成熟，企业内部环保措施做出的贡献逐渐增加，工业园区逐步探索绿色发展模式创新。

① 1989 年丹麦卡伦堡工业园区产业共生体系的发展带来了园区发展模式的变革。燃煤电厂、炼油厂、酶制剂厂等重要企业在 30 多年的发展过程中，逐渐自发形成了以废物交换利用和基础设施共享为特征的产业共生体系，带来了超越单个企业尺度的效果，实现了园区尺度上环境与经济的"双赢"。受卡伦堡工业园区的发展经验的启发，美国、加拿大、荷兰、英国、日本和韩国等工业化国家纷纷开展模仿探索，并在进入 21 世纪后引发了世界范围内产业共生体系建设的热潮。

② 1994 年，美国可持续发展总统委员会（PCSD）宣布开展生态工业园区试点，资助生态工业园区的设计与开发。1995 年，马里兰州 Fairfield、弗吉尼亚州 Cape Charles、得克萨斯州 Brownsville 和田纳西州 Chattanooga 开始了生态工业园区的试点工作。在 1994~1996 年一共有 16 家工业园区进行了生态工业园区的建设试点。

③ 1997 年，日本为推进循环型社会的建设，开始了生态城项目（实质上是静脉产业园区）的推进工作，实施了一系列国家层面生态工业园区与环境都市项目，以期通过先进的资源循环与废弃物处理技术的推广，以及环境产业与静脉产业的发展，构建一系列环境友好型城市与城镇，最终实现社会零排放。到 2006 年生态城项目截止，先后打造了 26 个生态城试点项目。2011 年开始，日本环境省又提出了生态城创新项目，在 26 个生态城的基础上筛选了一批试点地区开展模范生态城项目，包括北海道地区，秋田市、北九州市、川崎市和大阪市。项目重点包括：改善提高已有项目的资源循环率并进行示范验证；开展绿色创新，包括商业模式创新以及国家示范项目的产业化。

④ 2002 年，受填埋税政策影响，英国企业经营压力逐渐增大，英国可持续发展工商理事会启动了国家产业共生项目（NISP），并在亨伯地区尝试开展产业共生模式并逐渐推广至全国。

⑤ 2003 年，韩国出台了国家生态工业园示范项目计划，分为 3 个阶段执行：第 1 阶段（2005~2009 年）选定了浦项、丽水、蔚山、尾浦、温山、半月、始华和清州作为示范园区，在示范园区内建立产业共生体系，推动实施一批产业共生项目，同时在韩国知识经济部的支持下设立了韩国工业园区股份有限公司（KICOX），执行生态工业园区

示范项目的引导、支持和监察职能；第2阶段（2010~2014年）继续扶持8个示范区，将产业共生经验进行推广；第3阶段（2015~2019年）发掘2～3个成功的生态工业园区模式，并建立全国性的产业共生体系。

除上述国家外，荷兰、加拿大、法国、意大利等发达国家以及菲律宾、印度尼西亚、越南、土耳其、巴西等发展中国家也围绕产业共生开展了大量的实践探索工作。

工业园区产业共生实践探索引起了国际机构的高度重视。早在2000年，联合国环境规划署（UNEP）发布了有关工业园区环境管理的技术文件。2010年，联合国工业发展组织（UNIDO）发布了有关低碳工业园区的建设指导文件。2017年，联合国工业发展组织、世界银行集团和德国国际合作机构（GIZ）共同发布了生态工业园区国际评价框架，并于2020年进行了更新。

2.1.1.3 工业园区绿色发展的要点

工业园区绿色发展模式是依据循环经济理念和工业生态学原理而设计建立的一种新型工业组织形态，在末端治理、清洁生产的基础上进一步加强了资源的整合，模拟自然生态系统建立互利共生网络，实现物流的"闭路再循环"以及能量的梯级利用，从而实现整个园区内资源利用率最大化、废物排放量最小化。工业园区作为产业集群的重要平台，能够将园区内一个企业的副产品或排放物作为另一个企业的生产投入品或原材料，通过废物交换、循环利用等手段，最终实现园区的污染物"零排放"。

工业园区绿色发展的要点主要有以下几个。

（1）绿色理念引领

坚定不移贯彻"新发展"理念，强化园区绿色发展顶层设计，提升绿色转型意识，从整体性和区域性、长远性和现实性、发展性和生态性入手，将绿色低碳发展理念贯穿于产业园区规划、建设、管理、运营各个阶段。以绿色低碳发展理念指导企业生产过程所涉及的原材料、工艺技术、产品生产及使用、废弃物处理处置等各个环节，实现经济发展与生态环境保护的和谐共生，实现长远效应和短期利益的"双赢"，实现园区和区域、产业和城市的融合，推动区域绿色低碳发展。

（2）体制机制绿色化

完善的体制机制是绿色发展的动力与保障，也是生态文明的软实力。政策导向直接影响工业园区绿色发展进程，应强化政策引导、制度规范、机制推动，不断完善推动园区绿色发展的支持和激励政策，为绿色发展持续优化政策供给；强化要素保障，为绿色发展和生态文明建设提供可靠的制度保障。

（3）产业共生耦合

打造绿色产业链是工业园区绿色发展的重要举措之一。建设和引进产业链接或产业延伸的关键项目，通过中间产品的衔接利用以及废弃物的再生循环实现产业链间的纵向衔接，推进副产物资源化链条的持续壮大延伸，形成园区、企业之间的循环链条，并实现产业资源的循环化利用。对关联性较强或可优劣势互补的企业进行整合，建立产业集群，实现产业间资源共享，推动产业链横向耦合。

（4）资源能源高效利用

在产业园区运转中实现物质梯级利用、能源梯级利用、水资源持续回用，实现资源和能源循环共享，提升资源和能源利用效率。主要以单个企业为主体，通过清洁生产技术应用、工艺设备更新、设备监管、减排技术改造等手段，最大限度地减少原料和物料的浪费、污染物泄漏及污染物末端排放，实现企业内部循环，强化企业、园区、产业集群之间的循环链接，提高资源利用水平。

（5）基础设施绿色转型升级

园区基础设施主要包括园区集中式污水处理厂、中水回用处理设施、集中供热设施、能源基础设施以及固体废物（包括危险废物）收集、资源化利用、处理处置设施等。园区绿色发展要注重绿色基础设施的建设与共享，基础设施之间产生协作关系，带来的环境效益、生态效益显著；强化基础设施绿色转型升级，提升基础设施绿色低碳发展水平，不仅可以有效降低污染物及温室气体排放，还可以实现水资源的循环利用，节约资源，提高工业园区的经济效益。

（6）园区管理智慧化

基于数据驱动的园区环境管理精细化和智慧化是近年来中国工业园区绿色发展的新趋势。借助物联网、大数据和云计算技术，将园区的环保、安全、能源、应急、物流、公共服务等日常运行管理的各领域整合起来，以更加精细、动态、可视化的方式提升园区管理和决策的能力。园区的精细化和智慧化管理多采用环保管家第三方服务的模式，以"市场化、专业化、产业化"为导向，引导社会资本积极参与，可以有效提升园区的治污效率和专业化水平。目前，中国各类工业园区纷纷开启智慧园区、智慧环保、智慧安监等决策支撑平台建设。

2.1.2 工业园区绿色发展的重大意义

（1）园区绿色发展是推进生态文明建设的重要抓手

党的十八大以来，以习近平同志为核心的党中央以前所未有的力度抓生态文明建设，推动我国生态环境保护取得历史性成就，生态环境质量持续改善，美丽中国建设迈出重大步伐，绿色低碳发展取得显著进展，但是我国生态环境保护结构性、根源性、趋势性压力尚未根本缓解，保护与发展的长期矛盾仍然存在。我国工业化加速推进的同时带来了能源消耗和污染排放的密集增长，使得人与自然的矛盾越来越尖锐。工业绿色发展是生态文明建设的重要着力点。

园区是工业发展的重要载体和依托，是推动经济高质量发展的主阵地、主战场。我国各级各类开发区、工业园区工业总产值占全国的60%以上。据统计，2019年，全国218家国家级经济技术开发区、169家国家高新技术产业开发区国内生产总值（GDP）分别占全国的11%和12.3%。工业园区是经济发展最活跃、工业生产活动最为集中的区域，在实现了产业和资源的有效聚集、拉动区域经济快速发展的同时也成为我国资源环境矛盾最为突出、公众反映最强烈的区域。工业园区绿色发展对工业的高质量发展起着举足轻重的作用，已成为工业领域推进生态文明建设的重要实践区。以工业园区为抓手开展生态文明建设是国民经济和社会发展的重大战略需求，对于推动绿色发展、形成节约资源和保护环境的产业结构和生产方式具有重要意义。

（2）园区绿色发展是深入打好污染防治攻坚战的关键步骤

2018年全国生态环境保护大会指出"要推动工业企业向园区聚集"，目前，我国80%以上工业企业进入园区。我国省级以上工业园区已达2500余家，工业园区建设取得了良好的经济效益，经济总量已占全国GDP的60%以上，各类工业园区已经成为现代产业快速发展不可或缺的载体；但与此同时，工业园区也是资源、能源消耗强度最大、污染排放最集中的区域，是对生态环境影响最大的场所之一，大气、水、土壤、固体废物等方面的突出问题在工业园区集中体现。研究显示，2014年，1604家省级及以上园区温室气体排放量、淡水消耗量、二氧化硫排放量和氮氧化物排放量分别占同年全国总量的18%、4.6%、12%和15%。工业园区是经济发展的主阵地，也是打好污染防治攻坚战的主战场，工业园区的绿色发展是解决当前资源利用效率问题、破解污染攻坚的关键，也是深入打好污染防治攻坚战的关键步骤。

（3）园区绿色发展是助推"双碳"目标实现的有效途径

积极应对气候变化是我国实现可持续发展的内在要求，是加强生态文明建设、实现美丽中国目标的重要抓手，也是我国履行大国责任、推动构建人类命运共同体的重大历史担当。中国政府承诺CO_2排放力争于2030年前达到峰值，努力争取2060年前实现碳中和。

工业是我国二氧化碳排放量位居第二位的重要领域，仅次于能源生产与转换领域，是我国实现碳中和的关键领域。我国虽形成了独立完整的现代工业体系，是全世界唯一拥有联合国产业分类中所列全部工业门类的国家，但仍处于工业由高速发展向高质量发展的转变阶段，战略性新兴产业占比依然相对较低，尚未成为推动经济增长的主导力量，重点区域、重点行业污染问题没有得到根本解决。2000～2019年，我国六大高耗能行业能源消费占工业比重由66.8%增长到75.35%，仍未摆脱以资源要素驱动为主的高污染、高消耗、高排放的"三高"模式。

在工业部门深化应对气候变化和全面推进绿色转型的背景下，数量庞大的工业园区已然成为"十四五"乃至今后一个时期工业领域实现科学、精准碳减排的关键靶点。加快产业结构调整、转型升级、科技驱动、模式创新、节能降耗、绿色发展等对于我国积极应对气候变化、走低碳发展道路，适应新时期经济发展和"双碳"政策要求具有重大意义。

2.2　新时期工业园区绿色发展的机遇和挑战

2.2.1　新时期工业园区绿色发展的机遇

（1）工业由高速增长向高质量发展转变，为园区绿色发展奠定基础

1）产业结构持续升级

深入推进供给侧结构性改革，积极化解过剩产能，10年来退出过剩钢铁产能1.5亿吨以上，电解铝、水泥行业落后产能已基本退出。第一、第二、第三产业比例进一步优化，新技术、新产业、新业态发展迅猛，智能化、绿色化和服务化转型步伐加快，2021年高技术制造业增加值占规模以上工业增加值比重达到15.1%，比2012年增加了5.7个百分点。

2）资源能源利用效率显著提升

"十三五"期间，规模以上工业单位增加值能耗降低约16%，单位工业增加值用水量降低约40%。重点大中型企业吨钢综合能耗水耗、原铝综合交流电耗等已达到世界先进水平，2020年，中国重点统计钢铁企业平均吨钢综合能耗为545.27kg，与2010年571.85kg相比下降了5%，资源产出率较2010年提高了58%。2020年，十种主要品种再生资源（废钢铁、废有色金属、废塑料、废轮胎、废纸、废弃电器电子产品、报废机动车、废旧纺织品、废玻璃、废电池）回收利用量达到3.8亿吨，工业固体废物综合利用量约20亿吨。工业园区层面，以国家级高新技术产业开发区为例，2019年，规模以上工业企业万元增加值综合能耗为0.464t/万元，较2015年（0.584t/万元）下降20.5%。

3）清洁生产水平明显提高

"十三五"期间，创新清洁生产审核推进模式，以政府购买第三方清洁生产审核服务试点形式，开展园区清洁生产审核，提升区域清洁生产水平。山东省印发《山东省生态环境厅山东省财政厅关于开展园区、产业集群整体清洁生产审核创新试点的通知》（鲁环字〔2022〕11号），烟台化学工业园等10个园区入选试点。2022年5月，生态环境部、国家发展和改革委员会联合印发《关于推荐清洁生产审核创新试点项目的通知》，面向能源、钢铁、焦化、建材、有色金属、石化化工、印染、造纸、化学原料药、电镀、农副食品加工、工业涂装、包装印刷等重点行业，选取园区、产业集群和

重点区域、流域开展清洁生产审核创新试点，有利于进一步推进工业园区（产业集群）清洁生产整体审核创新。

4）绿色低碳产业初具规模

截至2020年年底，我国节能环保产业产值约7.5万亿元。新能源汽车累计推广量超过550万辆，连续多年位居全球第一。太阳能电池组件在全球市场份额占比达71%。

5）绿色制造体系初步形成

我国已研究制定468项节能与绿色发展行业标准，并建设2121家绿色工厂、171家绿色工业园区、189家绿色供应链企业，推广近2万种绿色产品，绿色产品的供给能力大幅提升，绿色制造体系建设已成为绿色转型的重要支撑。

（2）绿色发展政策体系不断深化，为园区绿色发展提供动力和保障

我国把构建现代绿色治理体系作为长期目标，不断完善适合国情和发展阶段的法规标准、市场机制和政策体系。严格落实修订后的《节约能源法》《环境保护法》等，健全节能环保标准体系，推动绿色发展纳入法治化轨道。制定分解节能减排约束性目标任务，强化责任落实和考核督查，推动各级政府切实践行绿色发展。安排节能减排财政补助资金，完善环保电价、差别电价、排污收费等经济政策，开展用能权、碳排放权交易试点，完善绿色发展长效市场体系。"十三五"以来，随着多项改革措施的落地，我国的要素市场体系、资源价格形成机制、行政管理体制、区域生态补偿机制和财税金融体制将不断完善，有助于破解绿色发展中的体制机制壁垒，加快工业绿色转型步伐。

"十四五"时期，我国生态文明建设进入了以降碳为重点战略方向、推动减污降碳协同增效、促进经济社会发展全面绿色转型、实现生态环境质量改善由量变到质变的关键时期。国家及地方密集出台一系列推动减污降碳的政策、规划，将持续引领工业园区绿色发展。2022年6月，生态环境部等七部门联合印发《减污降碳协同增效实施方案》，明确提出"开展产业园区减污降碳协同创新。鼓励各类产业园区根据自身主导产业和污染物、碳排放水平，积极探索推进减污降碳协同增效，优化园区空间布局，大力推广使用新能源，促进园区能源系统优化和梯级利用、水资源集约节约高效循环利用、废物综合利用，升级改造污水处理设施和垃圾焚烧设施，提升基础设施绿色低碳发展水平"，为工业园区布局优化、资源能源利用水平提升、基础设施绿色升级等方面提供政策机遇，进一步推动工业园区绿色发展水平提升。

（3）绿色技术创新及推广应用，为园区绿色发展提供强有力技术支撑

绿色技术是推动绿色发展的基础性要素，近年来随着生态环境保护和科技创新投入力度的迅速提升，我国在绿色技术研发方面不断取得突破。为加快高效节能和节水技术的推广应用，引导绿色生产和消费，工业和信息化部也在陆续发布工业节能和节水技术相关的目录、应用指南与典型案例等，为园区、企业绿色发展提供技术引导；国家发展改革委等四部门发布的《绿色技术推广目录（2020年）》中将绿色技术分为节能环保产业、清洁生产产业、清洁能源产业、生态环境产业和基础设施绿色升级5类。近年来，我国企业不断加大节能减排力度，着力加强生产过程管理，提高能源利用效率；不断优化能源结构，积极构建清洁低碳的能源体系。随着风、光等绿色能源的发电成本逐步下降，绿色电力比重增加的趋势更加明显。"十四五"时期，国家将持续重视绿色技术的推广应用，为工业园区绿色发展提供强有力的技术支撑。

（4）碳达峰碳中和战略实施推进，为园区绿色低碳发展提供重要导向

气候变化是当今人类面临的重大挑战，应对气候变化已成为全球共识。2020年9月22日，习近平总书记提出我国"2030碳达峰、2060碳中和"的"双碳"目标要求，积极应对气候变化和低碳经济转型已成为重要的国家战略，生态文明建设已经进入以降碳为重点战略方向的关键时期。

工业是碳排放的主要领域，是实现碳达峰碳中和的重中之重。"双碳"目标对产业结构低碳化提出更高要求。钢铁、水泥、石化、建材等高耗能、高排放产业发展空间将受到制约，必须由规模化粗放型发展快速转向精细化高质量发展，产业链也将全面升级；新能源、节能环保、高端制造、清洁生产等新兴产业凭借自身的低碳属性和高技术禀赋，将迎来新一轮快速发展机遇。

工业园区作为工业碳排放最集中的区域，是工业部门实现碳达峰碳中和的重要战场。据测算，工业园区贡献了全国二氧化碳排放的31%。随着"碳中和"发展目标的提出，工业园区将进一步推进绿色低碳转型，持续优化空间规划、产业结构、能源结构，促进园区企业间能源系统优化和梯级利用、水资源集约化循环利用、废物综合利用，提高资源能源利用效率。

2.2.2 新时期工业园区绿色发展的挑战

（1）园区生态文明和绿色发展意识有待提升

党的十八大以来，国家尤其重视园区绿色转型和创新发展，大量国家层面重要文件中均提出了许多与园区生态化、绿色发展相关的内容。部分园区对生态环境建设的理念仍停留在"合规"层面，未能在主观层面形成绿色低碳循环的生态化发展理念。东部园区的经济发展水平较快，对园区绿色发展的创新管理机制有一些探索，例如设立园区绿色发展组织机构、招商引资中强化"绿色招商""生态招商""补链招商"等。但从全国整体来看，由于工业园区（特别是中部、西部园区）对绿色发展认识不均衡，实际环境管理工作中创新机制不足，多采用常规的生态环境保护策略，总体上创新管理仍处于被动状态。

（2）产业结构仍需绿色转型升级

在节能减排和生态环保要求下，各地纷纷调整产业结构，大力清理高耗能、高污染

的落后产能，积极发展高技术产业，取得了一系列成就。但在当下，多数开发区的产业结构仍然偏重，仍未摆脱我国工业产业结构以资源型、高耗能为主的现状，高附加值精深加工产业、战略性新兴产业占比仍相对较低。据测算，2000 ～ 2019年，化学原料及化学制品制造业、黑色金属冶炼及压延加工业、有色金属冶炼及压延加工业、非金属矿物制品业、石油加工炼焦及核燃料加工业、电力热力的生产和供应业六大高耗能行业的能源消费占工业比重由66.8%增长到75.35%。从2005年起六大高耗能行业碳排放量占工业碳排放的比重持续在70%以上，碳排放量由2005年的29.08亿吨增至2019年的54.32亿吨。工业园区亟须强化产业结构调整，以六大耗能行业为重点，及时淘汰高耗能产能，整治提升低效高耗产业，引导产业结构向绿色低碳转型升级。

（3）环境基础设施对绿色发展的支撑能力不足

环境基础设施是深入打好污染防治攻坚战、改善生态环境质量、增进民生福祉的基础保障，也是推动生态文明建设和绿色发展的重要支撑。近年来，工业园区持续加强基础设施建设，推进供热、供电、污水处理、中水回用等公共基础设施共建共享，取得很大进步，但是部分园区仍然存在环境基础设施建设相对滞后的问题，尤其是固体废物处理处置能力不足，导致大量固体废物需园区外委托处置，限制了固体废物综合利用能力提升。此外，集污水、垃圾、固体废物、危险废物、医疗废物处理处置设施和监测监管能力于一体的环境基础设施体系尚未建立，基础设施不足，限制了园区绿色发展水平提升。

2.3 环境污染

2.3.1 环境事故

2.3.1.1 工业园区环境污染

工业生产因规模效应和范围效应集聚发展，英国、美国、德国和日本等西方先期工业化国家在工业化历程中出现了许多类型各异和尺度不一的工业园区。然而工业园区因大量产业尤其是重化工业的进驻，导致污染集中、风险加大，已成为环境问题的高发地。许多著名的大型工业园区都发生过严重的环境污染事件，例如世界著名的环境公害事件中比利时马斯河谷烟雾事件、美国多诺拉烟雾事件、日本水俣病和骨痛病事件等都发生在或源自工业园区。

随着我国经济的快速发展，各种类型的工业园区不断以新的形式出现，园区规模不断壮大、数量逐渐增多，推动了区域经济的快速发展，但同时工业园区的环境保护、环境污染、生态破坏也引起了社会关注。我国工业园区在发展过程中，由于污染防治手段及环境管理能力未跟上园区经济发展的步伐，资源和能源大量、集中使用带来了大气污染、水污染、土壤污染等环境问题，对人类健康产生了极大的负面影响。工业园区一度成为高消耗、高污染区域的代名词，这些环境污染事件严重影响了工业园区的竞争力和可持续发展。

比利时马斯河谷烟雾事件

比利时马斯河谷烟雾事件是世界有名的公害事件之一，1930年12月1～5日发生在比利时马斯河谷工业区。

马斯河谷是比利时境内马斯河旁一段长24km的河谷地段。这一地段中部低洼，两侧有百米的高山对峙，使河谷地带处于狭长的盆地之中。马斯河谷地区是一个重要的工业区，建有3个炼油厂、3个金属冶炼厂、4个玻璃厂和3个炼锌厂，还有电力、硫酸、化肥厂和石灰窑炉，工业区全部处于狭窄的盆地中。

1930年12月1日开始，整个比利时由于气候反常变化被大雾覆盖。由于特殊的地理位置，马斯河谷上空出现了很强的逆温层（又称逆转层），逆转层会抑制烟雾的升腾，使大气中烟尘积存不散，在逆转层下积蓄起来，无法对流交换，造成大气污染现象。

在这种气候反常出现的第3天，这一河谷地段的居民有几千人呼吸道发病，有63人死亡，发病者包括不同年龄的男女，症状是：流泪、喉痛、声嘶、咳嗽、呼吸短促、胸口窒闷、恶心、呕吐。咳嗽与呼吸短促是主要发病症状。死者大多是年老和有慢性心脏病与肺病的患者。尸体解剖结果证实：刺激性化学物质损害呼吸道内壁是致死的原因，其他组织与器官没有毒物效应。

事件发生以后，虽然有关部门立即进行了调查，但一时不能确证致害物质。通过对当地排入大气的各种气体和烟雾进行研究分析，排除了氟化物致毒的可能性，认为二氧化硫气体和三氧化硫烟雾的混合物是主要致害物质。据推测，事件发生时工厂排出有害气体在近地表层积累，据费克特博士在1931年对这一事件所写的报告，推测大气中二氧化硫的浓度为25～100mg/m^3。

美国多诺拉烟雾事件

美国多诺拉烟雾事件是世界有名的公害事件之一，于1948年10月26～31日发生在美国多诺拉镇。

多诺拉是位于美国宾夕法尼亚州匹兹堡市南边30km处的一个工业小城镇，

居民约14000人。城镇坐落在孟农加希拉河的一个马蹄形河湾内侧。沿河是狭长平原地，两边有高约120m、坡度为10%的山岳。多诺拉镇与韦布斯特镇隔河相对，形成一个河谷工业地带。在多诺拉的狭长平原上有很多工厂，其中有三个大厂即钢铁厂、硫酸厂和炼锌厂。多年来，这些工厂的烟囱不断地向空中喷烟吐雾。

1948年10月26～31日，持续雾天，在最低600m的大气层内风力十分微弱，大气处于"热稳定"状态，在这种"死风"状态下工厂的烟囱却没有停止排放。随着大气中的烟雾越来越厚重，空气中散发着刺鼻的二氧化硫气味。空气能见度极低，除了烟囱之外，工厂都消失在烟雾中。随之而来的是小镇中约6000人突然发病，其中有多人很快死亡，情况和当年的马斯河谷事件相似，在事件发生当时虽未做环境监测，但可推断这次的烟雾事件发生的主要原因是由于小镇上的工厂排放的含有二氧化硫等有害有毒物质的气体及金属微粒在气候反常的情况下聚集在山谷中积存不散，这些有毒有害物质附着在悬浮颗粒物上，严重污染了大气。人们在短时间内大量吸入这些有毒害的气体，引起各种症状，以致暴病成灾。

多诺拉烟雾事件和1930年12月的比利时马斯河谷烟雾事件，与多次发生的伦敦烟雾事件、1959年墨西哥的波萨里卡事件一样，都是由工业排放烟雾造成的大气污染公害事件。

内蒙古腾格里工业园区环境污染事件

2014年9月6日，《新京报》曝光"腾格里沙漠违法排污"事件，引起了党中央高度重视。10月3日习近平总书记等中央领导同志对内蒙古阿拉善腾格里工业园区的环境污染问题做出重要批示。

事发地点位于内蒙古阿拉善左旗与宁夏中卫市接壤处的沙漠区域。近年来，宁夏回族自治区、内蒙古自治区分别在腾格里沙漠腹地建立了宁夏中卫工业园区与内蒙古腾格里工业园区。腾格里工业园区部分企业、宁夏中卫明盛染化有限公司、宁夏中卫工业园区部分企业、甘肃武威市荣华工贸有限公司被曝将未经处理的废水违法排入沙漠，对沙漠造成严重环境污染。污染事件曝光后，引发社会各界的广泛关注。鉴于沙漠污染案的严重性，最高人民检察院立即将其列为重点督办案件，并联合公安部、环境保护部相关部门组成督办组，赶赴内蒙古阿拉善盟、宁夏中卫、甘肃武威三地，实地勘察、督导案件办理。

调查发现：宁夏、甘肃、内蒙古等地多家化工企业私设暗管，长期将未经处置的工业废水直接排到腾格里沙漠腹地。数据统计显示，1998～2014年9月期间，仅宁夏中卫明盛染化有限公司就累计向腾格里沙漠排放了150万～225万吨硫酸、

112.5万～150万吨硝化母液，非法填埋15万～19万吨危险固体废物。不但造成腾格里沙漠内蒙古、宁夏交界区域14个地块的土壤、地下水和植被受损，周边居（牧）民也长期深陷恶臭的困扰。

贵州安顺夏云工业园区环境污染严重

夏云工业园区位于安顺市平坝区，是安顺国家高新技术产业开发区（以下简称安顺高新区）的主要园区之一。园区规划总面积29.86km²，现有入驻企业309家，由安顺市委托平坝区进行管理。2021年12月，中央第二生态环境保护督察组督察贵州发现，安顺市平坝区夏云工业园区生态环境违法违规问题突出，环境污染严重。

（1）环境基础设施建设滞后

夏云工业园区污水处理厂由于最初设计工艺主要是处理生活污水，设计进水化学需氧量浓度不超过250mg/L、氨氮浓度不超过30mg/L，不能满足工业废水处理要求。一些特征污染物长期得不到有效治理，加上部分企业直排、偷排生产废水，导致园区污水处理厂成为部分企业稀释排放工业废水的通道。生态环境督察组督察中发现，2021年11月前20天进水在线监测化学需氧量浓度就有134次超标，最高超过1000mg/L，超过设计进水浓度标准3倍，严重影响污水处理厂正常运行规划要求。园区至今没有建设固体废物处置中心，一些企业随意倾倒或填埋固体废物。现场督察发现，中铝集团下属贵州顺安机电设备有限公司在厂区内违法填埋工业固体废物。监测结果显示，填埋区域渗坑积水化学需氧量浓度高达391mg/L，超地表水Ⅲ类标准19倍，对水和土壤环境造成严重影响。

（2）企业违法违规现象普遍

夏云工业园区企业违法违规问题突出，现有309家入园企业中有89家未依法开展环境影响评价，企业通过雨水管网排放生产废水的现象较为普遍，现场随机抽查7家企业，发现有4家向雨水管排放污染物。监测结果显示，园区雨水管网内积存的废水化学需氧量浓度最高达2695mg/L，超地表水Ⅲ类标准134倍。园区内还有一些企业无任何污染治理设施，大量黑色污水通过黄家龙潭提水站旁雨水沟直排外环境，严重污染下游水体。检测结果显示，雨水沟外排污水化学需氧量、氨氮、总磷、氟化物浓度分别超地表水Ⅲ类标准25倍、5倍、22倍、5倍。贵州贵亿塑料制品厂、黔川钢构、贵州典雅赣黔装饰材料等企业臭气熏天、污水横流。

（3）不作为、乱作为问题突出

①办理群众举报环境问题不严不实。2017年5月第一轮中央环境保护督察期间，群众6次投诉该园区雨污混排等环境污染问题，当地以"2017年3月对夏云工业园区雨污管网进行全面检查，企业雨污混排问题已整改完毕"敷衍塞责，实际未采取实质性措施，企业雨污混排问题依旧存在。2019年以来，当地收到涉及夏云工业园区环境污染问题的投诉高达28次，均回复群众称"已办结"，但督察发现很多问题并未得到有效解决。

②对突出环境污染问题长期放任。2016年以来，群众多次反映园区排污导致当地一处地下水自流井黄家龙潭受到严重污染，平坝区没有引起重视并及时采取有效措施。2019年3月，夏云镇政府向平坝区政府书面报告"污染系夏云工业园区企业违法排污所致"后，平坝区仍无动于衷，仅组织有关单位简单调查后便草草了事，放任地下水污染问题持续至今。2021年2月，夏云工业园区为掩人耳目，擅自将受污染的地下水抽至下游毛栗河排放，结果导致毛栗河严重污染，甚至发生死鱼事件。现场督察发现，毛栗河污染依然严重，检测结果显示，水体氨氮、氟化物浓度分别为4.3mg/L、2.4mg/L，分别超地表水Ⅲ类标准3倍、1倍。

2.3.1.2　工业园区突发环境事件

随着工业集中化的优势愈加明显，工业园区正处于高速发展阶段。工业园区表现出产业集中、工业聚集和人口密集的特点，并且园区内产业结构复杂，企业产排污多样化，风险源种类繁杂，成为环境污染集中区和环境风险凸显区。

突发环境事件是指由于污染物排放或者自然灾害、生产安全事故等因素，导致污染物或者放射性物质等有毒有害物质进入大气、水体、土壤等环境介质，突然造成或者可能造成环境质量下降，危及公众身体健康和财产安全，或者造成生态环境破坏，或者造成重大社会影响，需要采取紧急措施应对的事件。例如，2015年天津市滨海新区天津港的瑞海公司危险品仓库发生火灾爆炸事故，2018年宜宾市江安县阳春工业园区内的宜宾恒达科技有限公司发生重大爆炸着火事故，2019年江苏盐城响水县生态化工园区大爆炸。每一场事故都造成重大人员伤亡和巨大的经济损失。

《中国生态环境状况公报》数据显示，2017～2021年突发环境事件数量逐年下降（详见图2-1），2021年全年共妥善处置突发环境事件199起，比2020年下降4.3%，其中重大、较大、一般事件分别为2起、9起、188起。

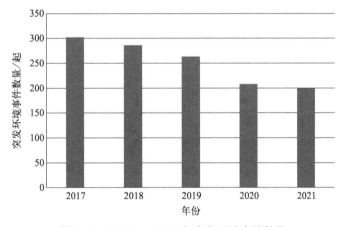

图2-1　2017～2021年突发环境事件数量

江苏响水"3·21"特别重大爆炸事故

2019年3月21日，位于江苏省盐城市响水县生态化工园区的天嘉宜化工有限公司发生特别重大爆炸事故，造成78人死亡、76人重伤，直接经济损失超过19亿元。国务院事故调查组发布的《江苏响水天嘉宜化工有限公司"3·21"特别重大爆炸事故调查报告》认定，江苏响水"3·21"特别重大爆炸事故（以下简称"响水爆炸事故"）是一起由于企业长期违法贮存危险废物导致废物自燃，进而引发爆炸的特别重大安全生产责任事故。

> ## "3·28"黑龙江鹿鸣矿业尾矿库泄漏事件
>
> 2020年3月28日13时40分，黑龙江省伊春鹿鸣矿业有限公司钼矿尾矿库溢流井倒塌，导致约$2.53×10^6m^3$高浓度高钼污染的尾砂污水泄漏。经专家核算，此次事件中尾矿库泄漏（$2.32～2.45$）$×10^6m^3$尾矿（砂水混合物），泄漏钼总量89.39~117.53t。
>
> 事件造成依吉密河至呼兰河约340km河道钼浓度超标，其中依吉密河河道约115km、呼兰河河道约225km。3月29日21时30分，铁力市第一水厂（依吉密河水源地）受事件影响停止取水，启用备用水源和临时供水，至5月3日由铁力市第三水厂替代供水，其间约6.8万人用水因减压供水等受到一定影响。依吉密河沿岸部分农田和林地受到一定程度污染，其中伊春市受影响农田约4312亩（$1亩＝666.7m^2$）、林地约6721亩，绥化市受影响林地约2068亩。

2.3.2 人民群众日益增加的环境需求与工业发展之间的矛盾

2.3.2.1 环境污染信访投诉现状

随着环境保护工作的不断强化与深入，环境保护宣传力度不断加大，人民群众环保意识和环境维权意识日益增强，出现大量的与人民群众生产生活密切相关的环境污染信访投诉，大气污染、噪声污染、固体废物污染及水污染成为投诉热点。根据生态环境部统计数据，"十三五"期间全国生态环境信访举报管理平台接到投诉举报数量如图2-2所示，自2016年来投诉举报量持续增加，到2018年达到峰值71.0万件；之后逐渐减少，2020年，全国生态环境信访举报管理平台共接到投诉举报44.1万件，较2018年下降

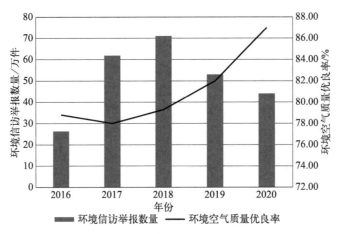

图2-2 环境空气质量及环境信访举报数量情况

37.9%。第一轮中央生态环保督察及"回头看"共受理群众举报 21.2 万余件，合并重复举报后向地方转办 17.9 万余件，直接推动解决群众身边生态环境问题 15 万余件，推动解决了一批突出生态环境问题，最直接的反映是环境空气质量优良率逐年提升，2020 年达到 87.0%，较 2016 年提高 8.2%。

2.3.2.2　国内外邻避问题概况

邻避问题是当今世界范围内普遍存在的问题，最早出现于西方发达国家，美国、加拿大、日本、欧盟国家等在工业化、城镇化进程中也都曾遭遇因垃圾填埋场、污水处理厂、重化工业园区立地选址困难造成的"邻避问题"，部分也曾引发严重的公共危机事件。例如，20 世纪 70 年代，美国兴起的以反对污染设施为目的的群众运动和 1971 年的"东京垃圾战争"等。

进入 21 世纪以来，我国城镇化、工业化进入新的发展阶段，环境问题越来越凸显，而随着经济社会转型发展，人民群众对美好生活的向往也更加迫切，涉及环境的一些重大项目引起的"邻避效应"问题日益突出。当前我国已进入邻避事件的集中爆发期，据国务院发展研究中心的一份研究报告显示，邻避事件最早出现在我国是 2003 年；2009 年出现 13 起，达到阶段性新高；2014 年发生了 15 起。然而，根据环保部的统计，2016 年 3 ～ 10 月就发生了 19 起。国务院发展研究中心 2016 年发布了《城镇化过程中邻避事件的特征、影响及对策——基于对全国 96 件典型邻避事件的分析》，对 2003 年以来中国城镇化进程中 96 件具有典型意义的邻避事件进行了分析。从地区分布来看，邻避事件多发生在经济发达的东部省份，且呈现出从东部向中西部地区以及由城市向农村转移的趋势；从领域来看，发生频次最多的分别是垃圾焚烧厂、变电站、PX（对二甲苯）化工等环境敏感项目；从事件处置过程和结果来看，多以项目被叫停收场。

工业园区内各类工业活动高度集聚，污染集中、风险加大，已成为环境问题最为突出的区域之一。很多园区建设初期土地利用规划设计缺乏绿色发展理念，项目规划布局不够科学合理，未充分考虑本地区资源禀赋、生态支撑条件和人口分布现状，片面强调地理位置优势和产业优势，没有与城乡总体规划、城市发展规划、土地利用规划、环境保护规划、生态功能区划等相协调。一些园区且建且扩，与居住区逐渐混杂，有的甚至成为"城中园"或"村中园"，导致居住区与工业区缺少有效的生态隔离。工业园区环境污染事件、重特大安全事故频发成为环境资源与发展矛盾的焦点，引起了群众百姓的密切关注，由邻避问题引发的环境信访居高不下，重复投诉数量上升明显，已成为园区环境信访处理的重点和难点问题。

以化工园区为例，化工行业和人们的日常生产生活密不可分，在国民经济建设中起到了重要作用，自 20 世纪 80 年代起我国许多地方都开始兴建化工园区。同时，化工园区内的环境风险和安全隐患等问题又令人望而生畏，与化工园区相关的邻避事件在社会上也反响强烈，人们对化工类设施的恐惧达到了谈虎色变的程度。

2.3.2.3 破解邻避效应的经验与启示

（1）全面公开信息，坚持程序透明

及时、持续的信息公开和程序透明是建立政府与民众间信任的关键，也是破解邻避问题的基本原则。在日本的城市垃圾焚烧厂建设的许多案例中，正是全面的信息公开使得民众对建设项目真正放心。日本大多数关于焚烧厂的基本信息，如排放数据、成本、设施维护，甚至决策过程都向公众公开。在信息和程序透明基础上的公众参与能够为各方提供一个直接表达诉求的平台，使民意能够在规范合法的框架下予以疏导。

（2）采取竞争性选址方式，消解政府决策压力

竞争性选址是破解邻避问题的有效方式之一。建立公平的竞争性选址程序，能够有效将过去的"决策—宣布—辩护—诉讼"形式转变为"咨询—决策—宣布—咨询—改善"过程。发达国家的相关实践表明，成功的竞争性选址程序一般遵循如下原则：

① 程序明确，各参与方保证全程遵守；

② 各参选区的当地居民应从一开始就参与其中，并享有全程参与决策的权利；

③ 允许有异议的社区和团体的参与；

④ 由市民组成监督委员会对选址程序进行监督；

⑤ 选址程序应当是开放式的，而非短期、一次性的，保证参与各方以理智的心态进行持续性的沟通；

⑥ 给予参选社区相应的资金支持，用以雇用独立的专业顾问来开展项目评估，以减轻民众对"隐藏"事实的担心；

⑦ 选址程序要充分考虑各个社区的特性，包括其人口情况、历史、地质情况和自然环境。设施的类型和规模等也应予以考虑。

（3）明确经济补偿，提高民众支持率

项目自身所带来的利益是促使人们接受设施的根本原因。因此，提供相应的经济补偿，让居民直观感受项目上马对自己的好处，对居民的态度转变有重要影响。邻避设施的补偿形式除现金拨款外，还可以包括：增加社区的医疗、住房、教育等社会福利；为当地增加就业，相关设施直接雇佣地方居民；出台财产税和土地税等税收优惠、减免电费；对当地进行基础设施投资，如再配套设立公园、图书馆、运动中心等，供附近民众免费或打折使用等。

（4）运用好新媒体工具，做好正向舆论引导

大众传媒在邻避事件中往往扮演重要的作用。在自媒体时代，信息传播的主体更加多元，流动更加迅速，范围更不可控。保证公开、公正的媒体报道，避免媒体采取偏见立场、歪曲事实、危言耸听才能防止事件被恶意炒作。在处理邻避问题过程中，政府必

须抓住舆论引导的主动权，在保证信息及时公开的同时运用好新媒体等"互联网+"的新型沟通模式，请有影响力的专家学者和公众人物在大众传媒上发布意见，让当地民众通过权威发布对项目形成客观公正的认识。

中国台湾地区回馈金制度

我国台湾地区的邻避运动早在30多年前就已开始，在长期的治理过程中也形成了一些基本体系和处理模式。回馈金制度是台湾地区解决邻避问题的关键性制度，对于破解邻避困局具有极强的借鉴意义。

回馈金与补偿金不同，它不单单是一种经济补偿，按照"利益相关人参与的原则"，实现民众对该制度操纵的自主性。回馈金制度有三个基本特征：第一，回馈金不直接发放到居民手上，先由社区做出计划提交到区公所和环保局，经审议通过后由政府拨款，对于回馈金的来去问题必须进行登记和公示；第二，回馈金主要来源于当地政府和邻避设施运营企业，由企业补偿地方居民；第三，开展多元化补偿，主要是在邻避设施附近建设图书馆、游泳池以及运动场等公益性配套设施，低价或免费为周边市民服务。

（1）去政府化——设立了专门的回馈经费管理委员会

回馈经费管理委员会全面负责邻避设施周边区域回馈金制度的落实。该委员会是民间组织，而非政府部门或者事业单位，所有办公经费支出均从回馈金中支出，政府不予任何补贴。回馈金管委会的日常运作完全去行政化，政府对于管委会的作用仅仅是监督，台北市环境保护局负责回馈金制度实施的宏观性监督。

（2）多元主体——回馈经费管理委员会人员组成

回馈经费管理委员会作为负责回馈金制度执行的专门机构，其人员组成充分体现了"利益相关人参与原则"，具有广泛的代表性。包括邻避设施所在的里长、区长、区政府人员以及社会公正人士。回馈金管理委员会设置主任委员、副主任委员、监督委员各一位，监督委员必须由管理委员会中的一位社会公正人士担任，以提高监督的有效性。所有委员两年换届一次，可连选连任。

（3）对回馈金额进行等级分配

政府环保部门召开回馈金等级评定会，由邻避设施利益相关方推荐的专家学者进行评定。评定之后由利益相关方参与的听证会投票表决，直到表决通过，再由环保局实施。全部过程由政府主持但并非主导，而是为民间组织、利益相关方提供协商平台，并保证协商结果具有一定的社会权威。

（4）设立专门监督委员会

为了保证回馈金制度的有效实施，台湾地区专门设立了独立于回馈金管理委员会的邻避设施风险监督委员会。监督委员会的组成人员包括：环保局等部门的政府人员、利益相关里长代表、邻避设施运营方、第三方监管机构和社会环保人士五部分。监委会每两个月由环保局组织召开一次会议。政府部门的角色担当仅仅是会议的召集人和主持人。为了进一步提高监管的有效性，消除民众疑虑，监管制度中特别设立了质询式监管模式，即民众可以根据自身感受随时向监委会提出质询。

日本城市垃圾焚烧厂建设项目

焚烧是日本处理生活垃圾的主要方式。目前日本约80%的生活垃圾被焚烧处理，其余主要被回收利用，还有小部分被填埋处理。在世界的很多地方，出于安全考虑，焚烧厂的建设常常遭到反对。与其他国家不同的是，日本许多焚烧厂建在市中心，且邻近居民区及学校等公共设施，如表2-1所列。

表2-1　日本部分生活垃圾焚烧厂与学校等公共设施的临近程度

焚烧厂	与学校等公共设施的临近程度
中央区焚烧厂	距小学300m
北区焚烧厂	距小学100m
品川区焚烧厂	400m内有一所中学和一所私立学校
中目黑区焚烧厂	100m内有一所小学和几个大使馆； 400m处有一座大医院和一所小学
多摩川区焚烧厂	200m内有两个幼儿园
世田谷区焚烧厂	400m内有两座学校和一座知名医院；还有一个人口密集的高端住宅区
涩谷焚烧厂	距离日本流行文化中心涩谷车站仅800m；同时紧邻著名的高级社区代官山；焚烧厂周边200m范围内至少有6座大型公寓楼

20世纪70～80年代，焚烧厂在日本也曾遭遇过强烈的反对。为彻底扭转日本民众对垃圾焚烧厂的排斥，日本政府采取了如下措施。

（1）坚持辖区垃圾"自己处理"原则，明确责任

为解决焚烧厂建设的邻避问题，东京都知事曾提出各区建设焚烧厂处理各区垃圾，此后日本公众渐渐形成了"每个市应当自行处理或至少在自己的辖区内处理垃圾"的原则。这一原则有助于让各地公众及其政府明确自身责任，促进垃圾处置场地的选择更加公平合理。

（2）制定高于国标的严格标准，确保环境无害

1997年，大阪市丰能町的一家焚烧厂附近测出了有记录以来最高浓度的二噁英，该事件促使政府制定新的法律规范二噁英排放。之后大多数焚烧厂装备了布

袋除尘器，保证了垃圾焚烧厂的基本安全。日本《废弃物管理法》特别规定了垃圾焚烧厂应达到的所有技术条件，如燃烧温度、建筑结构等。法律还要求焚烧厂检测二噁英以及废气、废水中其他有害物质的浓度。许多焚烧厂会自愿选择在国家规定的基础上更频繁地监测污染物排放，并自愿设定比国家更严格的标准，并且监测更多的污染物。例如，日本舞洲垃圾焚烧厂达到的二噁英排放标准仅为日本国标的千分之一。

（3）开展长期的科普和环保宣传，注重与社区建立和谐关系

日本政府、学校及社会各界十分注重面向社区的垃圾焚烧科普和环保宣传。为消除民众对垃圾焚烧厂的恐惧，许多焚烧厂还通过组织参观等各种形式使民众了解相关科学知识以及焚烧厂的运作情况。此外，焚烧厂除自身功能外，还被打造为附近居民休闲的场所。许多焚烧厂对焚烧炉余热产生的高温水进行循环利用，提供给临近的温水游泳池、健身房，降低附近居民的使用成本。

2.3.3　应对气候变化，推动"双碳"目标实现

2.3.3.1　碳达峰碳中和提出背景

气候变化是当前最突出的全球性环境问题之一。为应对气候变化，国际上自1992年达成《联合国气候变化框架公约》，到1997年的《京都议定书》，再到2015年的《巴黎协定》，提出了控制全球温升与工业革命前相比不超过2℃，力争1.5℃的目标，各国根据自身国情提出了国家自主贡献目标。目前，全球已有126个国家和集团基于自身情况和自主意愿纷纷提出长期低碳排放发展战略，并且减排目标逐渐过渡至净零排放导向。随着我国社会经济发展迈入新的高质量发展阶段，以及国际政治经济战略格局发生深刻变化，特别是新冠疫情之后，世界各国对于我国在未来全球应对气候变化中的引领角色和领导力寄予更高的期盼。

2020年9月22日，习近平总书记在第七十五届联合国大会一般性辩论上发表讲话：中国将提高国家自主贡献力度，采取更加有力的政策和措施，二氧化碳排放力争于2030年前达到峰值，努力争取2060年前实现碳中和。2020年11月17日，金砖国家领导人第十二次会晤，习近平总书记再次重申了这一目标。2020年12月12日，在气候雄心峰会上，习近平总书记进一步宣布：到2030年，中国单位国内生产总值二氧化碳排放将比2005年下降65%以上，非化石能源占一次能源消费比重将达到25%左右，森林蓄积量将比2005年增加60亿立方米，风电、太阳能发电总装机容量将达到12亿千瓦以上。在多次国际会议中，习近平总书记都强调了中国实现碳中和的决心，充分展示了我国重信守诺、积极参与国际治理、为全球应对气候变化做出更大贡献的责任担当。我国在全球气

候治理中所扮演的角色已经从参与者转变成为贡献者和引领者。

实现碳达峰碳中和目标任务，是党中央的重大战略决策，是我国向国际社会做出的庄严承诺，也是我国在新发展阶段推动高质量发展的必由之路。党的十九届五中全会首次将碳达峰碳中和目标纳入"十四五"规划建议，并在2020年12月召开的中央经济工作会议上将其作为2021年的重要任务进行部署，指明攻坚方向。这是以习近平同志为核心的党中央统筹考虑国内国际两个大局、我国全局和长远发展、全面建设社会主义现代化国家做出的重大战略决策。

2.3.3.2 国家层面碳达峰碳中和相关政策要求

2020年12月16～18日，中央经济工作会议将"做好碳达峰、碳中和工作"列入了2021年八大重点任务。"要抓紧制定2030年前碳排放达峰行动方案，支持有条件的地方率先达峰。要加快调整优化产业结构、能源结构，推动煤炭消费尽早达峰，大力发展新能源，加快建设全国用能权、碳排放权交易市场，完善能源消费双控制度。要继续打好污染防治攻坚战，实现减污降碳协同效应。要开展大规模国土绿化行动，提升生态系统碳汇能力。"

2021年7月，国家发展改革委印发了《"十四五"循环经济发展规划》，明确到2025年，主要资源产出率比2020年提高约20%，单位GDP能源消耗、用水量比2020年分别降低13.5%、16%左右，大宗固体废物综合利用率达到60%，建筑垃圾综合利用率达到60%。围绕目标部署了五大重点工程和六大重点行动，实施园区循环化发展工程，要求具备条件的省级以上园区2025年底前全部实施循环化改造；计划选择约60个城市开展城市废旧物资循环利用体系建设，建设50个大宗固体废物综合利用基地、50个工业资源综合利用基地、50个建筑垃圾资源化利用示范城市。

2021年9月，中共中央、国务院印发《关于完整准确全面贯彻新发展理念做好碳达峰碳中和工作的意见》，明确了我国实现碳达峰碳中和的时间表、路线图，从构建绿色低碳循环发展经济体系、提升能源利用效率、提升非化石能源消耗比重、降低二氧化碳排放水平、提升生态系统碳汇能力五个方面提出主要目标。到2025年，单位国内生产总值能耗比2020年下降13.5%；单位国内生产总值二氧化碳排放比2020年下降18%；非化石能源消费比重达到20%左右；森林覆盖率达到24.1%，森林蓄积量达到180亿立方米，为实现碳达峰碳中和奠定坚实基础。到2030年，单位国内生产总值二氧化碳排放量比2005年下降65%以上；非化石能源消费比重达到25%左右，风电、太阳能发电总装机容量达到12亿千瓦以上；森林覆盖率达到25%左右，森林蓄积量达到190亿立方米，二氧化碳排放量达到峰值并实现稳中有降。到2060年，绿色低碳循环发展的经济体系和清洁低碳安全高效的能源体系全面建立，能源利用效率达到国际先进水平，非化石能源消费比重达到80%以上，碳中和目标顺利实现，生态文明建设取得丰硕成果，开创人与自然和谐共生新境界。

为贯彻落实党中央、国务院关于碳达峰碳中和的重大战略决策以及《中共中央国务院关于完整准确全面贯彻新发展理念做好碳达峰碳中和工作的意见》工作要求，2021年10月，国务院印发了《2030年前碳达峰行动方案》，要求将碳达峰贯穿于经济社会发展全过程和各方面，重点实施能源绿色低碳转型行动、节能降碳增效行动、工业领域碳达峰行动、城乡建设碳达峰行动、交通运输绿色低碳行动、循环经济助力降碳行动、绿色低碳科技创新行动、碳汇能力巩固提升行动、绿色低碳全民行动、各地区梯次有序碳达峰行动"碳达峰十大行动"，并就开展国际合作和加强政策保障做出相应部署。

2021年12月国务院印发了《"十四五"节能减排综合方案》，提出：开展重点行业绿色升级工程，"十四五"时期，规模以上工业单位增加值能耗下降13.5%，万元工业增加值用水量下降16%；开展园区节能环保提升工程，鼓励工业企业、园区优先利用可再生能源，加强一般固体废物、危险废物集中贮存和处置，推动挥发性有机物、电镀废水及特征污染物集中治理等"绿岛"项目建设。

2021年12月工信部印发了《"十四五"工业绿色发展规划》，提出：到2025年，工业产业结构、生产方式绿色低碳转型取得显著成效，绿色低碳技术装备广泛应用，能源资源利用效率大幅提高，绿色制造水平全面提升，为2030年工业领域碳达峰奠定坚实基础。单位工业增加值二氧化碳排放降低18%；重点行业主要污染物排放强度降低10%；单位工业增加值用水量降低16%；规模以上工业单位增加值能耗降低13.5%。

2022年3月，碳达峰碳中和被首次写入政府工作报告，提出：推动能耗"双控"向碳排放总量和强度"双控"转变，完善减污降碳激励约束政策，加快形成绿色生产生活方式；推进钢铁、有色、石化、化工、建材等行业节能降碳；坚决遏制高耗能、高排放、低水平项目盲目发展。

2022年6月生态环境部、国家发展和改革委员会、工业和信息化部、住房和城乡建设部、交通运输部、农业农村部、国家能源局七部门联合印发《减污降碳协同增效实施方案》（以下简称《方案》）。《方案》坚持突出协同增效、强化源头防控、优化技术路径、注重机制创新、鼓励先行先试的工作原则，在加强源头防控、突出重点领域、优化环境治理等6个主要方面提出重要任务举措。该《方案》是碳达峰碳中和"1+N"政策体系的重要组成部分，对进一步优化生态环境治理、形成减污降碳协同推进工作格局、助力建设美丽中国和实现碳达峰碳中和具有重要意义。

此外，还制定出台了能源、工业、建筑、交通等重点领域和电力、钢铁、水泥、石化、化工等重点行业的实施方案，以及科技、财税、金融等保障措施，共同形成我国碳达峰碳中和的"1+N"政策体系和时间表、路线图、施工图。

2.3.3.3 碳达峰碳中和对工业园区的要求

工业领域是我国实现碳达峰碳中和的关键领域，工业园区作为工业产业集聚区，是工业碳排放的重中之重。2020年，国家级和省级园区二氧化碳排放量占全国二氧化碳总排放量的31%，是实现"3060目标"的关键环节，传统工业园区也将成为未来一段时期内实现工业部门精准脱碳研究的关键靶点。

为深入贯彻习近平生态文明思想，积极应对气候变化，推动实现碳达峰碳中和目标，2021年9月国家生态工业示范园区建设协调领导小组办公室印发了《关于推进国家生态工业示范园区碳达峰碳中和相关工作的通知》（科财函〔2021〕159号），要求创建园区和命名园区，将碳达峰碳中和作为国家生态工业示范园区建设的重要内容，形成碳达峰碳中和工作方案和实施路径，分阶段、有步骤地推动示范园区先于全社会在2030年前实现碳达峰，2060年前实现碳中和，在促进减污降碳协同增效、推动区域绿色发展中发挥示范引领作用。

2021年10月生态环境部印发《关于在产业园区规划环评中开展碳排放评价试点的通知》（环办环评函〔2021〕471号），选择山西省转型综合改革示范区晋中开发区、江苏省南京江宁经济技术开发区、江苏省常熟经济技术开发区、浙江省宁波石化经济技术开发区、重庆市万州经济技术开发区、重庆市铜梁高新技术产业开发区、陕西省靖边经济技术开发区作为试点，在规划环评中开展碳排放评价试点工作，推动形成将气候变化因素纳入环境管理的机制，助力区域产业绿色转型和高质量发展。通过试点工作形成一批可复制、可推广的案例经验，为碳排放评价纳入环评体系提供工作基础。

2022年6月，生态环境部等7部门联合印发《减污降碳协同增效实施方案》，要求开展产业园区减污降碳协同创新。鼓励各类产业园区根据自身主导产业和污染物、碳排放水平，积极探索推进减污降碳协同增效，优化园区空间布局，大力推广使用新能源，促进园区能源系统优化和梯级利用、水资源集约节约高效循环利用、废物综合利用，升级改造污水处理设施和垃圾焚烧设施，提升基础设施绿色低碳发展水平。

2.3.3.4 工业园区碳达峰碳中和实践

近零碳排放园区是在碳达峰碳中和新形势下，推动园区绿色低碳、可持续、高质量发展的一种新模式，以控制和持续减少碳排放总量和强度为目标，以"产业低碳化、低碳产业化"为发展方向，以能源低碳转型为核心，以创新科技研发应用为支撑，通过各种政策与技术手段的有效组合，最终实现园区碳排放趋近于零，是工业园区碳达峰碳中和的一个重要实践。

2021年1月，生态环境部印发《关于统筹和加强应对气候变化与生态环境保护相关工作的指导意见》（环综合〔2021〕4号）提出，支持基础较好的地方探索开展近零碳排放与碳中和试点示范。国务院印发的《2030年前碳达峰行动方案》提出"选择100个具有典型代表性的城市和园区开展碳达峰试点建设"。地方各级人民政府积极响应国家政策要求，出台政策法规，推动近零碳排放区等试点建设。据不完全统计，全国已有上海、内蒙古等十余个省（自治区、直辖市）出台了零碳产业园的政策文件，如表2-2所列。上海市经济和信息化委员会、发展和改革委员会提出"到2025年创建零碳园区5家，其中工业和通信业企业（含工业园区）可利用的建筑屋顶光伏安装比例达到50%以上"。四川省生态环境厅、省经济和信息化厅印发《关于开展近零碳排放园区试点工作的通知》，发布《四川省近零碳排放园区试点建设工作方案》，提出2025年前将建成约20个近零碳排放园区。

表2-2 部分地区有关近零碳排放园区政策制定情况

地区	文号	文件名称	发布日期
湖北省	鄂环办〔2021〕22号	湖北《省生态环境厅办公室关于组织开展近零碳排放区示范工程试点申报工作的通知》	2021-01-26
上海市	沪环气〔2021〕182号	上海市生态环境局关于印发《上海市低碳示范创建工作方案》的函	2021-08-09
天津市	津环气候〔2021〕82号	天津《市生态环境局关于开展低碳（近零碳排放）示范建设工作的通知》	2021-11-01
四川省	川环函〔2022〕409号	《四川省生态环境厅四川省经济和信息化厅 关于开展近零碳排放园区试点工作的通知》	2022-04-24
深圳市	深环〔2021〕212号	深圳市生态环境局、深圳市发展和改革委员会关于印发《深圳市近零碳排放区试点建设实施方案》的通知	2021-11-01
	—	《深圳市生态环境局关于开展近零碳排放区试点申报的通知》	2021-11-05
成都市	成环发〔2022〕15号	成都市生态环境局等7部门关于印发《成都市近零碳排放试点建设工作方案（试行）》的通知	2022-03-1
内蒙古自治区	内能新能字〔2021〕688号	《内蒙古自治区工业园区可再生能源替代行动示范工程实施管理办法（试行）》	2022-05-11
重庆市	—	《重庆市近零碳园区试点实施方案》	2022-08-01

2014年，欧洲建成了首个零碳园区——德国 EUREF Campus，为全世界零碳园区打造了标杆。我国也有不少地区启动了产业园区降碳、零碳的试点工作，例如内蒙古鄂尔多斯零碳产业园、无锡零碳科技产业园等。

欧洲首个零碳科技园区——德国EUREF Campus

德国的自然资源禀赋与我国类似，富煤缺油少气。但德国已于2019年发布了退煤路线图，计划于2038年全部退出煤电。位于柏林的EUREF Campus零碳园区是德国能源转型的一个标志性园区，实现了从煤气厂向零碳园区的转型，提前实现了德国联邦政府于2050年减碳80%的目标。

① 扩大园区绿能生产消费。推动在园区内安装光伏板、风机，产生清洁电力，再改造成集分布式供能、本地用能、能源存储于一体的智能电网系统，实现最大比例使用光伏、风能、沼气等可再生能源。

② 外购清洁电力和热力。通过外购农业沼气实现每年发电量2MW·h，可满足1300户家庭用电需求，发电余热则用于园区供暖。

③ 加强储能基础设施建设。回收退役电池组成电池存储设备，形成高达1.9MW·h的电池储能系统。

④ 打造零碳交通体系。建设1座德国最大的新能源电动车充电站，通过在充电站顶棚安装光伏板，为园区170余个电动车充电桩提供能源，园区交通运输工具采用电动汽车、共享单车，实现零碳交通。

⑤ 推广绿色低碳建筑建设。园区内所有新建建筑均为绿色节能建筑，并获得绿色建筑LEED白金认证，所有建筑物都可通过智能电表连接到电网，办公照明系统通过日光传感器进行自动控制。

⑥ 采用智能化能源管理系统。利用小型热电联供能源中心完成园区内供暖、制冷和供电，建设能源消耗管理平台，实现能源管理过程可视化。

⑦ 提升生态系统碳汇能力。创新利用藻类生物反应器，助力智能园区环境转变，建筑外壁悬挂大片的藻类生物反应器，通过光合作用，每年可生产藻类200kg、吸收400kg二氧化碳。

内蒙古自治区鄂尔多斯零碳产业园

鄂尔多斯零碳产业园位于蒙苏经济开发区江苏产业园，以装备制造、新兴产业为主导，重点打造矿用装备、天然气及化工设备、新能源装备、新材料等产业链条。园区是西部首家两省区（江苏和内蒙古）合作共建园区，一方面承接江苏等发达地区先进产业转移，另一方面依托丰富的资源禀赋和优越的交通区位推动产业集聚集群发展。

① 推广绿色能源体系。基于当地丰富的可再生能源资源和智能电网系统，构建以"风光氢储车"为核心的绿色能源供应体系，实现高比例、低成本、充足的可再生能源生产与使用。

② 实现100%的零碳能源供给。园区中80%的能源直接来自风电、光伏和储能，另外20%的能源基于智能物联网的优化，通过"在电力生产过多时出售给电网，需要时从电网取回"的合作模式获取。

③ 发展绿电制氢产业。绿氢应用于制钢、煤化工、生物合成等下游产业，减少鄂尔多斯化工行业的煤炭消耗量。

④ 构建新能源汽车产业链。引入全球最大的商用卡车生产商——一汽解放，以及正负极材料、隔膜、电解液的制造商。

⑤ 强化低碳技术支撑。推动零碳产业及电解铝、绿氢制钢、绿色化工等技术的发展和应用，构建以零碳能源为基础的"零碳新工业"创新体系。

⑥ 数字赋能闭环管理。通过管理平台进行数据采集跟监控，直观反映出能源的利用效率，实现企业能源信息化集中监控、设备节能精细化管理和能源系统化管理。

参考文献

[1] 田金平，刘巍，臧娜，等.中国生态工业园区发展现状与展望[J].生态学报，2016, 36(22): 7323-7334.

[2] 吕晓冯.产业园区绿色低碳循环发展的几点思考[J].资源再生，2021(12): 6-11.

[3] 王海芹，高世楫.我国绿色发展萌芽、起步与政策演进：若干阶段性特征观察[J].改革，2016(03): 6-26.

[4] 吴武林，程俊恒，白华."十四五"时期中国绿色发展趋势分析与政策展望[J].经济研究参考，2020(12): 44-54.

[5] 赵浩然.考虑不确定性的生态工业园区综合能源系统优化研究[D].北京：华北电力大学（北京），2020.

[6] 谢元博，张英健，罗恩华，等.园区循环化改造成效及"十四五"绿色循环改造探索[J].环境保护，2021, 49(05): 15-20.

[7] 周力."双碳"目标下国家高新区绿色发展研究[J].中国环境管理，2021, 13(06): 7-12.

[8] 郭扬，吕一铮，严坤，等.中国工业园区低碳发展路径研究[J].中国环境管理，2021, 13(1): 49-58.

[9] 陈波，石磊，邓文靖.工业园区绿色低碳发展国际经验及其对中国的启示[J].中国环境管理，2021, 13(06): 40-49.

[10] 吕一铮，田金平，陈吕军.基于人地关系的中国工业园区绿色发展思考[J].中国环境管理，2021, 13(2): 55-62.

[11] 周宏春，史作廷.碳中和背景下的中国工业绿色低碳循环发展[J].新经济导刊，2021(02): 9-15.

[12] 国家发展和改革委员会，科学技术部，国土资源部，等.中国开发区审核公告目录（2018年版）[R].

[13] 郝吉明，田金平，卢琬莹，等.长江经济带工业园区绿色发展战略研究[J].中国工程科学，2022, 24(01): 155-165.

[14] 许庸.比利时马斯河谷烟雾事件[J].环境导报，2003(15): 20.

[15] 张庸.1948年美国多诺拉烟雾事件[J].环境导报，2003(20): 31.

[16] 杨芊，王洪涛.关于工业园区突发环境事件应急管理体系的思考[J].环境监测管理与技术，2022, 34(03): 1-5.

[17] 国务院事故调查组.江苏响水天嘉宜化工有限公司"3·21"特别重大爆炸事故调查报告[R]. 2019.

[18] 包碧容.化工园区邻避效应多元治理研究——以大亚湾石化区为例[D].广州：华南理工大学，2019.

[19] 解然，范纹嘉，石峰.破解邻避效应的国际经验[J].世界环境，2016,(05): 70-73.

[20] 曾志杨.中央领导对腾格里沙漠污染批示的启示[J].资源与人居环境，2014(10): 43.

[21] 中央生态环境保护督察集中通报典型案例.

[22] 突发环境事件应急管理办法（环境保护部令第34号）.

[23]《"十四五"工业绿色发展规划》.

[24]《减污降碳协同增效实施方案》.

[25] 中国生态环境状况公报（2017～2021年）.

[26]《城镇化过程中邻避事件的特征、影响及对策——基于对全国96件典型邻避事件的分析》.

[27] 巢清尘."碳达峰和碳中和"的科学内涵及我国的政策措施[J].环境与可持续发展，2021,46(02):14-19.

[28] 王金南，蔡博峰.打好碳达峰碳中和这场硬仗[J].中国信息化，2022, (06): 5-8.

[29] 李新鑫，张国徽.浅谈"双碳"背景下工业园区的低碳发展[C].//中国环境科学学会2022年科学技术年会论文集.2022: 185-189.

第 **3** 章
工业园区绿色发展
典型模式

□ 生态工业园区建设模式
□ 园区循环化改造模式
□ 绿色工业园区模式
□ 城市矿产园区模式

3.1 生态工业园区建设模式

3.1.1 生态工业园区概述

3.1.1.1 生态工业园区建设模式概述及内涵

生态工业园区是工业生态系统的重要实践形式，由若干企业构成，系统成员之间有计划地交换能量和物质，高效分享资源，力求资源和能源消耗最小化以及废物产生最小化，致力于构建可持续发展的经济、社会和生态关系。具体来讲，生态工业园区是通过工业共生链条把若干不同的企业或工厂连接在一起，使内部各成员之间有效地进行信息、资料、水、能源、基础设施及管理等资源的分享，使园区内部资源得到高效利用和外部排放最小化，以求达到生态环境和经济的双重优化与协调。

生态工业园区是一个人工的生态系统，指遵从循环经济、生态原理和清洁生产要求而建立的一种新型工业园区。生态工业园区是有望实现低能耗、循环利用、减量化的生态工业的重要途径，也是经济发展和环境保护的大势所趋。通过信息传递和资源交换，生态工业园区为不同企业提供了交流平台，使资源共享，甚至可以连接成一个循环——一家企业所产生的废弃物刚好是另一家企业所需的原材料。这样的闭路循环大大增加了企业间的合作，促进了企业经济效益的提升。在这样的生态工业园区中，废弃物能被有效利用起来，资源就被流转起来，进行多级循环利用，实现了循环经济想要产生的效果。通过这些交换、利用和生产手段，可以实现生态工业园区污染物"零排放"的目标。

3.1.1.2 生态工业园区建设发展历程

国家生态工业示范园区创建工作历年来稳步有序开展，卓有成效。自1999年开始，国家环境保护总局启动国家生态工业示范区建设试点工作，后又陆续建设和改造多个生态工业园区项目。2001年，我国第一个生态工业示范园区在广西贵糖集团挂牌成立，实现了工业污染防治由末端治理向生产全过程控制的转变。2007年4月，在对广西贵港、包头（铝业）、鲁北（盐化工）、抚顺（矿业）等工业集聚区和天津、苏州、烟台、大连等地的国家级开发区生态工业园区建设试点进行总结的基础上，国家环境保护总局、商务部和科技部联合发布了《关于开展国家生态工业示范园区建设工作的通知》（环发〔2007〕51号），确定由国家环境保护总局、商务部和科技部组成了国家生态工业示范园区建设领导小组，共同推进国家生态工业示范园区建设工作，领导小组下设办公室，办公室设在国家环保总局科技标准司。生态工业园区的兴起和发展为我国第二产业以及其他产业的发展找到了新的出路，截至2020年12月，领导小组已批准95家工业园区开展国家生态工业示范园区建设，其中65家已获得"国家生态工业示范园区"命名。与2006年12月底建设情况相比，国家生态工业示范园区创建数量增长近8倍（见图3-1）。

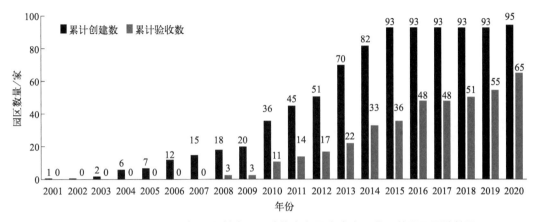

图3-1　2001～2020年开展创建和已验收命名国家生态工业示范园区累计数量

2020年国民经济和社会发展统计公报中将除香港、澳门特别行政区和台湾地区的其他省（自治区、直辖市）划分为东部地区、中部地区、西部地区、东北部地区。

按照以上各片区划分方式，95家开展国家生态工业示范园区创建的园区覆盖24个省（自治区、直辖市），其中东部地区69家、西部地区8家、中部地区14家、东北部地区4家，分别占开展创建园区总数的72.7%、8.4%、14.7%和4.2%（见图3-2）；65家获得验收命名的国家生态工业示范园区覆盖19个省（自治区、直辖市），其中东部地区54家、西部地区5家、中部地区4家、东北部地区2家，分别占验收命名园区总数的83%、7.7%、6.2%和3.1%（见图3-3）。

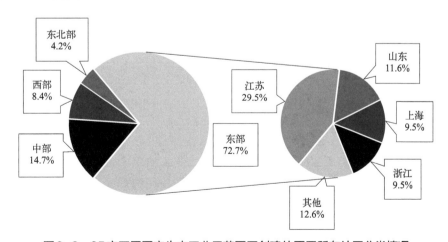

图3-2　95家开展国家生态工业示范园区创建的园区所在片区分类情况

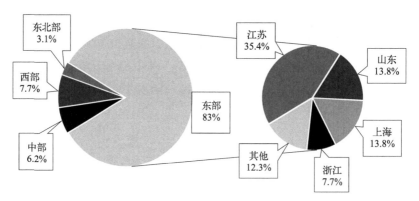

图3-3　65家已获得国家生态工业示范园区验收命名的园区所在片区分类情况

3.1.2　生态工业园区建设模式及对比分析

3.1.2.1　生态工业园区建设模式概述

目前，从世界范围来看，生态工业园区建设没有统一的模式，分别依据不同的标准，将生态工业园区建设划分为不同的模式：

① 从生态工业园区的基本特点看，生态工业园区建设模式可以分为自主共生型生态工业园区、产业共生型生态工业园区、改造型生态工业园区、虚拟型生态工业园区；

② 根据企业共生关系的不同，生态工业园区建设模式可以分为企业主导共生型、产业集聚与优势共生型、平等共生型及产业与区域社会共生型；

③ 根据形成路径的不同，生态工业园区建设模式可以分为自发形成型、全新规划型、现有改造型及虚拟型；

④ 根据组织方式角度的不同，生态工业园区建设模式可分为企业集团型、综合园区型；

⑤ 依据政府在园区建设中的角色分为政府服务型和政府主导型等。

3.1.2.2　国外生态工业园区建设典型模式及案例

本节从上文所提及的园区企业共生关系角度出发，对国外生态工业园区的典型建设模式进行分析比较。

（1）企业主导共生型模式

企业主导共生型生态工业园区是以单个企业为主，由单个企业根据其产业结构特征自主设置循环链而建立的生态工业园区，且多以企业集团的形式出现。园区以企业集团为核心，围绕企业集团各企业成员之间建立共生关系，在园区内部进行资源共享或废弃物交换，各企业成员之间的产权联系十分紧密，具有共同的利益。由于企业集团自身的人力、物力的限制，园区规模通常较小，但科技创新能力较强，在发展中存在较大的风险。企业主导共生型生态工业园区的典型代表之一就是日本藤泽生态工业园，此外还有美国杜邦公司生态工业园、德国莱比锡价值工业园等。

藤泽生态工业园由日本民间企业荏原公司改造而成，园区的布局属于实体性，主要成员由水净化厂、污水处理厂、焚化厂、发电和热能生产厂等一系列荏原公司的分公司组成。园区以荏原公司为核心，自主投资，独立经营和管理，政府不直接参与。企业成员自发参与，依据"生态产业链"共生关联，以零排放为目标，通过各种绿色高新技术的运用，降低生产成本，保护环境，获得了经济效益的同时还取得了较为明显的环境效益。

（2）平等共生型模式

平等共生型生态工业园区以中小企业为主，企业规模大致相当，地位平等，企业之间通过技术、资金、人才等相互交流与合作，共同推动清洁生产、能源有效利用以及污染预防等，减少园区的废物产生量和处理费用，实现经济发展与环境保护的良性循环。园区由中小企业甚至是微型企业组成，任何一家企业都不能起支配性、关键性的作用，企业间没有绝对的依附关系，关系错综复杂，实行普遍而广泛的废物交换，形成多种循环产业链整体网络。加拿大的伯恩赛德生态工业园就是平等共生型生态工业园区的典型代表，积累了许多成功的经验，还有加拿大波兰特生态工业园、德国法兰克福赫斯特工业园等。

伯恩赛德生态工业园以轻工业、物流和商业服务为主，约有1300家中小型或微型企业，行业分散、企业冗余度高，建立了各种各样的产业生态链及废弃物循环系统。园区内的各个企业处于相对平等的地位，在构建绿色化产业链和废物循环利用的过程中形成了平等共生的网络生态系统。政府不直接参与园区建设，主要通过政策、法律、经济等手段来间接影响园区的发展，园区内的生态效率中心扮演了园区服务者、管理者和协调员的多种角色，向企业提供了一个触手可及的信息平台，充当了政府和园区企业的协调机构，使得研究机构、政府、企业都能更有效率地运作。

（3）产业集聚与优势共生型模式

产业集聚与优势共生型生态工业园区是指依据增长极理论，在某一区域通过引入推动型产业之后吸引共生关联企业加入，进行副产品交换、能源梯级利用以及其他工业共生活动，逐步形成生态工业园区，并且在园区中存在着一个或几个优势企业，在"看不见的手"作用下，各企业通过利益连接在一起，朝着"集聚-再集聚"的良性方向发展。园区的形成需要一个自发而缓慢的过程，园区优势企业之间依据利益需要结成联盟，并围绕优势企业安排产业，企业成员形成了严密的产业关联，完全是市场化运行，政府干预相对较少。这一模式的典型代表是丹麦卡伦堡生态工业园。

卡伦堡生态工业园拥有包括发电厂、酶生产厂、石膏板厂、炼油厂、制药厂和废物处理公司在内的6家优势企业，依托信任关系自发形成，邻近互补，在市场机制的作用下企业成员在平等协商的基础上签订一系列双边合同，围绕优势企业自主经营管理，相互依存。卡伦堡市政府通过制定法律法规和政策扶持参与园区管理，与6家优势企业一起努力，实现了能量层叠利用、水资源循环利用及副产品、废料回收利用，工业生态系统完善，资源消耗降低与温室气体排放减少，资源利用效率提高，投资回报较高。

（4）产业与区域社会共生型模式

产业与区域社会共生型生态工业园区是集聚众多能够共享资源和互换产品的产业，各企业成员通过共生组合实现了内部资源的最优化配置，特别是与区域社会建立互惠共生关系，实现了经济效益、社会效益和环境效益的统筹发展。园区的产业与区域社会，处于同一地域范围内，在空间上紧密相连，在各自的生存和发展中存在互相竞争、互惠互利或共栖共存关系。该模式中影响最大的有日本北九州生态工业园，还有美国伯克利、丹麦哥本哈根等地的生态工业园。

日本北九州生态工业园区中产业与区域社会的发展形成互利互惠共生关系，该园区主要依托北九州地区的科研院所和工业基础，回收各种工业废料，以实现零排放为目标，大力发展环境和再利用产业，促进北九州走向工业化、现代化、国际化。政府的政策支持是该生态工业园区目前取得成功的主要因素，利用当地的环保技术优势，各企业创新产业模式，形成了一个科研-企业-政府一体化的综合体，带动了整个区域的经济发展。

3.1.2.3 国外生态工业园区建设模式综合比较

（1）从模式选择利弊比较

企业主导型生态工业园区由企业自主投资独立经营管理，园区企业成员依托产权联系密切，科技创新能力强，但是园区规模小，抗风险能力弱，政府干预少作用力弱。平等共生型生态工业园区有系统的法律法规支持和良好的弹性结构，政府、企业、科研机构主动参与合作，但缺少有力的监管措施和监管体系，企业信息搜集的难度大，交易成本高。产业集聚与优势共生型生态工业园区以优势企业为主导，企业成员易于沟通协商，政府通过制定法律法规和提供政策扶持参与园区管理，集聚优势明显，能够辐射带动区域经济发展。但需要漫长的形成过程，园区规模大管理难度大，创新和抗风险能力弱。产业与区域社会共生型生态工业园区拥有成功的管理和运营机制，健全的多方位保障体系，优惠的政策扶持，完善的技术支撑体系，有利于社会整体推进。

（2）从营运方式比较

企业主导共生型生态工业园区主要采用资源交换网络方式，园区企业围绕企业集团，依据各自利益需要，进行副产品、废弃物等资源的交换，减少了资源消耗，提高了资源利用率，获得了较高的投资回报。平等共生型生态工业园区采用产业生态化方式，园区产业通过资金、技术合作手段，共同推动清洁生产、能源有效利用以及污染预防等环保工作，在取得经济效益的同时最大化地减少环境污染。产业集聚与优势共生型生态工业园区主要采用新进产业配置方式，园区引入推动型产业之后，围绕产业副产品交换和资源需求，引入相关企业，进行资源配置，形成完善的工业生态系统。产业与区域社会共生型生态工业园区采用混合发展方式，园区企业依据与区域社会的不同共生关系，采用不同运作方式，推进资源最优化配置，实现经济效益、社会效益和环境效益的统筹发展。

（3）从组织管理上比较

企业主导共生型生态工业园区和产业集聚与优势共生型生态工业园区大多是自发组织形成的，管理主体一般是各企业代表组成管理机构，自主经营，独立管理，政府干预较少，仅负责协调各种公共事务。平等共生型生态工业园区和产业与区域社会共生型生态工业园区主要是由政府规划产生的，管理主体多元化，政府通过法规政策参与园区管理，重视环境保护和公共事务管理。总体上看，发达地区政府注重园区宏观管理，提供资金和政策上的支持；企业、社会组织或当地居民参与园区建设管理，多侧重于园区微观管理，管理主体以及管理形式日趋多样化。

3.1.2.4　国内生态工业园区建设典型模式及案例

经过多年的实践，我国的生态工业园区建设形成了"政府引导、园区主体、企业公众积极参与"的良性互动格局，在绿色、低碳、循环发展方面取得了显著的成效，形成了一批具有特色和影响的实践案例。

（1）创新驱动发展模式

对于新生代工业园区，其生态文明建设聚焦于创新驱动、高质量发展，通过走内涵式发展道路，打造培育战略性新兴产业、推进高新技术产业化的平台，先进制造业提升发展的平台及第二、第三产业融合发展的平台，从而实现产业的转型升级。以上海市张江高科技园区为例，该园区重点培育产业链前端的研发设计产能，集中了全国集成电路领域40%的研发企业，生物医药研发、制造单位达到400多家，新发展起来的云计算、物联网等产业也已形成集聚态势。同时，园区进行服务创新，建立了覆盖企业生命全过程的"预孵化—孵化—加速器"孵化体系，全方位、全过程孵化服务助推初创企业发展，成为我国科技资源最密集的区域之一。近年来经济总量不断攀升，张江高科技园区已经成为上海创新驱动和转型发展的主战场和生力军。

（2）全产业链发展模式

对于行业特色鲜明的生态工业园区，其生态文明建设的直接体现是通过产品代谢和废物代谢促进系统内各生产过程"原料—中间产物—废物—产品"的物质循环，在构筑起基于物质代谢的全产业链共生模式的同时实现了资源的高效利用和污染的减量。以阳谷祥光生态工业园为例，该园区在"铜精矿—阳极铜—高纯阴极铜"主体产业链的基础上，加强对铜冶炼废物和副产品的综合利用，构建了阳极泥提取贵金属、烟气回收制硫酸、余热发电、铜冶炼渣提取铜、中水回用、再生铜利用6条静脉产业链，形成了"铜矿开采—资源再生/铜精矿—阳极铜—阴极铜—铜深加工/贵金属深加工"的全产业链铜产业生态发展模式。

（3）清洁化发展模式

对于以加工制造为主导的生态工业园区，其生态文明建设的主战场是全生命周期的环境治理，实施"源头减量、过程循环、末端治理"，提高生产效率和资源能源利用效率，减少废物产生和排放，稳定产业发展的基础。以泉林生态工业园为例，该园区依托泉林纸业，通过产业和产品的生态设计，从源头上创新"秸秆清洁制浆新技术"、稻麦草"置换蒸煮"新工艺、无元素氯漂白技术等，成功地将麦草、棉秆等作为造纸原料，破解了制约草浆造纸企业发展的纤维原料、环境保护和水资源三大技术瓶颈，生产的本色草浆可完全替代阔叶木浆，且吨浆成本远低于木浆。在过程循环上，将造纸产生的制浆黑液全部用来制造绿色肥料，肥效高于国内同类产品30%，且实现了黑液零排放；将制肥过程中产生的高温蒸馏水用于制造花卉生长基质，解决了水处理的难题。在末端治理上，生产废水经物化预处理、生化曝气处理，二沉池、稳定塘沉淀后，形成了完善的中段水处理体系，一部分回用于生产系统，其余正常排放用于原料基地的灌溉，构建了废水处理、回用循环链。

3.2 园区循环化改造模式

3.2.1 园区循环化改造概述

3.2.1.1 园区循环化改造的概述及内涵

园区循环化改造主要是以园区为载体，以企业为核心，建立物质交换与循环利用的长效机制，通过在产业间建立相互耦合关系，形成园区产业和企业之间的循环链条，降低生产过程中的原材料和燃料动力消耗，利用企业之间的废弃物或者副产物形成产品创造价值，减少废物的产生和排放，实现物质梯级利用、能源梯级利用、水资源持续回用，有助于改善环境质量，优化区域生态环境，实现经济发展和环境保护的"双赢"目标。园区在推进实施循环化改造过程中，以3~5年的建设期，重点围绕空间布局合理化、产业机构最优化、产业链接循环化、资源利用高效化、污染治理集中化、基础设施绿色化、运行管理规范化"七化"目标推进实施；可最大限度地降低产业园区的能源消耗，这不仅可以使资源产出率提高，还可使环境负荷和风险减少，并最终降低企业运行成本，提升园区的综合竞争力。

园区循环化改造系统分析框架见图3-4。

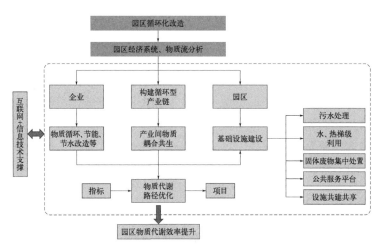

图3-4　园区循环化改造系统分析框架

3.2.1.2　园区循环化改造推进历程

循环经济理念被引入我国后，逐渐发展为我国的一项发展战略。在循环经济名义下进行的工业园区生态化活动活跃而繁多，这里统称为"循环经济园"，其发展大致经历了以下几个阶段。

（1）萌芽阶段（2003～2004年）

2003年，国家环保总局在发布生态工业园区的管理规定和规划指南的同时也发布了《循环经济示范区申报、命名和管理规定（试行）》《循环经济示范区规划指南（试行）》。生态工业园区、产业共生网络被认为是循环经济的一部分，循环经济示范区应当建设生态工业园区。这个阶段，循环经济名义下的工业园区生态化与生态工业园区建设的内涵是一致的，生态工业园区建设是循环经济示范区建设的一部分。

（2）试点阶段（2005～2007年）

2005年，国务院发布了《关于加快发展循环经济的若干意见》，提出要建立一批符合循环经济发展要求的工业园区，在园区开展循环经济试点工作。之后国家发展改革委（以下简称"发改委"）会同原环保总局、科技部、财政部、商务部、统计局发布了《关于组织开展循环经济试点（第一批）工作的通知》，发改委成为循环经济试点的主导部门。该文件提出要在园区进行循环经济试点，但并没有与生态工业园区建设进行对接，没有强调产业共生的理念，而是与循环经济整体的理念一致，强调园区提高资源利用率，降低废物最终处置量。2007年发改委、环保总局和统计局公布了循环经济评价指标体系，循环经济示范园的指标包括资源产出、资源消耗、资源综合利用、废物排放四个方面，没有强调产业共生。随后发改委又领导开展了第二批循环经济示范试点工作。

（3）综合支持阶段（2008～2012年）

2008年，《循环经济促进法》颁布，循环经济的推进有了法律基础，循环经济园的建设得到了大规模的推进和支持。2011年和2012年，发改委分别开始了城市矿产示范基地建设和园区循环化改造的工作，资源利用效率和污染物排放依然是主要目标，产业共生的理念并没有得到强调。2010年《关于支持循环经济发展的投融资政策措施意见的通知》发布，2012年《循环经济发展专项资金管理暂行办法》发布，循环经济园的建设得到产业政策、金融政策、财政政策的支持。

（4）稳步推进阶段（2013年至今）

2013年国务院发布《循环经济发展战略及近期行动计划》，强调构建园区循环经济产业链，推进园区资源高效循环利用和园区基础设施绿色化。在此行动计划的指导下，循环经济示范园的指标体系完善、园区循环化改造、城市矿产示范基地建设、循环经济园建设的资金支持等工作稳步推进。2021年，国家发改委办公厅、工信部办公厅共同发布《关于做好"十四五"园区循环化改造工作有关事项的通知》（以下简称《通知》）。《通知》确立了"十四五"园区循环化改造工作目标，到2025年底具备条件的省级以上园区（包括经济技术开发区、高新技术产业开发区、出口加工区等各类产业园区）全部实施循环化改造，显著提升园区绿色低碳循环发展水平。通过循环化改造，实现园区的能源、水、土地等资源利用效率大幅提升，二氧化碳、固体废物、废水、主要大气污染物排放量大幅降低。《通知》提出了园区循环化改造的五大主要任务：优化产业空间布局；促进产业循环链接；推动节能降碳；推进资源高效利用、综合利用；加强污染集中治理。在推进资源高效利用、综合利用任务中，要求园区重点企业全面推行清洁生产，促进原材料和废弃物源头减量。加强资源深度加工、伴生产品加工利用、副产物综合利用，推动产业废弃物回收及资源化利用。

3.2.1.3　园区循环化改造的实施要点

（1）优化整体布局

结合园区地理地形与产业关联性，整体规划设计园区空间布局（产业布局、企业布局和基础设施布局）。

（2）推动产业循环耦合

建设和引进产业链接或产业延伸的关键项目，通过中间产品的衔接利用以及废弃物的再生循环实现产业链间的纵向衔接，推进副产物资源化链条的持续壮大延伸，形成园区、企业之间的循环链条，并实现产业资源的循环化利用。

（3）推动园区产业补链升级

整体分析区域产业和资源的优劣势，重点培育和发展战略性新兴产业，调整和优化园区产业结构。对关联性较强或可优劣势互补的企业进行整合，建立产业集群，实现产业间资源共享，推动产业链横向耦合。

（4）实现产业园区资源和能源循环共享，提升利用效率

在产业园区运转中实现物质梯级利用、能源梯级利用、水资源持续回用，实现资源和能源循环共享，提升资源和能源利用效率。

（5）实现企业资源效率提升

主要以单个企业为主体，通过清洁生产技术应用、工艺设备更新、设备监管、减排技术改造等手段，最大限度地减少原料和物料的浪费、污染物泄漏及污染物末端排放，实现企业内部循环，提高资源能源的利用效率。

3.2.2 园区循环化改造模式及分析

本节提出了园区循环化改造模式的具体内容，即：首先，通过建链、补链及强链三大工程建立健全产业链条及其管理机制；其次，通过基础设施共享机制建设、公共服务保障机制建设及信息公开共享平台建设构建园区共性设施平台；最后，通过园区资源高效利用管理体系、园区安全环保管理体系及园区环境监督管理体系的建设完善园区综合管理系统，促进园区向"横向耦合、纵向延伸、循环链接"发展。

（1）建立健全产业链条及其管理机制

1）建链工程

建链是指进一步挖掘未来产业的发展方向，以适合本地发展的新兴产业作为方向，不断拓展产业链条的空间范围。建链工程的理论主要源于生物学中的关键种理论，即按照未来发展需求，挖掘对整个工业生态系统及部分其他工业种群产生关键影响作用的新型工业种群，并将其培育为生态园区产业链的关键节点（"链核"）的过程。链核产业能够带动其他产业类型的协同发展，所消耗的资源和能源规模较大，从而产生了较多的废弃物种类及较大规模，对园区整体经济与环境影响显著。

需分析园区优势产业及资源的发展途径，平衡产业经济效益、环境效益及资源效率，并以关键种产业为主导，以卫星企业为补充，不断引进先进技术装备，统筹考察上游与下游产业链条两个维度的延伸难度与潜力，与现有及未来园区的资源-环境-经济综合效益为评价原则，有选择性地拓展现有产业链条，着重提升潜力较大环节的资源利用

效率水平，同时辅以产品高附加值化发展能力评估，促进产业链整体水平的优化升级。

找准重点发展的战略性新兴产业进行"建链"，有利于加快园区培育和发展战略性新兴产业，以高起点建设现代产业体系，推动园区及周边产业结构的优化升级。同时世界各国均在加快推动节能环保、新能源等新兴产业发展，传统技术含量较低的产品已不再适合高附加值化发展的需求，建链工程可使园区整体更适合国际竞争新需求、掌握园区进一步高速发展的主动权，并通过其辐射带动能力，加强卫星企业的技术创新及工艺改良水平，提升废弃物再生利用水平。

2）补链工程

用需求引入补链企业，增强补链企业内部及补链企业与其他现有企业之间废弃物的循环利用，从而在主导产业链外形成众多集成辅助产业链条的循环化卫星企业集合，最终形成循环链接的产业网状结构。同时，补链企业也并非完全依附于关键位企业的附属品，循环经济产业网络结构中补链企业自身发展的诉求同样不容忽视，必须正确引导补链企业与关键位企业的和谐共生，促进协同发展。

补链企业的出现是其与关键位企业协同共生，基础设施共同享用并使生产资料高效运转，最终实现资源-环境-经济综合利润最大化的必然结果。若无补链企业，关键位企业所提供的副产品及废弃物等供给就无从消纳。因此，补链企业与关键位企业相辅相成、互相依赖，补链企业若围绕关键位企业布局，将充分利用园区资源，实现自身跨越式发展：

① 从集聚效应的获得层面来看，由于基础设施大多围绕关键位企业布局，为了共享资源，补链企业应围绕关键位企业聚集；

② 从生产成本的降低层面来看，由于废弃物及副产品的层级利用需求，补链企业围绕关键位企业布局，可降低各类资源的运输成本，进而降低企业生产成本；

③ 从技术及管理经验的共享层面来看，关键位企业充裕的资金可以促使其获得更先进的技术装备与更完善的管理体系，补链企业围绕关键位企业布局，更易获得相关信息壮大自身发展，同时补链企业的灵活性也能带动关键位企业综合竞争力的增强。

3）强链工程

强链是指对园区现有优势产业链条，进一步综合提升其科技化和信息化水平，着力打造有特色、高水平、世界领先的产业集群。

① 加强产业链耦合，完善产业链条，根据食物链理论，对物质流、经济流及环境流进行综合考察，深入挖掘现有产业链条中的资源循环利用与能量梯级利用潜力，增加企业之间的物质能量交换，加强产业链条之间的协同发展。

② 增加人员培训费用，在注重高级管理人员及研究人员培养和引入的同时不能忽略普通员工专业技能的培养，提高对废弃物原料开发利用的识别能力和水平，增加其单位生产效率，也需加强园区内相似功能企业的技术交流，公开其副产品及废弃物产生种类及数量特征，减少循环经济运行的交易成本，进一步加强与产业链上相邻企业的协作水平。

③ 主动把握时机，促进园区企业向高附加值产业链的升级和转移，走产品品牌化和差别化路线，提升企业层次。

④ 注重全生命周期生态设计，整合物质流、能量流、信息流等各方因素，优选合理的生产工艺流程，事前设计各种副产品及废弃物的消纳流向，并根据废弃物排放数量和种类，在投入端设计原料选材，减少无法利用废弃物的产生，在生产环节注重清洁生产与边角余料回炉再造，将废弃物封闭于生产装备中，减少污染源数量，提升无害化处理及再造利用效率。

（2）构建园区共性设施平台

1）建立基础设施共享平台

建立基础设施共享平台，进一步加强开发区供排水、道路、电力、通信等硬件基础设施建设，强化协调服务，改善投资环境，提高投资吸引力。

① 加强园区供排水系统建设，通过不同类型用水（新鲜水、循环水、中水）价格差异，充分利用各类水资源，防止园区因水资源短缺而造成企业经济损失，通过园区污染集中防治基础设施建设及升级改造，提高园区整体副产品及污染物消纳水平。

② 增强园区道路交通的便捷性及合理性，通过构建副产品及废弃物运输绿色通道等模式，加强企业之间的对接程度，增进废物交换及运输体系优化。

③ 落实国家峰谷差别化电价，实施低谷电价优惠政策，充分发挥价格杠杆作用，维持园区供电的稳定性，引导电力客户优化用电方式，合理错避用电高峰，防止企业因用电时间过于密集而导致短期电力短缺，有效增强重大设备的耐用水平，并减少因生产不连续而导致不必要的产品报废现象发生。

④ 优化共性通信系统的设计，建立循环经济统计信息化系统，保障园区内工作人员资源共享、信息查询。

⑤ 构建创业孵化平台，协助中小型卫星企业成长，促进循环经济技术成果的转化和推广。

2）建立公共服务保障平台

① 行政性公共服务方面，园区应在政府财政资金的协助下进一步完善服务方式，建立绿色服务通道，提高行政服务效率；进一步简化审批程序，缩短审批时间，降低商务成本；积极推行公共服务项目市场化运作和企业化管理模式，鼓励支持企业参与技术创新、信息网络、现代物流、检测检验、职业技术培训等公共服务平台的建设。

② 园区自身管理部门也应加强完善生产性、生活性共享服务方案，加强科技、人才、劳动用工、信息、市场等方面的服务体系建设，逐步建立服务管理的长效机制。例如：构建统一的公共管理服务中心作为相关服务部门的集中办公场所，全程协助适合园区发展的投资者办理入园所需的工商、税务登记、环境影响评价及企业安全评价等相关手续，并为其提供综合商务办公、工商、税务、银行结算、员工餐饮等各项服务等。

③ 园区应积极引进公共金融服务体系，为银行、担保公司、风险投资公司等金融机构提供集中办公地点和优惠措施，通过银企信息沟通平台，营造有利的信贷条件，加强银行信贷政策和产业政策的对接，增强信贷吸引力和成功率。

④ 应构建技术咨询系统，对园区企业资源综合利用进行及时有效的技术指导，形成企业与企业之间清洁生产、综合利用循环产业链，达到节约资源和发展循环化改造目标，同时借助该咨询系统，向园区企业提供国内外先进的产业信息、政策动态、市场咨询以及各种会展信息，促使园区企业与外界保持密切联系。

3）建立信息公开共享平台

园区循环化改造最终目标是构建集物质流、能量流、信息流为一体的资源配置网络，其中信息流是最独特的一环。信息流可帮助企业间进行有效信息共享，减少信息搜集成本，但由于信息公开共享平台属于强外部性的产品，以经济利润最大化为目标的企业，往往难以通过自身条件负担信息平台建构所带来的高成本，需通过政府、园区管理部门以及各类企业共同携手，才能确保信息共享平台的建立及有效运行。

信息平台上应发布企业的生产技术、资源能源流向、废弃物产生种类及数量等信息。通过建立信息数据库等形式，达到信息及时传递，方便入园企业认知政府及园区政策及管理手段、园区工业网络设计、物质流集成设计、各主要行业关键先进技术等信息；方便在园企业查询副产品及废弃物最佳的流动渠道和最佳利用技术，寻求废弃物与原材料的配对关系。数据库信息应作为循环经济绩效与评估机制的重要依据，即作为园区内企业循环经济发展成效综合评价依据，作为政府政策支持的主要参考依据。

（3）完善园区综合管理系统

1）建立园区资源高效利用管理体系

① 建立能源综合管理体系，制定能源高效利用标准、重点产业和产品综合能耗定额指标，调控企业内部节能和能源回收利用、企业间能源梯级利用、能源综合利用系统。

② 建立水的循环利用管理体系，完善地表水供应、污水综合处理、中水回用、雨水收集利用等系统，制定园区水资源循环利用标准体系、节水标准体系和合理的水价体系。

③ 建立土地资源高效利用管理体系，合理制定年度农用地转用方案，完善征地补偿和被征地农民安置机制；创新土地承包经营权流转机制，支持采取转包、出租、互换、转让或者法律允许的其他方式流转土地承包经营权；制定提高园区内土地综合利用效益的标准体系，严格控制低附加值与低技术含量的产业项目建设用地审批，鼓励企业科学规划布局，提高土地综合效益。

2）建立园区环境监督管理体系

完善的污染防治监管体系，由园区环境管理监测部门和政府环保部门共同组织建立监测体系，如生态环境局下设环境监测站，负责建立园区企业环境可视化监测系统，联通各企业及园区整体排污出口的监测装置，采取定时与不定时监测相结合的方式，获取一手的污染数据，再对其进行分析，对不达标企业查明真实原因，并采取必要的惩罚措施；园区环境管理部门需利用就近性优势，配合政府环保部门定期对各部门的治污情况进行严格检查考核，负责园区企业临时监测任务，对没有在规定时间内完成规划要求任务的企业，要给予批评及必要的惩罚措施，加强园区内环境监管能力建设。

另外，园区内的各类企业均需就企业循环化改造的实施情况，对相关指标进行阶段总结和评估，并对下一阶段的规划任务进行修订和完善。例如：园区各企业需向园区及政府环保部门提交循环化改造的年度工作总结，对本年度所做的主要工作、达标情况及存在问题进行分析总结；园区及政府环保部门也可以针对其具体情况适当调整下年度工作方案，包括重点项目、配套资金及阶段目标等内容。

严格的环境监督管理体系可有效促进企业的外部成本内部化，进而促使企业寻求通过技术流程的改造和企业间合作等方式进行废弃物综合利用领域的探索，并引导投资更多转向技术创新的领域，园区共生网络的内在力量将促进园区的可持续性发展。

3.3　绿色工业园区模式

3.3.1　工业园区绿色发展概述

3.3.1.1　国内工业园区绿色发展基本状况

近些年来，我国工业园区发展迅速，产业集聚发展程度不断提高，对经济发展起到了重要的推动作用。但同时，部分工业园区也存在着能源资源利用效率不高以及不同程度的环境压力，随着国家资源环境标准的日趋严格，园区的可持续发展受到了严重挑战。

为规范引领工业园区绿色可持续发展，生态环境部、国家发展和改革委员会、工业和信息化部根据自身职责分别创建生态工业示范园区、推进园区循环化改造示范试点、创建绿色工业园区，并各自构建了评价指标体系。其中，生态工业示范园区建设侧重环境保护和污染治理，寻求物质闭环循环、能量多级利用和废物产生最小化。园区循环化改造侧重资源节约集约利用，努力实现园区经济持续发展、资源高效利用、环境优美清洁、生态良性循环。绿色工业园区建设侧重能源资源高效利用和产业共生耦合，将绿色发展理念贯穿于园区的发展规划、空间布局、产业链设计、能源利用、资源利用、基础设施、生态环境、运行管理等全过程。截至2020年，国内已有通过验收的国家生态工业示范园区65家、通过验收的园区循环化改造示范试点44家，以及171家国家级绿色工业园区。工业园区绿色发展在东部沿海省份推进较快。

同时，国家持续重视绿色技术的推广应用，为工业园区绿色发展提供强有力的技术支撑。为加快高效节能和节水技术的推广应用，引导绿色生产和消费，工业和信息化部也在陆续发布工业节能和节水技术相关的目录、应用指南与典型案例等，为园区、企业绿色发展提供技术引导。为加快先进绿色技术推广应用，国家发展和改革委员会等部门联合征集国内领先、成熟可靠、推广价值高的节能环保、清洁生产、清洁能源、生态环境、基础设施绿色升级等领域的相关技术，拟制定发布绿色技术推广目录。

在国家政策的鼓励与引导下，各个工业园区对绿色发展的认识逐步深化，很多园区结合自身发展实际，通过技术创新、产业结构优化、生产工艺提升等一系列举措，在实现经济增长的同时单位工业增加值的资源消耗与环境排放不断降低。很多促进绿色转型发展的新举措、新模式也开始不断涌现。

尽管工业园区已经在绿色发展方面取得了明显进步，但也必须看到，与日益提高的资源与环境标准要求相比，很多园区还存在着园区绿色发展规划制定不够科学、基础设施建设较为滞后、绿色发展技术应用偏少等现象，直接影响到我国工业园区的绿色发展，亟须有针对性地加以改进。

3.3.1.2 国内外促进工业园区绿色发展的主要做法

（1）国外促进工业园区绿色发展的主要做法

欧美及日韩等工业发达国家的工业园区在绿色发展方面走在前列，依托基础设施建设、主导产业选择、城市与低碳发展融合、相关政策法规体系完善等，在改善园区资源环境效益的同时增强了园区的综合竞争力，进一步推动了国家工业经济的发展。

1）政策引导，促成产业集聚

政策导向直接影响工业园区绿色发展进程。欧美及日韩成功的工业园区多数是以政府出台政策支持并引导形成产业集聚，企业间关联性强，且具有很好的专业分工协作能力。例如，日本提出的生态城计划，从国家层面设计工业园区绿色发展方向，大力培育和引进环保产业，多个职能部门协同合作，经济部门对新建企业进行资金资助，环境部门给予经费资助和指导环境管理、废弃物回收和处理等，建立了《推进循环型社会形成基本法》《固体废弃物管理与公共清洁法》等其他法律法规，促成工业共生体系构建，形成以静脉产业集聚的生态工业园区。法国索菲亚·安蒂波里斯技术城，在"国家工业应用研究成果促进局"帮助下，向法国里昂信贷银行申请贷款，在当地政府协调下重新规划土地，占地面积由 $126hm^2$ 升至 $2400hm^2$，政府为园区组织大规模且有计划的国际营销，投资建设先进的电信基础设施，并且法国政府将国内第一大电信运营商法国电信迁入科技城，电信产业链关联企业迅速集聚，形成信息通信业集聚的工业园区。

2）强化园区规划，加强基础设施建设及共享

园区建设需要有明确、前瞻性的发展规划，注重绿色基础设施建设及共享。绿色转型发展较好的欧洲工业园区大多有着明确的指导规划和先进的基础设施。例如，德国鲁

尔工业园区制定传统产业转型规划，大力发展新能源产业，同时注重交通等基础设施建设，建成了欧洲最稠密的交通网，利用发达的交通网、物流基础和通信条件，吸引外部资本投入，为绿色技术、环保装备研发提供资金支持。德国路德维希化工园区规划并集中建设用于统一供应服务的公用工程和辅助设施，既降低了环境污染治理成本也高效地利用了资源。

3）完善园区合作模式，加强绿色技术研究与应用

绿色技术的研究及应用是园区绿色发展的关键，但是园区企业受资金、人才等制约，自身绿色技术研究能力较弱。因此，国外很多成功转型的工业园区与高校、科研机构等开展紧密合作，促成绿色技术的研究及应用。例如，日本北九州生态工业园形成了"政产研"运作模式，园区内设置验证研究区、综合环保联合企业群区和响（Hibiki）再生利用工厂群区；在验证研究区，企业、行政部门、研究机构合作紧密，联合开展废弃物处理技术、再生利用技术的实证研究，形成了环境治理相关技术的研发基地；综合环保联合企业群区汇集了大批废旧产品再处理企业，企业间相互合作，开展环保产业企业化项目。响（Hibiki）再生利用工厂群区为汽车循环再利用和创新技术应用提供场所。

4）注重废物资源化，强化生产过程资源节约

传统工业园区多为"大量生产、大量消费、大量废弃"的粗放型发展模式，欧美传统工业园区的转型升级，多以废物资源化和安全处置为重点，促成企业间互相回收利用废弃物，大幅提高资源回收利用率。例如，丹麦的卡伦堡工业园，园区发电厂、炼油厂等重要企业自发互相使用废弃物或副产品作为生产原料，建立工业横生和代谢生态链关系，在减少成本形成可观经济效益的同时实现了园区的零污染和低排放。美国的切塔努嘎生态工业园利用原有老企业的工业废物，环保改造废旧钢铁铸造生产车间为太阳能污水处理车间，邻近车间建设利用循环废水的肥皂厂，紧邻肥皂厂又建设以肥皂厂副产物作为原料的企业，形成了企业之间能量和物料的上下游利用和循环，最终实现了园区的废弃物"零排放"。

（2）我国促进工业园区绿色发展的主要做法

党的十九届五中全会明确提出加快推动绿色低碳发展；同时，进一步要求支持绿色技术创新，推进清洁生产，发展环保产业，推进重点行业和重要领域绿色化改造。未来，工业园区需要在加快推动绿色低碳发展、持续改善环境质量、全面提高资源利用效率的政策指引下，充分借鉴一些发达国家的成功做法，从园区规划、政策扶持、能源资源利用、标准化工作等方面综合考虑，进一步提升工业园区绿色发展水平。

1）科学制定并严格执行园区绿色转型发展规划

按照"科学规划，合理布局，准确定位，突出特色"的指导原则，结合地区资源能源禀赋、经济发展规划、园区总体规划，制定前瞻性、切实可行的园区绿色转型发展规划，用科学的理念指导园区建设。建立健全评估机制，根据发展的实际情况，及时对规

划进行修订完善，做到基础设施规划符合产业发展实际，并建立配套保障制度，坚决落实规划要求。同时，为了更好地保障规划的执行，可以考虑建立落实园区绿色转型发展规划的协调机制，并制定相关责任清单与考核机制，确保规划执行到位。

2）不断完善园区产业集聚发展的支持与激励政策

园区应根据所涉及的不同行业种类，结合国家产业发展的相关政策及其园区产业集群发展需要，有重点地建立健全园区产业集聚的补贴及激励政策，通过政策引导形成企业关联性强、专业化分工程度高的特色产业链。建议园区根据自身财力水平，设置绿色发展的专项引导资金，主要用于支持园区绿色基础设施建设。同时，为促进园区内产业集聚及耦合共生，建议将产业关联度指标纳入工业园区考核评价体系。

3）强化能源资源高效利用，推进智慧用能

园区应将加强能源资源高效利用、推进土地节约集约利用、提高可再生能源使用比例作为重点来抓。积极推广分布式供能技术，促进可再生能源的就地转化和消纳。推动可再生能源与常规能源的融合，建立可再生能源与传统能源协同互补、梯级利用的供能体系，实现资源优化配置与高效供给。基于"能源+互联网"智慧用能的方式，管理园区用能，对园区能耗进行对标与节能空间分析，识别重点用能设备或工艺等，寻求节能降耗的方案。同时，建议将园区可再生能源占比、可再生能源弃电率、余热资源回收利用率纳入工业园区考核评价体系。

4）建立"政产学研"合作模式，强化技术交流和信息共享

鉴于单个企业资金、科研等方面的资源制约，其独立创新能力较弱，建议通过政府部门搭建交流平台，促进园区内企业间技术交流和信息共享。同时，加强园区、企业与高校及科研机构的技术合作，培养工业园区创新体系，建立"政产学研"协同合作机制，为园区发展提供高效技术支撑。另外，鼓励园区制定人才引进优惠政策、创业政策，提供良好的发展环境和平台，吸引高新技术人才入园工作及创业，奠定坚实的人才基础。

5）加大清洁生产改造实施力度，持续推进集中治理污染源及处理废弃物

一方面，结合工业和信息化部提出的《大气污染防治重点工业行业清洁生产技术推行方案》，加大清洁生产改造实施力度，实施以源头替代、过程削减为主的清洁生产改造，淘汰落后技术、工艺和设备，提高资源能源利用效率和主要废弃物的资源化，降低污染的排放量和排放强度。另一方面，集中治理污染源，集中预处理和集中利用处置废弃物，对具有可回收利用价值的废弃物，优先进行综合利用。鼓励园区建设废弃物预处理中心，或者废弃物产生量大的企业自建、废弃物产生量小的企业参与共享。鼓励园区引进第三方节能环保服务公司，并加强生态环保基础设施建设。同时，建议将具备污水集中处理设施纳入工业园区考核评价体系。

6）推进园区建设、运行管理标准化

标准化工作有助于推动园区技术创新，提高能源资源利用率等。宜在工业园区设计、规划、建设及其运营管理的全流程都要加强标准化。构建园区运行管理标准体系，

运用标准化手段对工业园区信息系统、公共基础设施等进行管理，达到园区公共服务统一、规范、有序，实现园区管理的集约化、精细化和标准化。同时，鼓励园区帮助企业建立健全标准体系，提升企业生产及运营管理标准化。

3.3.2　工业园区绿色发展模式

中国在推进园区绿色发展、产业生态化过程中形成了"有标准可依、依标准建设、示范试点带动、建立长效机制"的发展路线图。国家生态工业示范园区、园区循环化改造、国家低碳工业园区、绿色园区建设这四类代表性示范项目，在实践过程中通过"试点—修正—试点—修正"的不断完善，形成了较成熟的管理办法、标准及指标体系。这四类园区试点项目侧重点各异：

① 国家生态工业示范园区建设侧重于通过产业共生链接与清洁生产达到全过程污染防控与生态环境保护；

② 园区循环化改造侧重于实现园区资源高效、循环利用和废物超低排放；

③ 国家低碳工业园区侧重于实现高能耗园区的节能减排；

④ 绿色园区建设则侧重于促进园区绿色制造体系的建设。

中国工业园区推进绿色发展实现产业生态化，在实践中形成了明确的指导思想，即运用产业生态学系统思考的原理，遵循减量化、再利用、再循环的原则，实现工业园区经济、资源能源和环境全系统的优化提升。园区绿色发展的实践主要从 3 个方面协同推进：① 以企业清洁生产为核心，强化企业间联系以构建产业共生网络和绿色供应链；② 完善公共基础配套服务，通过基础设施绿色转型升级以优化调控园区的物质能量代谢；③ 借助现代化信息技术，实现园区整体的运行环境与管理模式的精细化，并推动智慧化升级。

以下从 4 个方面进一步阐述中国工业园区绿色发展中形成的若干可推广可复制的经验模式。

（1）构建绿色产业链

工业园区绿色发展的重要举措之一是打造绿色产业链。这是园区为了谋求系统整体的竞争优势，遵循产业发展规律，以企业为对象，通过空间、地域、产业基础等优化配置生产要素，构筑产业生态化组织形态，形成优势主导产业和产业结构的过程。绿色产业链的构建包括园区内的产业共生体系培育和绿色供应链建设。构建产业共生体系，是努力将园区内一个生产过程中的废物或副产品转化为另一个生产过程的原料，使整个工业体系"进化"为各种资源循环流动的闭环系统，实现经济效益、环境效益和社会效益的有机统一。中国工业园区在产业共生体系构建方面已形成了大量的典型案例。绿色供应链建设则是企业以资源节约、环境友好为导向，建立采购、生产、营销、回收及物流一体化的供应链体系，推动上下游企业共同提升资源利用效率，改善环境绩效，达到供应链整体资源利用高效化、环境影响最小化的目标。目前一些园区及企业正在积极开展绿色供应链示范试点项目。

（2）清洁生产和绿色制造

清洁生产对园区绿色发展起着至关重要的促进作用。我国于2002年制定《中华人民共和国清洁生产促进法》，清洁生产已成为生态工业园区、园区循环化改造等系列试点项目中的关键共性举措，要求该法律规定的重点企业全部通过清洁生产审核；实践显示企业持续推进清洁生产对于全过程减少污染物产生具有重要作用。2018年中国更是将发展清洁生产产业作为推进绿色发展的三大支柱产业之一，以支撑国家层面"解决好人与自然和谐共生问题"的绿色发展战略目标。2015年5月国家发布《中国制造2025》，强调全面推行绿色发展，强化产品生态设计和全生命周期绿色管理，努力构建高效、清洁、低碳、循环的绿色制造体系。清洁生产与绿色制造都强调从全生命周期的角度提高资源能源效率，减少对人和环境的影响与风险，无疑是园区绿色发展的关键支撑。

（3）基础设施绿色转型升级

基础设施共享是国内外工业园区的一个共性特点，也是实践中普遍推行的提高资源能源效率的关键措施。园区基础设施主要包括园区集中式污水处理厂、中水回用处理设施、集中供热设施，固体废物（包括危险废物）收集、资源化利用及处理处置设施等。目前基础设施的绿色转型升级主要通过基础设施的高效、低碳化升级改造，以及构建基础设施间产业共生协作等实施。

中国工业园区基本设置了管理委员会，代表政府开展园区的日常运行和管理工作，管理委员会对园区基础设施的建设和完善发挥着重要的主体作用。园区的能源环境基础设施对降低污染物排放和提高资源能源利用效率发挥了重要作用。能源基础设施提高能效、减少温室气体排放对于园区低碳发展意义重大。最新的研究显示，通过综合实施燃煤锅炉改造为燃气锅炉、垃圾焚烧替代燃煤、抽凝/纯凝汽轮机升级为背压汽轮机、大容量燃煤机组替代小容量燃煤机组、天然气联合循环机组替代小容量燃煤机组等措施，中国工业园区的能源基础设施可实现温室气体减排8% ～ 16%，并可协同节水、减排二氧化硫和氮氧化物各34% ～ 39%、24% ～ 31%和10% ～ 14%，且具有较好的经济效益。园区基础设施间的共生协作可进一步提高园区基础设施的能源环境绩效。

（4）园区环境管理精细化和智慧化

基于数据驱动的园区环境管理精细化和智慧化是近年来中国工业园区绿色发展的新趋势。借助物联网、大数据和云计算技术，将园区的环保、安全、能源、应急、物流、公共服务等日常运行管理的各领域整合起来，以更加精细、动态、可视化的方式提升园区管理和决策的能力。目前，中国一批园区正在开展智慧园区、智慧环保、智慧安监等决策支撑平台建设。园区的精细化和智慧化管理多采用环保管家第三方服务的模式，以"市场化、专业化、产业化"为导向，引导社会资本积极参与，提升园区的治污效率和专业化水平。

3.4 城市矿产园区模式

3.4.1 城市矿产园区概述

3.4.1.1 "城市矿产"的提出与含义

1961年，美国都市规划家雅各布斯·简（Jane Jacobs）提出"城市是未来的矿山"。1988年，日本东北大学选矿制炼研究所教授南条道夫首次提出"城市矿山"的概念，也叫作"都市矿山"（Urban Mine）或"城市矿产"。

"城市矿产"就是指把使用过的废弃电子器械作为矿物资源，进行有计划的回收，从中获取可利用的资源。即通过把都市消费结构中产生的废物纳入从生产到消费再到生产（或再生产）的闭路循环系统，"城市矿山"就能充分发挥节约和弥补原生矿产资源的不足、节约能源、减少污染、保护环境的重要作用。因此，"城市矿山"也是一种循环经济，再生资源产业。

"城市矿产"这一新概念，作用于将单向的生产消费型结构转变为闭合系统，从而使资源消费由单通道转变为循环系统。根据"城市矿山"的思想绘制的资源再循环流程见图3-5，图中的原料资源都是循环资源，其品位比天然矿石高，且再生所需的能耗亦少。

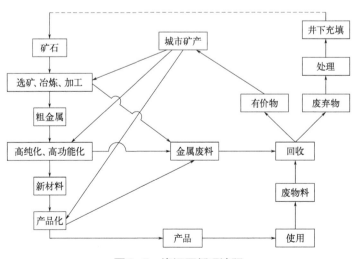

图3-5 资源再循环流程

城市矿产资源作为经济发展理论的重大突破，旨在用生态学规律而不是机械规律来指导人类社会的经济活动。它把经济和环境系统人为割裂的劣势淘汰，实现建立在自然生态规律基础上的经济发展，将传统的工业经济体系转变为合理利用和可持续循环的经济体系，为经济转型提供基础，是传统经济进入可持续发展经济体系的新的理论模型。

3.4.1.2 城市矿产园区建设必要性

（1）城市矿产开发潜力巨大

当前，我国作为全球制造业基地的地位已经不容置疑。在500种主要工业产品中，我国有40%以上产品的产量位居世界第一。中高端产品供给能力显著增强，水下机器人、无人机等技术以及磁共振、超声影像等高端医学影像装备均处于国际领先水平，智能手机、计算机、电视、工业机器人等新产品产量位居全球首位。中国汽车工业协会统计显示，2022年前5月我国新能源汽车累计产销双双超过200万辆，同比均增长1.1倍。2020年，我国电子产品每年报废数量约为6.87亿台，汽车年报废量为217.7万辆。工业产品品种、品质、品牌稳步提升，家电、制鞋等领域与国际标准一致性程度达到95%以上。制造业中间品贸易在全球占比约为20%。2021年，24个工业和信息化领域品牌入选世界品牌500强，比2012年增加14家。如此巨大的城市矿产资源正源源不断地从国民经济的各个领域和社会生活的各个层面上涌流出来，构成了我国城市矿产开发巨大的物质基础。

（2）文明进程需要

几十万年前的原始文明社会，人类采摘狩猎、工具与火、部落战争，但是良好的生态环境保护着人类的平安；5000年农业文明，男耕女织、人口增加、开荒放牧，对于环境有了一些伤害，但仍然不是主流；300年的工业文明，蒸汽机和内燃机、大工业经济、资源—产品—废弃物，这些对于环境造成了巨大的损害，人们不得不关注生态文明建设和可持续发展，资源节约与环境友好已经是发展中重大的问题，建设美丽中国，需要构建良好的生态环境，充分利用可再生能源与再生资源，实行"资源—产品—再生资源"的循环经济，才能使社会可持续发展。

（3）经济发展需要

我国是世界制造基地，钢铁、水泥、电器等产量已居世界第一。机电产品出口量巨大，大量的资源特别是有色金属和钢铁随着产品流向国外，如果资源只出不进，中国工业将严重失血。面对原生资源枯竭和中国大量资源随机电产品不断出口的双重压力，我国必须找到一条可持续发展的资源利用之路。

（4）基础设施建设需求

我国人口众多，近年来基础设施建设需求量大。这更加大了对于基本建设材料、机电产品和工程机械的需求，而这些都是以资源作为产业支撑的。

（5）固体废弃物无害化处置需要

固体废弃物也称固体废物，指人们在生产过程中和生活活动中产生的固体和泥状物质。按其来源不同，主要分为生活垃圾、工业固体废物、危险废物等。固体废物的管理主要是指控制其污染和实行资源化。我国固体废弃物数量逐年增加，如不及时处理，宝贵资源浪费严重，生态环境状况堪忧。

3.4.1.3　我国城市矿产园发展历程

国家"十二五"规划纲要提出将"城市矿产"基地建设作为循环经济重点工程之一，并提出"十二五"期间建设50个技术先进、环保达标、管理规范、利用规模化、辐射作用强的"城市矿产"示范基地。国土资源部、财政部表示旨在加大对示范基地建设的政策倾斜力度，依法优先配置资源和提供用地，给予示范基地建设资金扶持。

2010年，国家发改委、财政部联合下发的《关于开展城市矿产示范基地建设的通知》指出，决定用5年时间在全国建成30个左右技术先进、环保达标、管理规范、利用规模化、辐射作用强的"城市矿产"示范基地（以下简称示范基地）。推动报废机电设备、电线电缆、家电、汽车、手机、铅酸电池、塑料、橡胶等重点"城市矿产"资源的循环利用、规模利用和高值利用。开发、示范、推广一批先进适用技术和国际领先技术，提升"城市矿产"资源开发利用技术水平。探索形成适合我国国情的"城市矿产"资源化利用的管理模式和政策机制。

2011年，国土资源部、财政部与21个省级政府以及中石油、神华集团等6个中央矿业企业签署合作协议，共同推动油气、煤炭、铀矿、黑色金属、有色金属、稀有稀土、化工非金属七大领域40个示范基地建设工作。

2012年7月，财政部公示了第三批"城市矿产"示范基地拟支持单位名单，永兴县循环经济工业园、新疆南疆城市矿产示范基地、滁州报废汽车循环经济产业园、佛山市赢家再生资源回收利用基地、山西吉天利循环经济科技产业园区、黑龙江省东部再生资源回收利用产业园区共6家单位入围。

2013年以后主要相关政策见表3-1。

表3-1　我国城市矿产开发利用部分主要政策列表（2013年至今）

施行时间	发布部门	政策名称	主要内容
2013年	国务院	国家级循环经济发展战略及行动计划	开展城市矿产基地建设示范工程，实现城市矿产资源化利用和无害化处理的园区化管理
2015年	财政部、国家税务总局	关于印发资源综合利用产品和劳务增值税优惠目录的通知	对符合标准的废旧电池、废金属类产品、废旧橡胶等项目予以退税优惠
2016年	国务院	"十三五"国家战略性新兴产业发展规划	促进"城市矿产"开发和低值废弃物利用

施行时间	发布部门	政策名称	主要内容
2016年	国土资源部	矿产资源规划（2016—2020年）	开展钢铁、有色金属、稀贵金属等城市矿产的循环利用、规模利用和高值利用，缓解原生矿产资源利用的瓶颈约束。实施原料替代战略，鼓励企业提高再生金属的使用比例
2016年	工业和信息化部、商务部、科技部	关于加快推进再生资源产业发展的指导意见	明确再生资源产业发展的主要任务、重点领域、重大试点示范和保障措施等
2017年	国家发展和改革委员会	循环发展引领行动	提升"城市矿产"开发利用水平

3.4.1.4　我国城市矿产园建设成效

通过前期国家级城市矿产示范基地和政策支撑体系建设，我国城市矿产开发利用取得了一系列成效，表现为：

① 产业规模化、集约化程度不断加深，产业龙头企业发展迅猛，行业集中度进一步加强，使再生资源产业在国民经济中的作用愈发显著。

② 产业规范化、专业化格局渐趋成型，一方面，再生资源来源流向逐渐规范，固体废物进口管理更加严格，洋垃圾通过非法途径入境等情况有了明显改善；另一方面，行业上下游产业链不断完善，并进一步向深加工延伸，高值化利用比重不断加大。

③ 产业绿色化水平逐步提升，随着产业高端技术研发投入加大，现代信息技术与城市矿产资源开发利用的不断融合以及对非法经营活动整治和污染物排放有效的治理，城市矿产开发利用行业节能减排绿色发展能力不断增强。

国家级城市矿产示范基地分布见表3-2。

表3-2　六批国家级城市矿产示范基地分布表

省（区、市）	基地数量	基地名称	所属区域
山东	3	青岛新天地静脉产业园、山东临沂金升有色金属产业基地、烟台资源再生加工示范区	东部
浙江	3	宁波金田产业园、浙江桐庐大地循环经济产业园、台州市金属资源再生产业基地	
福建	3	福建华闽再生资源产业园、福建海西再生资源产业园、厦门绿洲资源再生利用产业园	
江苏	3	江苏省邳州市循环经济产业园再生铅产业集聚区、江苏如东循环经济产业园、江苏戴南科技园区	
广东	2	广东清远华清循环经济园、佛山市赢家再生资源回收利用基地	
河北	2	河北唐山再生资源循环利用科技产业园、中航工业战略金属再生利用产业基地	
黑龙江	2	黑龙江省东部再生资源回收利用产业园区、哈尔滨循环经济产业园区	
辽宁	2	大连国家生态工业示范园区、辽宁东港再生资源产业园	

省（区、市）	基地数量	基地名称	所属区域
北京	1	北京市绿盟再生资源产业基地	东部
天津	1	天津子牙循环经济产业区	
上海	1	上海燕龙基再生资源利用示范基地	
吉林	1	吉林高新循环经济产业园区	
湖北	3	湖北谷城再生资源园区、荆门格林美城市矿产资源循环产业园、大冶有色再生资源循环利用产业园	中部
江西	3	江西新余钢铁再生资源产业基地、丰城市资源循环利用产业基地、鹰潭（贵溪）铜产业循环经济基地	
湖南	2	湖南汨罗循环经济工业园、永兴县循环经济工业园	
安徽	2	安徽界首田营循环经济工业区、滁州报废汽车循环产业园	
河南	2	河南大周镇再生金属回收加工区、洛阳循环经济园区	
四川	2	四川西南再生资源产业园区、四川保和富山再生资源产业园	西部
广西	2	广西梧州再生资源循环利用园区、玉林龙潭进口再生资源加工利用园区	
新疆	2	新疆南疆城市矿产示范基地、克拉玛依再生资源循环经济园	
内蒙古	1	内蒙古包头铝业产业园区	
宁夏	1	宁夏灵武市再生资源循环经济示范区	
甘肃	1	兰州经济技术开发区红古园区	
陕西	1	陕西再生资源产业园	
重庆	1	重庆永川工业园区港桥工业园	
贵州	1	贵阳白云经济开发区再生资源产业园	
山西	1	山西吉天利循环经济科技产业园区	
总计		49	全国

3.4.2　城市矿产园区模式分析

3.4.2.1　发达国家城市矿产开发模式分析

经过多年探索，发达国家的城市矿产开发已形成比较成熟的产业模式。在美国，从事再生资源产业的企业有5.6万家，从业人员约130万人，年产值2360亿美元，相当于美国汽车工业的年产值；在日本，废弃家电是"城市矿山"的主要原料。在今后30年内，国际城市矿产开发产业规模将超过3万亿美元。纵观欧美发达国家的城市矿产开发历程，大都经历了3个主要阶段。

（1）初期阶段

为突破资源瓶颈并解决环境污染问题，以企业为主导，大力降低在生产产品和提供服务的过程中对原料和能源的消耗，把有毒、有害的废弃物转变为可以回收利用和循环再生的资源，既减少了污染，又达到了资源循环的目的，并形成了一种"资源（消耗）—产品（生产和利用）—资源（再生）"的双向反馈式封闭循环流程，最终实现从

"1R"（recycle）到"3R"（recycle,reduce,reuse）的转变。

这一阶段也称作微观模式，或称杜邦模式。

（2）中期阶段

以生态园为主体，运用工业生态学原理，把一个企业或是一个部门产生的各种废弃物转化成为另一个企业或部门的原料和能源；或者把生产不同产品的企业或部门连接起来，构建多个企业之间的物质循环链，实现废弃物的转换和循环利用。在园区内开辟出专用的试验研究区域，形成产、学、研结合机制，各企业与政府机构共同研究再利用技术、环境污染控制技术及废弃物处理技术，为园区内的废弃物循环提供支撑。在充分发挥地区产业优势的基础上，大力培育和引进环保型产业。

这一阶段常又被称为中循环模式。

（3）后期阶段

属于社会层面的大循环模式，常被称为宏观模式。在这一阶段，工业上鼓励企业开发高新技术，从生产、消费等各个环节考虑资源再利用问题；法律上不断构筑多层次法律体系，做到有法可依；促使民众转变观念，分类回收垃圾，全员参与城市矿产开发。社会各个层面都通过转变城市生产、消费和管理的方式，调整产业结构和消费习惯，在一个城市或者一个地区内，建造第一、第二、第三产业闭合的产业生态链，通过各产业之间的生态链，把生产、流通、消费、垃圾回收和处理以及城市管理等组织起来，形成一个生态网络系统，实现工业与农业之间的循环利用，实现经济社会的和谐与可持续发展。

3.4.2.2　发达国家城市矿产开发的启示

欧美等发达国家的城市矿产开发，从单个企业内部循环的微观模式到全社会各产业之间良性循环的宏观模式，从被动应对的末端治理模式到主动引导的生态循环发展模式，不仅涉及生产、流通、消费等领域，涵盖产品设计、技术研发、原料采购、生产销售消费回收整个流程，既丰富了人们的物质文化生活需要，推动了经济社会发展，又降低了资源能源消耗，保护了人们赖以生存的环境。但是从另外一个角度来看，也存在一些不尽如人意之处。例如，都不可避免地走了"先污染，后治理"的老路，都是在工业化和城镇化发展到了一定阶段的产物，并没有实现同农业现代化、信息化等行业有机结合、协调发展。笔者认为，应扬长避短，我国的"城市矿产"开发，将在工业化、城镇化、农业现代化和信息化同步发展的基础上，借力生态文明建设与文化建设，以达促进经济社会协调发展之目的。

3.4.2.3　我国城市矿产园区模式

（1）创新组织管理体系

在政府层面，综合运用产业、投资、信贷、财税和价格等政策，根据不同地区的实际情况，合理规划并运用多种手段构建城市矿产开发的产业体系；在企业层面建立"从资源到终端产品"完整的循环经济产业链，实现产品的多层次开发和价值的多梯次增值。加强上游企业与下游企业的联系，打造全产业链的战略利益共同体。完善城市矿产回收利用网络体系，形成"回收站点→分拣加工中心→集散交易中心市场→再生企业"的再生资源回收网络体系。从我国城镇化、工业化建设目标看"美丽中国、清洁乡村"活动，建设"村收—镇转运—县（片区）处理"的乡村垃圾回收体系是迈向目标的第一步。

（2）创新城市矿产开发利用模式

① 在充分考虑区域资源开发利用潜力和覆盖效果的基础上，确定适中的国家级城市矿产示范基地数量，优化现有及未来国家级城市矿产示范基地的空间布局，提升国家级城市矿产示范基地覆盖效果和回收利用效率；

② 建立健全回收处理体系，实现回收处理体系的有效运行，积极探索"互联网＋回收""产业化＋推广""产学研＋示范"等回收利用模式；

③ 协调好城市矿产开发利用涉及的相关主体的利益诉求，真正实现城市矿产开发利用过程的"政府主导、企业运作、全民参与"；

④ 探索试点生产者责任延伸制度，把生产者对其产品承担的资源环境责任从生产环节延伸到产品设计、流通消费、回收利用、废物处置等全生命周期；

⑤ 积极探索城市矿产资源开发的盈利模式，构建基于移动 App、微信、微博、网站等全方位 O2O 平台，形成"互联网＋分类回收"新模式，加大政府政策保障力度，营造稳定公平透明、可预期的营商环境，吸引各类投资主体参与到城市矿产开发利用中来。

（3）重视技术创新升级和装备水平提升

由于城市矿产开发利用的技术依赖性较强，应充分重视技术创新升级和装备水平提升，具体而言：

① 要推动单一组分的低值利用向多组分高值化利用的转变，采用组合技术手段，促进拆解加工技术向精细化、智能化方向发展，通过固体废物的深加工延伸产业链和扩大产业规模，实现行业经济效应的整体提升；

② 注重技术装备将向精细化梯级分离、高效分离装备制造发展，并注重产品全生命周期的生态设计及梯级循环利用发展，推动整个行业装备水平的提升；

③ 注重大数据、物联网、云计算等新兴信息技术的应用，对不同区域、不同时间的城市矿产资源变化进行趋势分析，为城市矿产资源管理研究、信息监管、决策和政策评估提供强有力的信息和技术支撑；

④ 以城市矿产园区建设为契机，推动构建科学有效、分工合理、转化顺畅的产学研用合作体系，针对城市矿产开发利用的现实问题，积极开展城市矿产开发利用可循环性

分析、回收处理技术研发以及产品设计研究，构建城市矿产开发的信息网络。

（4）加强科技研发投入和力度

最近几年，国家先后对城市矿产示范基地建设、园区循环化改造、报废汽车的回收拆解升级改造工程、再生资源回收体系建设上投入了巨大的资金，这在新中国历史上是力度最大的一次。长期以来，我国由于科研体制上的原因和科技投入主体上的缺位，致使城市矿产开发领域始终处于弱势。国家的投入突破了我国循环经济体系构建上的"软件不强"和"硬件不力"的瓶颈，对显著改善园区的面貌、提升基地和园区建设水平起到了巨大的推动作用。

3.4.2.4 工业园区绿色发展模式典型案例——山东省建设范例

"城市矿产"产生于社会生产生活各个领域，其有效回收利用不能依靠"小、散、弱"的经营格局。必须按照"布局合理、产业聚集、土地集约、生态环保"的要求，设立"城市矿产"产业园或聚集区，推行"圈区化"管理和园区化经营，以园区建设运营带动"城市矿产"向着产业化经营、资源化利用和无害化处理的方向持续健康发展。

为此，山东省本着政府引导、企业运作、社会参与，统筹规划、突出重点、整体推进，整合资源、优化结构、创新驱动，以及"圈区"管理、园区经营、规范秩序的原则，在国家有关部门和省政府重视支持和各市县积极配合下，不断推进各层次"城市矿产"产业园的建设。

（1）努力培植各具特色的"城市矿产"产业园群体

按照"城市矿产"不同重点品种聚集地和合理的经济流向，先后设立了青岛新天地静脉产业园、山东金升有色集团有限公司和烟台资源再生产业园3个国家级的"城市矿产"示范基地，在滨州邹平市青阳镇、德州乐陵市、东营利津县陈庄镇、菏泽单县、济宁邹城市唐村镇、聊城阳谷县、临沂罗庄区和潍坊昌邑市设立了8个省级"城市矿产"示范产业园，在17个市设立了30个市县级"城市矿产"产业园，形成了立足当地、辐射周边的国家级、省级和市县级"城市矿产"产业园群体，带动全省"城市矿产"产业集群式发展和"城市矿产"循环利用、规模利用、高值利用。临沂市在当地国家级和省市级"城市矿产"产业园的示范带动下，形成了以废有色金属为主和废钢铁、废纸、废塑料、废橡胶、废弃电器电子产品为辅的"城市矿产"聚集区，年经营量、年经营额、企业个数和从业人员数均占到全省的1/4，成为闻名全国的"城市矿产"聚集带。滨州邹平市青阳镇作为省级"城市矿产"示范产业园，在园区内聚集各类"城市矿产"回收利用企业20余家，设立回收站点2000多个，年聚集量达到4.0×10^6 t，成为全国最大的废橡胶回收利用聚集区。

（2）培育领军企业提升产业园运营档次

"城市矿产"产业园的示范带动作用，要靠回收网络健全、产业规模较大、研发能力较强、技术装备先进、经营管理规范的领军企业来体现。为此，山东省综合运用产业引导、财政补贴、信贷支持、税收减免、科技改造等方面的政策措施，培育"城市矿产"开发利用领军企业，先后涌现出青岛新天地、山东金升、华东有色金属城、东营方圆、阳谷祥光、山东海化、烟台绿环、淄博英科、山东世纪阳光、山东永平、山东玉玺、山东泉林、山东龙福、山东中绿、威海永兴、烟台百汇、荣成波通达、临沂中润、莱芜福泉等一大批龙头骨干企业，依托他们建设运营各层次的"城市矿产"产业园，发挥他们承接国家优惠政策、发展"城市矿产"物流、对接再生利用环节、构建项目平台的特殊功能，形成"城市矿产"重点品种"上建回收网络、中联物流、下接利用产业"的经营链，全面提升了"城市矿产"产业园的建设运营水平和产业化规模与组织化程度。

（3）打造与产业园配套的"三位一体"回收网络

"城市矿产"产业园的正常运营，必须要有充足的原料保障。为此，山东省多年来针对生活类、产业类、服务消费类和公共机构类"城市矿产"产生源头，整合现有网络资源科学布局，因地制宜地采取新建、改造、收购、租赁、加盟、合作等多种方式，分期分批建设覆盖城乡、互联互通、运转顺畅的"城市矿产"基层回收站点、集散市场和分拣加工中心"三位一体"的回收体系，打造全省"城市矿产"应收尽收聚集渠道，分别与各类"城市矿产"产业园有效衔接，实现"城市矿产"回收和利用的有机融合。

（4）推行清洁生产审核和循环化改造推进产业园健康发展

山东省的"城市矿产"产业园在建设运营初期，园区内的部分企业和部分园区，存在不同程度清洁生产不达标和循环链条较短的问题。为了落实"城市矿产"产业园建设运营回收体系网络化、产业链条合理化、资源利用规模化、技术装备领先化、基础设施共享化、环保处理集中化、运营管理规范化的要求，山东省按照循环经济"减量化、资源化、再利用、以减量化优先"的原则，以推行清洁生产审核和园区循环化改造为重点，对园区和园区内的重点企业逐个进行清洁生产全过程的检查，按照国家和山东省相关标准要求，督促改造后给予达标审核认证，全面落实源头减量和过程环保的要求；对循环链条不完善的园区和企业，山东省多次组织检查和评审，督促其按照国家要求进行循环化改造，通过改进技术、设备、工艺，形成企业内部、园区企业间和社会上游废料为下游原料经营格局，拉长循环产业链，实现"吃干榨净"式全部利用，力求实现企业循环式生产、产业循环式组合、社会循环式消费、资源循环式利用的格局。

（5）不断提高产业园法治化管理水平

近年来，为了提高"城市矿产"产业园规范管理水平，带动产业发展，山东省在认真贯彻落实国家《循环经济促进法》《再生资源回收管理办法》《报废汽车回收管理办法》《废弃电器电子产品回收处理管理条例》《关于印发循环经济发展战略及近期行动计划》《关于建立完整的先进的废旧商品回收体系的意见》等一系列法律法规和规范性文件的同时，先后制定实施了山东省的《再生资源回收利用管理办法》《山东省循环经济条例》等。省内各市根据国家和山东省的法律法规也出台了一系列的管理措施。这些法律法规和规范性文件，都对山东省各级"城市矿产"产业园建设运营和产业发展提出了明确要求，并得到了认真贯彻落实。

参考文献

[1] 于振锋. 大连国家生态工业示范园循环化改造对策研究 [D]. 大连：大连理工大学，2014.

[2] 王艳艳，郭延柱，司维. 工业园区开展生态文明建设的路径和实践模式 [J]. 再生资源与循环经济，2018，11(02)：7-10.

[3] 廖敏，于良杰. 国外生态工业园区建设的模式比较研究 [J]. 宿州教育学院学报，2016，19(01)：169-170，172.

[4] 武琳娜. 生态工业园发展模式分析及实证研究 [D]. 西安：西安理工大学，2009.

[5] 杨运星. 工业园区建设模式述评 [J]. 人民论坛，2010(26)：162-163.

[6] 周厚威. 生态工业园区建设模式与发展对策研究 [D]. 长沙：长沙理工大学，2010.

[7] 戴铁军，王婉君. 我国工业园区循环化改造过程中的问题与建议 [J]. 再生资源与循环经济，2016，9(03)：8-12.

[8] 谢元博，朱黎阳，罗恩华. 园区循环化改造的建设成效及实施过程探索 [J]. 再生资源与循环经济，2020，13(02)：5-8，37.

[9] 佘英英. 工业园区循环化改造的生态经济模式 [J]. 中国资源综合利用，2013，31(04)：40-43.

[10] 温宗国，胡赟，罗恩华. 工业园区循环化改造路径及实证分析 [J]. 环境保护，2016，44(17)：13-17.

[11] 国家发改委等两部委发文：做好"十四五"园区循环化改造工作 [J]. 资源再生，2021(12)：55-56.

[12] 钟晓军，胡卫雅. 丽水经济技术开发区园区循环化改造典型经验 [J]. 中国工程咨询，2020(04)：44-47.

[13] 汪东，吴洁珍，林成森，等. 常山工业园区绿色转型发展模式与做法 [J]. 中国工程咨询，2020(05)：36-40.

[14] 陈波，石磊，邓文靖. 工业园区绿色低碳发展国际经验及其对中国的启示 [J]. 中国环境管理，2021，13(06)：40-49.

[15] 陈坤，石磊，张睿文，等. 工业园区绿色发展及评价的国际经验与启示 [A]. 中国环境科学学会. 2020中国环境科学学会科学技术年会论文集（第三卷）[C]. 中国环境科学学会：中国环境科学学会，2020：4.

[16] 张生春，秦燕北. 进一步推进我国工业园区绿色发展转型 [J]. 中国发展观察，2021(Z1)：80-82.

[17] 曾志根. 生态工业园区绿色发展与环境管理要点 [J]. 皮革制作与环保科技，2021，2(08)：57-58.

[18] 吕一铮，田金平，陈吕军. 推进中国工业园区绿色发展实现产业生态化的实践与启示 [J]. 中国环境管理，2020，12(03)：85-89.

[19] 郭凌军，周永生. "城市矿产"发展路径创新——基于发展水平视角 [J]. 湖湘论坛，2017，30(03)：92-97.

[20] 王立来，邱明琦. 山东省"城市矿产"产业园区建设运营情况简析 [J]. 再生资源与循环经济，2017，10(02)：17-20.

[21] 李赋屏. 循环经济大背景下城市矿产开发模式探讨 [J]. 资源再生，2013(07)：13-17.

第 **4** 章

工业园区绿色发展典型案例

- □ 减污降碳协同治理案例
- □ 水循环利用典型案例
- □ 固体废物综合利用典型案例
- □ 能源综合利用典型案例
- □ "邻避效应"处理典型案例（合肥高新技术产业开发区）

4.1 减污降碳协同治理案例

4.1.1 乌鲁木齐经济技术开发区

乌鲁木齐经济技术开发区于2011年启动了国家生态工业示范园区创建工作，成立了创建工作领导小组。2013年12月国家环保部、商务部和科技部正式批准乌鲁木齐经济技术开发区启动国家生态工业示范园区创建工作，是新疆首个获得创建批复的开发区，也是西北地区首个启动创建的国家经济技术开发区。2017年5月，经开区通过国家生态工业示范园区省级预验收。2017年9月，国家生态工业示范园区协调领导小组办公室组织专家组对乌鲁木齐经济技术开发区国家生态工业示范园区创建工作进行技术核查。2018年3月生态环境部、商务部和科技部联合发文命名乌鲁木齐经开区为国家生态工业示范园区。

经开区的国家生态工业示范园区建设工作注重资源高效循环利用、区域低碳发展，不断完善生态工业链，根据园区特点和发展需要，规范创建制度、建设示范工程重点项目，在低碳循环发展、西北地区生态再造、一带一路生态文明辐射等方面取得了明显成效，为西北地区生态工业示范园区创建起到了示范作用。

多年来，经开区淘汰落后产能，关闭"僵尸"企业，建立环保、经发、招商、规划、国土部门信息互通机制，坚决执行环保一票否决制。近五年园区实施了产品代谢、废物代谢、低碳经济建设、基础设施建设、管理及服务五大类73个重点项目。投入15亿元实施了大绿谷、小绿谷、白鸟湖、王家沟等生态再造工程，累计新增绿地面积2万亩（1亩＝666.7m²，下同），城区绿化覆盖率超40%。同时，以改善区域环境质量为目标，持续深化重点领域和重点行业污染治理。累计关停散乱污企业110家，对园区55家企业102台锅炉和居住区域3000台自采暖燃煤小锅炉实施了清洁能源改造工程，完成12家重点企业中水回用工程，污染减排成效显著。

（1）VOCs减排：苯乙烯减排

Z公司是一家集研发、生产、销售为一体的高新技术企业，主要产品有油田用玻璃钢管、聚乙烯管等非金属管。公司把清洁生产和循环经济的理念融入企业的生产经营和发展目标中去，力争在生产发展的同时积极对废气进行减排，对余热进行回收，确保环境效益与经济效益"双赢"。

不饱和聚酯树脂是生产玻璃钢管道的主要原材料，由于树脂中添加了易挥发的苯乙烯，所以在生产时苯乙烯就会散发到空气中，给车间带来难闻气味。公司投资140万元，安装了一套空气净化装置,改善了车间内的空气质量。

该空气净化装置在车间内各处散布了空气收集口,通过风机将车间内的空气收集进排气管道,每个收集口的空气进入活性炭吸附装置,经活性炭吸附废气中的挥发性有机物,净化后空气由吸附装置口排气筒达标排放。

(2)氮氧化物减排:脱硫脱硝

B公司投资7500万元,采用国内先进循环流化床烧结烟气干法脱硫技术(LJS-FGD),对3台烧结机烟气进行脱硫处理,实现了烧结机烟气脱硫同步运行率达到100%,外排二氧化硫浓度<180mg/m³,烟粉尘浓度<20mg/m³,氮氧化物浓度<62mg/m³,达到特别排放限值要求。年消减二氧化硫1.3×10^4t。污染物排放达到超洁净排放标准,减排二氧化硫3000t/a、氮氧化物1200t/a。

(3)大气污染物减排

F公司是一家从事润滑材料研发生产销售并为客户量身定制润滑、降耗全面解决方案的润滑环保专业服务商,公司产品包括节能润滑油(脂)、合成型润滑油(脂)、环保装备制造等,产品涉及20余类、700多种,出品的FK系列润滑产品凭借其优良稳定的品质得到了广泛的认可。同时,该公司致力于节能型润滑油的研发,积极开展产学研活动和科技创新,包括润滑油高压加氢精制工艺的开发、酯类合成润滑油工艺开发、烷基萘类高温导热油的合成工艺开发。

公司自主研发的多功能抗磨减磨节能润滑油添加剂,相比于传统润滑油摩擦系数平均可降低37.60%,能降低工作负荷对润滑油的剪切,提高发动机功率,节省燃油12.4%;氧化和污染得到大幅度改善,减少大气排放污染物12.4%;延长发动机寿命;项目建成后可实现年产节能型润滑油3000t。

(4)节水产品设计

Z公司是一家集研发、生产、销售、设计、施工、咨询及服务为一体的国有大型生产企业,主要产品有PVC管道、内镶式滴灌带(管)、PE软管带、管件等塑料节水灌溉器材。多年来,该公司不断加大技术研发力度,在节水产品研发上取得了突破。

自治区牧场面积23597万亩,灌带遭鼠害危害面积为36.2%,牧草减产30%以上,且植物根系具有向水性,其根系及土壤颗粒也极易堵塞滴水孔。公司对滴头、滴水孔进行重新设计,研发出地埋防堵、防鼠型内镶式滴灌带。

产品自2014年研发以来,共生产4.0×10^6m,已应用于9600亩鼠害地块,实现地埋滴灌带防鼠功能,牧草产量增加2倍,延长了滴灌带使用寿命,很大程度上降低了灌溉成本。

图4-1为使用防鼠型滴灌带前后对比。

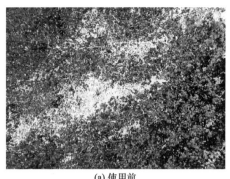

(a) 使用前　　　　　　　　　　　　　　(b) 使用后

图4-1　使用防鼠型滴灌带前后对比

（5）节能技改减排

N公司主要生产洗衣粉、洗洁精等洗涤用品。公司于2014年先期投资450万元，将生产工艺改为湿法生产工艺，湿法生产工艺为30%的液碱与石英砂在反应釜内加温加压反应制得泡花碱，泡花碱湿法生产工艺与干法生产工艺相比，占地面积小，操作简便，工作环境好，产品不需要二次转化，生产成本与干法生产工艺相比明显降低，湿法产生的废渣可反复进行生产，最终废物产生量降至2%～3%，彻底消除了生产过程中SO_2、H_2S和CO_2气体的排放，无燃烧和生成的废气，对环境影响得到明显改善。按年产10000t泡花碱计算，每年SO_2减排786.9t，CO_2减排541t。

该公司泡花碱节能新技术推广项目在不同地点建厂，进行了合理布局，对资源进行了合理配置，减少了物资的流转运输成本，充分利用了规模经济的效益。乌鲁木齐有着良好的投资环境，水、电、气和主要原材料资源充裕，在新疆建厂有着明显的经济效益，同时推动当地的工业和相关产业的发展，符合国家开发大西北的战略部署，有着良好的社会效益。此外，该项目使用天然气等清洁能源，不仅减少了大气污染物的排放，还降低了因使用煤所投入的环保投资，环境效益良好。

（6）固体废物减排

1）利用工装尼龙楔替代易耗品木质楔

J公司生产部门在生产1.5MW机舱时，在压紧偏航接脂盘的工序中需要使用木楔压紧。因为接脂盘与偏航轴承间隔大小不同，木楔往往需要二次加工（削薄）后才能使用，但是削薄后不可逆，导致木楔使用寿命较短。

用尼龙楔替代木楔后，由于尼龙楔的硬度高于木楔，在压紧偏航接脂盘的过程中，尼龙楔不易被卡入接脂盘与偏航轴承之间的缝隙（见图4-2）。若是加工削薄后使用，随着重复利用的次数增加，尼龙楔将会报废，导致使用寿命大大降低。但是尼龙楔的韧性及强度高于木楔，对尼龙楔进行二次加工，在尼龙楔末端开约1mm的缝隙，在保证能够压紧偏航接脂盘的情况下提高了尼龙楔的收缩性（解决其硬度高的问题），替代后更利于实现公司的环保理念。

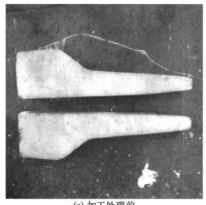 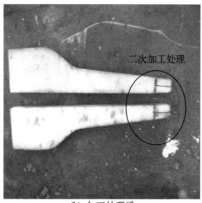

(a) 加工处理前　　　　　　　　　　(b) 加工处理后

图4-2　尼龙楔替代木楔工艺

2）废旧油毛毡回收利用

J公司在生产1.5MW叶轮时，带轮支撑内部油毡的凹槽存在油污及杂质，先前使用大布清理。由于凹槽较窄，手指不能进入，需要将大布折叠为四层，利用端子起压紧大布清理。由于大布易破损，使用时需要注意其承受能力。这种清理方式效率不高，清理效果不理想，消耗大而且容易损坏零部件。目前，公司先使用清理效果更好的废旧毛毡清理带轮支撑毛毡槽，再使用大布清理（见图4-3）。

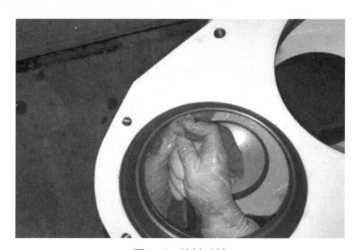

图4-3　擦拭叶轮

改造后，工时由原来的单台平均作业27min降低为现在的单台平均18min，按照年排产1200台计算，全年节约工时180h，按照工时单价21元/h计算，直接经济效益为0.378万元。该工序单台大布使用由原来的0.2匹降低为现在的0.1匹，按照年排产1200台计算，大布4元/匹计算，全年节约大布120匹，直接效益480元；废弃物料替代大布回收使用，减少了垃圾产生。

（7）煤改气减排

为了改善乌鲁木齐市大气环境，特别是冬季的大气质量，还市民蓝天白云，乌鲁木齐经济技术开发区（头屯河）于2012年大规模启动了煤改气项目，居民自采暖小锅炉拆并集中供热工程。园区小锅炉拆并由区环保局负责建设，2012年启动的小锅炉拆并项目规模为历年来最大，共新建8个燃气锅炉房，2个换热站，供热范围分20个供热管网标段，供热管网总长度超过3.5×10^5 km，接入用户超过2500户，配套施水供水管网3163m，电缆7650m。

乌鲁木齐经济技术开发区（头屯河）煤改气工程总投资近4亿元，全部为市级投资。项目的运行为超过3万居民提供集中供热服务，相应拆除小锅炉及土灶4000余台，通过煤改气工程燃煤使用量减少207534t，减排二氧化硫2393.65t，减排氮氧化物394.54t，很大程度上减少了大气污染，还市民新鲜的空气、干净的生活环境和蓝天白云，社会效益、环境效益均十分显著。

4.1.2　南通经济技术开发区

南通经济技术开发区于1984年12月19日经国务院批准设立，是我国首批14个国家级经济技术开发区之一，辖区面积146.98km²（国家生态工业示范园区面积为24.68km²）。2010年12月，国家环保部、商务部、科技部三部委正式同意南通经济技术开发区开展国家生态工业示范园区建设（环发〔2010〕149号）。2014年12月31日，国家环保部、科技部、商务部三部委联合发文（环发〔2014〕99号），正式批准南通经济开发区为国家生态工业示范园区。

南通开发区自获得国家生态工业示范园区命名后，始终坚持以循环经济理念和生态工业原理为指导，以现代装备制造、新材料、精细化工、现代纺织为主导产业，大力推行企业清洁生产，构建基于市场机制的区域工业共生体系，实现区域层次的资源高效利用，最大限度地减少环境排放，改善区域环境质量，提高经济增长质量。

近年来，为推进污染减排，园区加强对区内重点污染源的控制，落实环境污染物排放与总量控制指标；建立污染物排放总量动态管理机制；持续完善污染源自动监控系统，对重点污染源初步实现实时监控。

4.1.2.1　超低排放改造

N公司负责运营南通市经济技术开发区重要的基础能源设施，规模为5台锅炉4台机组，总容量为540t/h和48MW。公司一直重视环境保护工作，注重企业与环境保护的协调发展，始终以可持续发展为目标，为开发区的快速发展、环境保护而努力。截至2017年11月29日，该公司已完成全厂超低排放改造。

为了积极响应《煤电节能减排升级与改造行动计划（2014—2020）年》（发改能源

[2014]2093号）、国家环保部关于《全面实施燃煤电厂超低排放和节能改造工作方案》（环发[2015]164号）、《江苏省大气污染防治行动计划实施方案》（苏政发[2014]1号）以及《关于编制南通市2017年大气污染防治工程项目的通知》（通大气办[2016]9号）的通知，N公司自2012年开始筹措分步骤对污染治理设施进行提标改造，以提前达到超低排放标准的要求。

N公司自2012～2017年耗时5年时间对污染治理设施分批改造完成。热电企业区别于其他火力发电企业，在污染治理设施改造期间需要首要考虑开发区供热情况，选择供热负荷下降择机停炉改造，在不影响开发区内供热的情况下克服困难制定长期改造规划，对于N公司1～5#锅炉超低排放改造内容及现状做以下简述，具体改造分为5个部分。

（1）全厂5台锅炉除尘器改造

改造时间为2012年5月～2014年12月，改造内容为将原有静电除尘器改造为电袋除尘器，改造后能够达到烟尘排放浓度不高于$10mg/m^3$。

（2）全厂5台锅炉脱硝改造

改造时间为2014年3～12月，改造内容为1#、2#、4#、5#煤粉锅炉各加装一套LNB+SCR脱硝装置；3#循环流化床锅炉在原有低氮燃烧器的基础上加装一套SNCR脱硝装置，改造后能够达到氮氧化物排放浓度不高于$50mg/m^3$。

（3）全厂5台锅炉脱硫提标改造

改造时间为2014年3～12月，改造内容为1#、2#、4#、5#煤粉锅炉脱硫系统将平板式除雾器更换为屋脊式除雾器，增效稳定，并增设一层塔板和底部3台搅拌机以提高接触面积、降低流速、充分吸收，喷嘴由螺旋式改为窝壳空心锥式，提高脱硫剂使用量，实现脱硫增效；3#循环流化床锅炉在炉外新建氧化镁湿法脱硫塔，改造后能够达到二氧化硫排放浓度不高于$35mg/m^3$。

（4）全厂5台锅炉湿电除尘器改造

改造时间为2017年3～11月，改造内容为对全厂5台锅炉4台脱硫塔上新建4台烟气湿式静电除尘器，对由于烟气中水汽过大产生的煤灰颗粒及脱硫杂质进一步去除，使烟尘排放稳定达到$5mg/m^3$以下（即将来可能的重点地区烟尘排放燃气轮机排放标准）。

（5）3#循环流化床锅炉SCR脱硝改造

改造时间为2017年9～11月，改造内容为在3#循环流化床锅炉原有SNCR脱硝的基础上增建SCR脱硝，形成SNCR+SCR联合脱硝的方式，对原来由于煤质及脱硝剂喷射过多可能带来的氨逃逸予以遏制，使之稳定达到氮氧化物排放浓度不高于$50mg/m^3$。

图4-4　N公司超低排放改造设备

通过5个阶段的污染治理设施改造，改造设备如图4-4所示，N公司达到了烟气超低排放标准的目的。通过超低排放改造后，二氧化硫、氮氧化物、烟尘能够达到污染物年削减量分别为1115t、2023.1t、307t。

4.1.2.2　清洁生产方案实施

W公司围绕"节能、降耗、减污、增效"共提出12项清洁生产方案，其中无低费方案11项（包含节约浆板车间网部喷淋用水、减少木片消耗、优化制浆车间阻垢剂、更换绿液高分子絮凝剂、节约造纸车间消泡剂、更换阻尼器、填料泵新增变频器、停用造纸车间流送系统脱气真空泵、提高二氧化氯反应效率、降低石灰窑涤气器循环液pH值、加强员工技能培训）、中高费方案1项（提高黑液换热效率）。11项无低费清洁生产方案，共投资3.2万元，产生经济效益3685.64万元；中高费清洁生产方案，预计投资1000万元。通过实施以上清洁生产方案，年节约工业用水3121500t、木片23280t、阻垢剂50.2t、消泡剂131t、LBKP浆1640t、电1224MW·h、氢氧化钠62.4t、硫酸1200t、氯酸钠1100t、甲醇85t，减排废水2805400t/a。以上方案的实施有效降低了制浆车间水耗、减少了废水排放，在环境和经济上都取得了一定的效益。

其中，产生经济效益最多的两项措施分别为减少木片消耗以及提高黑液换热效率。木片占制浆车间成本的70%，成本高。公司技术人员通过稳定漂白滤液过滤机、回收滤液中的纤维以减少漂白系统纤维流失，木片单耗由1986.22kg/t降低为1920kg/t。该方案实施后，节约木片23280t、成本2525.88万元。蒸煮工段经黑液换热器产生的热水量19200t/d，只有54%的热水被漂洗工段使用，剩余46%的热水经洗浆机排到制浆废水排水处理系统，导致工业水耗大、废水产生量大。现增加1台黑液换热器，与公司现有换热器并联使用，热水的量为10320m³/h，满足漂洗工段热水生产需求，全年节约 2956800t 工业水、减少废水排放量 2805400t，产生的经济效益为 1500.10 万元。

4.1.2.3　工艺改造

N 公司现有 15000t/a IDAN 法草甘膦、25000t/a IDAN 法草甘膦、30000t/a 甘氨酸法草甘膦 3 套草甘膦生产装置，草甘膦产能总计 70000t/a。3 套草甘膦装置配 5 套蒸发装置处理草甘膦、双甘膦母液，需要花费大量蒸汽，给热电厂带来很大压力，长期满负荷运行。另外，还有部分双甘膦母液经预处理后送公司污水处理站生化处理。

为落实国家相关产业政策，该公司对原有生产工艺进行积极探索和创新，根据合理使用资源、尽量减少污染物排放的原则，对产品进行适当的调整，特别是在开发区建设项目上，尽量采用科学合理的新工艺，实施了多项企业内循环利用和开发区内循环利用的项目。各个清洁生产改造项目分布于公司生产工艺的多个环节，通过改造可以节约能源，减少大量污染物排放。改良后的草甘膦生产工艺使得母液更容易进行生化处理，技术相比同行业更为先进。在公司内部建立较为完善的资源能源高效利用体系，有效控制和避免废水等对环境的污染，对保护生态环境、高效利用资源能源起到积极的作用，环境效益显著，同时也有利于推进地区循环经济的发展，社会效益也较为显著。

（1）草甘膦母液处理及综合利用

在双甘膦生产中，折合每生产 1t 草甘膦产生 7t 双甘膦母液，这些母液由于预处理能力的限制，部分进行了预处理；另有部分去蒸发处理，蒸发的成本较预处理的成本要高。因此，迫切需要扩大预处理能力。目前主要有如下两种办法。

1）工艺改造

由于公司提前意识到禁产 10% 草甘膦水剂的严重性，于 2011 年建了一套 IDAN 草甘膦溶解法中试装置，用双甘膦中间体为原料，经过相当一段时间的试验、摸索，形成了一套可用于指导对现有 IDAN 草甘膦生产装置进行技改的中试技术，固体草甘膦的收率提高 5 个左右百分点。10% 草甘膦水剂取消后，如果采用溶解法工艺进行改造，IDAN 草甘膦母液含草甘膦量将大为减少，该母液的预处理去除率更好，可生化性强。

2）母液预处理项目扩建

母液预处理改造后处理能力为 640000t/a（双甘膦母液和甘氨酸法草甘膦母液），加入氧化钙量为 4%，需要氧化钙的量为 17200t，全年产生固体废物渣约 68800t，每天运出量约 229t。

（2）IDAN 草甘膦副产物循环利用

IDAN 草甘膦使用亚磷酸产生的副产稀盐酸送亚磷酸作三氯化磷水解液，产生的盐酸和亚磷酸作原料回用（见图 4-5）。

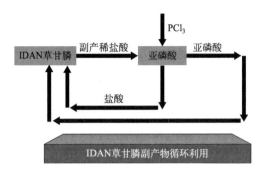

图4-5　IDAN草甘膦副产物循环利用示意

（3）甘氨酸草甘膦副产盐酸循环利用

甘氨酸草甘膦副产稀酸通过吸收二甲酯副产HCl生成浓盐酸回用到草甘膦生产线（见图4-6）。

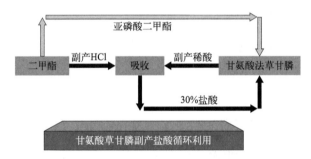

图4-6　甘氨酸草甘膦副产盐酸循环利用示意

（4）蒸汽凝结水循环利用

锅炉生产的蒸汽经用热设备使用后产生的蒸汽凝结水经检验合格后回送到蒸汽锅炉，年可回收蒸汽凝结水 $4.0 \times 10^5 t$（见图4-7）。

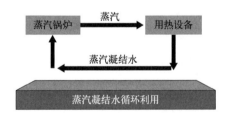

图4-7　蒸汽凝结水循环利用示意

（5）副产氢气循环综合利用

公司副产氢气资源综合利用项目除供应公司内部合成盐酸，并对外供应蓝星公司、台橡公司、清源公司、法液空公司使用外，还替代燃油作为固体废物焚烧燃料，既减少了资源消耗，又降低了污染排放（见图4-8）。

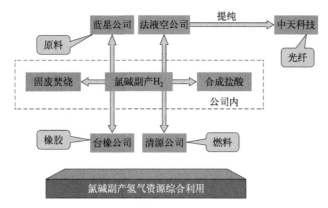

图4-8 副产氢气循环综合利用示意

4.1.3 沈阳经济技术开发区

沈阳经济技术开发区创建于1988年6月22日，1993年4月经国务院批准为国家级经济技术开发区。2009年，开发区启动了国家生态工业示范园区创建工作，规划范围为86km^2。2011年《沈阳经济技术开发区（铁西产业新城）国家生态工业示范园区建设规划》（后文简称《规划》）通过了辽宁省生态工业园区建设领导小组办公室预审。2012年《规划》通过了国家生态工业示范园区建设领导小组办公室组织的专家论证，成为东北地区首个通过国家三部委组织论证的园区。2013年2月，正式成为国家生态工业示范园区建设单位（环发〔2013〕24号文件）。

经过20余年的建设，开发区在老工业基地调整改造的进程中不断发展壮大，成为东北老工业基地振兴的标志、中国工业发展成果的展示窗口，荣获"老工业基地调整改造暨装备制造业发展示范区""国家新型工业化产业示范基地""国家可持续发展实验区""国家科技进步示范区""国家服务业综合改革试点区""十佳国家级开发区""国家低碳工业园区试点"等一系列殊荣。

近年来，开发区高度重视环境保护工作，在日常工作中认真贯彻落实党中央、国务院决策部署和全国生态环境保护大会要求，坚持新发展理念，坚持源头防治、标本兼治，通过强化工程减排、开展污染整治和加强监督管理等手段，主要污染物排放强度、排放总量等指标持续下降，环境质量逐步改善。

4.1.3.1 智能制造节能减排

B公司在全国率先将技术创新和绿色生产与环保时尚的理念深度融合，开拓了国内汽车生产制造厂可持续发展的新路径。作为国内汽车行业首家及唯一获评国家AAAA级旅游景区的汽车生产制造厂，该公司不仅开辟了国内工业旅游的新地标，更凭借创新的智能技术和可持续生产理念，成为"中国制造2025"与"德国工业4.0"战略融合的典范。

（1）智能化车间减排

企业拥有智能化生产车间，车身车间拥有将近1800台机器人，自动化率达到95%，节能达25%以上。高度智能的机器人能够完成非常复杂的焊接工作，甚至可以自动更换焊枪。车身车间采用了线上和线下质量检测设备，对白车身上的千余个坐标点逐一扫描。

涂装车间采用了先进的技术和工艺流程，降低水资源消耗、挥发性有机物（VOCs）和污水排放。集成喷涂工艺采用了创新的底涂技术，完全省去了原先的中漆和烘干工序。RoDip旋转浸涂设备令车身可以进行旋转运动，降低了设备占用空间，减少了资源消耗，降低了污染物排放。

（2）污染物减排

B公司在生产过程中产生的污染物主要涉及废水、废气和固体废物。

1）废气减排

废气主要是涂装车间产生的有机废气和焊接车间产生的烟尘。针对有机废气，涂装车间产生的漆雾及VOCs采用石灰粉漆雾过滤系统＋KPR有机废气净化系统去除，漆雾净化效率达到99.92%，VOCs处理效率达到99.75%。烘干室产生的VOCs采用TAR燃烧器（天然气直接燃烧法）燃烧处理，处理效率可达99%。针对焊接烟尘采用移动式焊接烟尘滤筒净化器，净化效率达99%。

2）废水减排

废水主要是涂装车间废水和生活污水。涂装车间废水经絮凝气浮＋砂滤处理后与生活污水一并进入厂区综合污水处理站进行处理。综合污水处理站设计处理能力3260t/d，采用废水预处理、兼氧好氧处理、废气处理、污泥处理等工艺，综合污水处理站配套建设了900t/d的中水回用设施，经处理后的出水水质达到城市杂用水水质标准而进行回用，其余部分排入西部污水处理厂。B公司委托S公司进行第三方运行，保证污水处理设施的有效运行。

3）固体废物减排

企业主要产生废脱脂液、废漆渣、废油、污泥等危险废物。企业设置了规范的危险废物暂存场所，各种工业危险废物定期转移，委托M公司等有危险废物处理资质的单位进行了安全处置。

（3）节能降耗

1）工艺节能

涂装车间融合了世界最先进理念，推行全新的喷漆生产概念，采用智能集成喷涂工艺（IPP）、RoDip M型旋转浸涂设备和EcoDryScrubber干式分离系统，实现节水30%、节能40%、减排20%，是中国汽车业乃至全球汽车业最环保的喷漆生产线。此外，总装车间转毂测试工位设置能量回收系统，可将回收的动能转化为电能进行再利用。车辆清洗和淋雨测试工位的水循环利用率高达90%。

2）能源管理

工厂建筑内装有全球领先的智能建筑管理系统，逾万个监控探测器进行24小时监测，系统可自动分析和调节能源使用状态，工程人员通过月度报告对厂房能源使用情况进行分析和总结，以达到最理想的节能和环保效果。

4.1.3.2 绿色制造减污降耗

J公司是中国最大的机床研发制造企业，代表着中国机床工业发展的最高水平。凭借不断的科技创新，J公司从单一制造商向综合服务商转型，完成了i5智能制造新生态的连续跳跃，成为"国家智能制造试点示范项目""国家制造业与互联网融合发展试点示范项目"，先后获得首届中国工业大奖表彰奖、中国企业500强、中国大企业集团竞争力500强、中国最具价值品牌500强、中国制造业500强、中国机械工业500强、国家创新型企业、国家科技兴贸创新基地、全国国有企业十大典型、辽宁工业大奖等荣誉称号。

（1）绿色制造

1）老旧机床再制造

J公司采用纳米表面技术、复合表面技术和其他表面工程技术，修复与强化机床导轨、溜板、尾座等磨损划伤表面，同时对回收的老旧机床进行智能化升级，于2015年、2016年分别被列入工信部《再制造产品目录（第五批）》和《机电产品再制造试点单位（第二批）》中。

2）绿色工厂

J公司始终把追求生产过程节约、低排、清洁、环保作为绿色工厂的目标，将机床制造全过程中的能耗与污染问题纳入到控制和治理范围内，提倡"清洁生产"，通过规划和管理，实现物料和能源消耗最小化，实现废物减量化、资源化和无害化。此外，采用产品生命周期分析，从原料获得直至产品最终处置的一系列过程中，尽可能减少对环境的影响。

3）绿色产品

在产品设计过程中，采取节能环保设计，将加工区与非加工区完全隔离、配备油雾收集系统等，实现切屑完全收集、切削液完全回收，产品使用过程中废物减少50%左右；采取模块化设计，采用标准零部件，使得产品易于维修、拆卸和回收，有利于资源最大限度地利用；在产品包装环节，改进包装结构、简化产品包装，尽量选择无毒、无公害、可回收或易于降解的材料。

（2）减污降耗方面

1）推广应用太阳能光伏发电

S公司将厂房屋顶出租给T公司建设屋顶分布式并网光伏发电工程，装机容量

40MWp，并2018年11月投产。

2）实施节能技改工程

S公司通过实施厂房工况灯节能改造和厂区路灯节能改造，年可节约标煤299t；实施了空气源热泵洗浴热水改造，利用少量高品位的电能作为驱动能源，从低温热源高效吸收低品位热能并传输给高温热源，达到"泵热"的目的，实现了水加热，年可节约标煤1797t。

4.1.4 连云港徐圩新区

2006年钱正英院士牵头提出要在连云港徐圩新区建设以精品钢和化工为主导，节能环保产业为支持的临港产业基地。2011年，国务院批准在连云港建设国家东中西区域合作示范区，徐圩新区为示范区先导区。2014年，国家环保部、商务部、科技部联合发布《关于同意江苏扬州维扬经济园区等4个园区建设国家生态工业示范园区的通知》（环发〔2014〕198号），正式批复同意连云港徐圩新区创建国家生态工业示范园区，徐圩新区创建国家生态工业示范园区工作步入实质性建设阶段。

徐圩新区创建国家生态工业示范园区建设期限是以2012年为基准，规划近期为2013～2016年，规划范围包括化工产业园、精品钢产业园、节能环保产业园，以及城市配套功能区和现代港口物流园，共229km²。经过近几年的创建，徐圩新区主导产业不断完善，已形成了以钢铁石化产业为主导，港口物流仓储为辅的产业发展形式，基本条件和指标达到《行业类生态工业园区标准（试行）》（HJ/T 273—2006）要求，于2017年12月27日通过技术核查，"特色化工循环发展样板区、生态文明建设引领辐射区、港产物流融合发展示范区"的生态工业园区格局基本形成。2018年12月28日，徐圩新区通过国家生态工业示范园区建设协调领导小组办公室组织的验收。2019年7月5日，生态环境部、商务部、科技部联合发文，批准徐圩新区为国家生态工业示范园区。

2014年9月4日，连云港徐圩新区被联合国工业发展组织授予"绿色丝绸之路项目示范工业园区"的牌匾，同时这也是绿色丝绸之路项目中唯一一个以化工为主导行业的工业园区。

（1）废酸再生项目

S公司MMA装置每年产生废酸26.36t，为实现废物与副产物的综合利用，实现环保"零排放"，建设废酸再生（SAR）项目。项目总投资32606万元，规模为2.1×10^5t/a（生产规模98%硫酸29200t/a，99.7%发烟硫酸135400t/a），主要包括废酸浓缩、再生单元、气体净化及吸收单元、反应及吸收单元、强酸系统单元、产品罐区、重金属脱除等单元及相应的公用工程、辅助设施。竖向布置采用平坡式，地面水径流至道路路面，汇入路边雨水口，经由地下雨水管网排出厂外。装置采用加拿大CHEMETICS专利的废酸浓缩工艺，将MMA装置废酸中水含量从30%浓缩到15%，具有效率高、设备体积小、节省燃料、流程简洁适用等优点。

SAR装置为一套独立的废酸再生装置（见图4-9），其进料为丙烯腈装置副产的废浓缩硫铵和MMA装置废酸，产品为醇基多联产项目的丙烯腈需要的98%硫酸和MMA装置需要的99.7%发烟硫酸。SAR装置采用加拿大CHEMETICS公司专有的废酸再生制酸工艺技术，为丙烯腈装置和甲基丙烯酸甲酯装置配套建设的环保项目。SAR装置可将丙烯腈、MMA装置的废液进行焚烧，再经过处理生产硫酸产品，具有热能利用率高、污染小等特点。

图4-9　SAR装置设备

项目建成后，年均营业收入24708万元（不含税），年均利润总额2576万元，年均税后利润1932万元，年均可以上缴税金合计2391万元，为国家和地方经济做出一定的贡献。SAR装置为丙烯腈和MMA的配套环保装置，丙烯腈装置产生的副产品稀硫铵送硫铵装置浓缩后，送SAR装置利用；MMA装置产生的废酸送SAR装置浓缩。SAR装置产出的产品98%硫酸和100%发烟硫酸回丙烯腈装置和MMA装置。年处理丙烯腈装置硫铵液10.23×10^4t，MMA装置废酸26.36t，生产98%浓硫酸5.2×10^4t，100%发烟硫酸15.8×10^4t，实现三套联合装置的产品和副产物的综合利用，实现环保"零排放"。

（2）甲基丙烯酸甲酯项目

S公司丙烯腈装置副产的氢氰酸2.7×10^4t/a，为实现废物与副产物的综合利用，实现环保"零排放"，建设甲基丙烯酸甲酯（MMA）项目。装置投资4985万元，建设规模为8.0×10^4t/a甲基丙烯酸甲酯装置生产线，原料资源化综合利用丙烯腈装置副产的氢氰酸，并加外购的丙酮与甲醇作为原料。占地面积1.2×10^5m²，装置主要包括丙酮氰醇（ACH）单元、甲基丙烯酸甲酯（MMA）单元、硫回收（SAR）单元、冷冻单元、公用工程、辅助设施（见图4-10）。

图4-10 MMA装置总图

装置采用荷兰VEKAMAF公司先进技术，该项目投产后可以满足$2.6×10^5t/a$丙烯腈装置副产氢氰酸的处理要求，生产高附加值的MMA产品。做强做大氢氰酸-丙酮氰醇-甲酯产业链，提高丙烯腈上下游装置的经济效益，促进公司整体协调发展。装置工艺生产技术先进，资源循环利用，节能减排措施到位，综合能耗具有国际或国内先进水平，建设方案十分重视环境保护，采用先进的工艺技术，从源头上减少"三废"排放，对废水、废气、废渣、进行有效处理和回收利用，使"三废"排放降低到可控的范围内。项目对环境风险采取了相应的应急预案，使环境风险降低到最低程度，并有效控制，未对当地的生态和环境产生不良影响。

（3）MA水解项目

H公司年产$1.5×10^6t$ PTA项目生产过程中每年产生废物MA约8000t，为变废为宝，减少氧化溶剂醋酸的消耗量，降低工艺尾气中醋酸甲酯的浓度，建设MA水解装置（见图4-11）。MA水解成套单元装置的新增设备主要包括MA水解固定床反应器、MA水解精馏塔、甲醇分离塔、进料缓冲罐、待检罐等，甲醇储罐利旧。醋酸甲酯水解项目建设规模最大处理能力为2500kg/h，年设计操作时间为8000h。项目采用水解法，以阳离子交换树脂作为水解反应的催化剂，分解生成甲醇和醋酸，正常情况下可生产甲醇4000t/a，回用醋酸8100t/a（最大年产甲醇8131t、醋酸16200t），操作弹性40%～130%。

该醋酸甲酯水解技术改造项目采用P公司具有自主知识产权的醋酸甲酯水解装置专利技术。该工艺采用催化精馏塔板与固定床反应器相结合，达到高转化率，并使用了立体催化精馏塔板，让催化剂不易损坏、无泄漏、装填方便，还可以保证转化率长期高效。

来自主装置的醋酸甲酯分别通过流量控制阀和除盐水一起进入MA水解精馏塔（16-C21），顶部侧线采出醋酸甲酯、水混合液经过固定床反应器（16-R21）再返回该塔反应段；MA水解塔顶部采出醋酸甲酯、水和少量杂质的混合溶剂，返回溶剂脱水回收装置；

塔釜液经泵进入甲醇分离塔（16-C22）；甲醇分离塔釜液为醋酸浓度大于32%的稀醋酸溶液，返回溶剂脱水回收装置，醋酸作为溶剂回用进入系统；甲醇分离塔顶部馏出精甲醇［甲醇含量≥93%（质量分数）］，经冷却器冷却后进入甲醇待检罐。

图4-11 MA水解装置

项目建设后，年均利润总额300万余元，为企业及国家财政收入做出较大的贡献，有较好的经济效益。该项目形成密闭循环的无"三废"产生的综合利用的生产过程，这样既减少了氧化溶剂醋酸的消耗量，也可减少工艺尾气中醋酸甲酯的排放量，在TPA生产中是具有循环经济意义的清洁生产工艺。本项目的建设可解决部分生产企业环境保护的问题，达到资源综合利用、节约资源、改善环境的目的，对于实现本地区的可持续发展具有重要的意义。

4.1.5 合肥高新技术产业开发区

合肥高新技术产业开发区是1991年国务院首批设立的国家级高新区，面积128.32km²，坐拥"一山两湖"，生态环境优良，是合芜蚌自主创新综合试验区核心区和合肥市"141城市空间发展战略"西部组团的核心区域。先后荣获"国家首批双创示范基地""国家自主创新示范区""国家创新型科技园区""国家知识产权示范园区""全国首家综合性安全产业示范园区""全国模范劳动关系和谐工业园区"等多项国家级荣誉。2010年9月合肥高新区正式创建"国家生态工业示范园区"（环发［2010］117号），2014年9月获得国家环保部、商务部和科技部的"国家生态工业示范园区"命名（环发［2014］145号），成为中西部首批、安徽省首个国家生态工业示范园区。

合肥高新区以污染减排为抓手，通过工程治理、结构调整、监督管理三方面措施持续推进污染物减排工作，促进环境质量改善。

1）工程治理方面

一方面持续推进重点行业环保提标改造项目实施，开展重点行业脱硫、脱硝、除尘改造工程建设；进行燃煤锅炉和工业窑炉污染治理设施升级改造，高新区范围内的2家燃煤电厂均已实施燃煤发电机组超低排放改造和节能改造；完善污水处理厂配套管网及升级改造；完成环巢湖二期王咀湖、柏堰湖等生态治理工程。另一方面，鼓励企业自主投入开展重点污染源改造项目和污染防治新技术、新工艺的推广应用及示范项目。依据高新区与企业签订的节能目标责任书，对企业节能减排与质量提升进行奖励。

2）结构调整方面

以"创新、转型、升级"为主线，以提高质量和效益为中心，通过从源头上把控，严禁备案、审批产能过剩行业项目；对产能过剩行业违规在建项目进行全面摸排清理；落后产能进行淘汰；对重污染行业企业实施搬迁等措施，全方位优化区域产业结构。

3）监督管理方面

为确保工业污染源全面达标排放，按省、市工作部署，开展涉化工、地热利用、工业堆场、地条钢等相关排查整治行动，编制《高新区工业污染源全面达标排放计划实施方案》，并按园区企业行业特征分步推进实施。创新采取政府购买服务方式，委托技术单位开展园区重点排污单位环境风险识别工作，完成会通、力世通、燕美等19家重点企业环境风险排查，建立"风险防控清单"，做到风险底数清，防控措施准。

为确保重点企业污水处理设施正常运行，防止出现异常排放现象，高新区开展20家涉水重点企业现场监察工作，重点查看企业生产情况、污水处理设施运行情况、在线监控联网运行情况等。针对大同格兰、会通、德力嘉、禾盛、辐化、丰乐、国风等涉水、涉气重点工业企业及敏感区域进行了不定期的突击检查，同步委托第三方环境检测机构进行现场监督性监测工作，以确保涉废水、废气企业污染物达标排放。

（1）高温烟气余热回收利用项目

H公司有2套废气治理焚烧炉，焚烧燃料为天然气和车间内产生的废气，外排烟气温度高达近250℃，高温烟气直排导致大量热能浪费。为此，公司购置高效换热器，将高温烟气通入高效换热器，将热能供给常温空气加热后再利用，将烟气管道排出温度降至140℃，有效地实现热能回收（见图4-12）。具体改造工艺由一级新风换热器、二级新风换热器、新风风机、余热锅炉和排烟风机等组成，350～450℃的原始高温烟气首先进入新风换热器，换热后烟气温度下降至250℃左右，同时新风被加热到230℃左右，用于固化炉区、热风幕系统、化涂炉和热风吹扫装置的供热。250℃的烟气用于前处理水箱的供热，最后140℃左右的烟气通过排烟风机（新增）排到车间外部。热能回收装备改造完成后，公司天然气用量明显下降，每吨产品减少天然气消耗7m³，年可节省天然气使用费约277万元，改造效果显著。

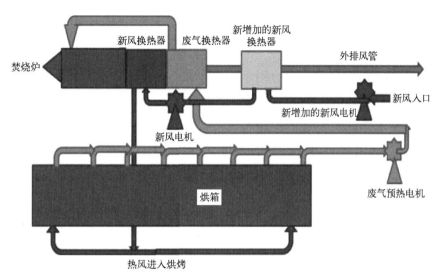

图4-12 高温烟气余热回收利用项目工艺流程

（2）VOCs治理、空压机热回收改造项目

G公司在VOCs整治工作中，坚持"多措并举、重点突出、源头和过程控制优先、末端治理"的原则。经过优化改善确定两器烘干废气治理方案为"换热器冷却+高效除油设备+分子击断"，焊接废气治理方案为"三相浊液超氧纳米微气泡法"。在高新区环保分局支持下，经过两个多月的施工安装及调试，首套以"分子击断"为核心技术的两器烘干废气处理设施以及焊接废气处理设施于2017年11月30日正式投入运行使用（见图4-13）。

图4-13 G公司VOCs整治设施

此外，G公司投资250万元实施空压机热回收改造工程，安装空压机热回收装置及100t存储水箱，以代替热泵系统为生活区提供热水。改造完成后，年可节约电费209万元，投资回报期为1.2年。

（3）集中供热超低排放

高新区集中供热规划严格落实《合肥市人民政府关于合肥市城市供热专项规划（2013—2020的批复）》（合政秘〔2015〕26号）、《安徽省发展改革委关于合肥市西部组团热区热电联产规划的批复》（皖发改能源函〔2015〕311号）要求。辖区已建成两座热电厂（分别为新能热电和天源热电），其中天源热电装机容量为4×75t/h中温中压循环流化床锅炉+2×6MW背压式汽轮发电机组，配套建设布袋除尘设施、石灰石脱硫、SNCR脱硝设施，并已安装废气在线监控装置。新能热电一期A标段装机容量为2×75t/h高温高压循环流化床锅炉和2×9MW抽背式汽轮发电机组，配套建设高频电源电带除尘设施、石灰石-石膏湿法脱硫、低氮燃烧技术+SCR法脱硝设施，并已安装废气在线监控装置。目前，合肥高新区建成区燃煤小锅炉已全部淘汰。

4.2 水循环利用典型案例

4.2.1 乌鲁木齐经济技术开发区

乌鲁木齐经济技术开发区于2011年启动了国家生态工业示范园区创建工作，成立了创建工作领导小组。2013年12月国家环保部、商务部和科技部正式批准乌鲁木齐经济技术开发区启动国家生态工业示范园区创建工作，是新疆首个获得创建批复的开发区，也是西北地区首个启动创建的国家经济技术开发区。2017年5月，经开区通过国家生态工业示范园区省级预验收。2017年9月，国家生态工业示范园区协调领导小组办公室组织专家组，对乌鲁木齐经济技术开发区国家生态工业示范园区创建工作进行技术核查。经过台账检查和现场察看，一致同意通过技术核查，推荐组织现场验收。2018年3月生态环境部、商务部和科技部联合发文命名乌鲁木齐经开区为国家生态工业示范园区。

经开区的国家生态工业示范园区建设工作注重资源高效循环利用、区域低碳发展，不断完善生态工业链，根据园区特点和发展需要，规范创建制度、建设示范工程重点项目，在低碳循环发展、西北地区生态再造、一带一路生态文明辐射等方面取得了明显成效，为西北地区生态工业示范园区创建起到了示范作用。

（1）中水回用

B公司厂区工业废水深度处理厂采用法国威立雅公司水处理工艺技术"高效沉淀池+生化+TGV滤池"预处理工艺+"超滤+反渗透+钠离子交换器工艺"深度处理水回用工艺，设施如图4-14所示。处理废水为厂区所有生产、生活排污水，设计日处理能力60000m³，深度日处理能力24000m³。处理后的中水达到回用水指标，全部回用于厂区生产及绿化用水系统，极大提高了水资源的循环利用率，实现厂区工业废水"零排放"。

图4-14　中水回用工程

W公司是一家啤酒制造、销售、运输为一体的外资企业，乌鲁木齐酒厂年生产能力20万吨。公司在外资经营的几年里，将节能工作融入到各项管理工作中，通过完善的能耗指标的可控和分析管理体系，坚持每天召开生产分析会，从"一滴水、一度电、一粒粮、一方天然气"等各项消耗成本指标分析，全面开展"精益生产管理"。公司投资10万元，利用污水处理达标排放的污水重复再利用，增加回收水罐和回收水管路，将处理过的污水引入公司所有厕所进行冲厕，经改造之后每个月可节约1000m³自来水。2015年与园林局合作，投资195万元新建中水回用系统，回用后的中水用于周边公共绿地的绿化，同时减少公司COD排放量，日处理中水量达1000m³。

（2）冷凝水回用

W公司蒸汽冷凝水原来没有全部覆盖回收，2014年底公司投入了98万元对公司使用蒸汽冷凝水管线进行改造，在2015年初改造的系统全面跟踪回收，回收率从65%上升到76%，能源消耗有明显的下降（冷凝水回收直接加入锅炉，使锅炉的效率从89%提升到92%，吨蒸汽耗天然气的消耗从80m³下降到77m³）。

公司每天会产生90℃的蒸汽冷凝水2～5t，由于蒸汽冷凝水水质较好，又兼具一定的热能，直接排放实为浪费。因此，公司将使用后的90℃蒸汽冷凝水回收至3t冷凝水储罐，与RO2生产的纯水混合为70℃工艺热水，用于配置锅第一、二道清洗步骤。改造后，不仅提高了水资源的利用效率，还回收了热能。

（3）真空系统循环水回用

W公司原有生产工艺用真空泵采用自来水进行冷却和循环，每年消耗大量新鲜自来水，通过增加循环水箱、循环泵、冷却塔及换热器等设备，对管路进行改造，将原有自来水循环改为重复循环用水，只需补充少量循环过程中蒸发损耗，水资源重复利用率达到96.7%，每年可节约用水34.8万立方米。

（4）园区中水厂建设

为了推进开发区循环经济和节能减排工作，开发区将中水回用项目作为一项重要的节能减排工程在全区广泛推广，以通过将污水处理厂和相关企业处理达标后的废水经过微滤、反渗透处理后回用于工业生产，从而大大削减开发区废水排放总量，提高中水回用率，减少废水对外环境的影响。

开发区先后对辖区内Y公司、M公司、T公司、K公司、Z公司、H公司、W公司、X公司污水、KS公司等14家单位实施了中水改造项目，该项目有效地节约了开发区水资源，节约用水，园区投资环境得到显著提高。

4.2.2 南通经济技术开发区

南通经济技术开发区于1984年12月19日经国务院批准设立，是我国首批14个国家级经济技术开发区之一，辖区面积146.98km²（国家生态工业示范园区面积为24.68km²）。2010年12月，国家环保部、商务部、科技部三部委正式同意南通经济技术开发区开展国家生态工业示范园区建设（环发［2010］149号）。2014年12月31日，国家环保部、科技部、商务部三部委联合发文（环发［2014］199号），正式批准南通经济开发区为国家生态工业示范园区。

南通开发区自获得国家生态工业示范园区命名后，始终坚持以循环经济理念和生态工业原理为指导，以现代装备制造、新材料、精细化工、现代纺织为主导产业，大力推行企业清洁生产，构建基于市场机制的区域工业共生体系，实现区域层次的资源高效利用，最大限度地减少环境排放，改善区域环境质量，提高经济增长质量。合理进行功能布局，完善现有的产品代谢链和废物代谢链，促进区域产业结构优化和升级，促进主导行业的产品升级和生态化发展，不断发挥南通开发区在南通市和长江三角洲地区的产业和经济带动作用。

在落实D公司1800t/d中水回用工程、L公司4000t/d中水回用工程等项目的基础上，南通经济技术开发区管委会按照低碳环保、科技创新理念，从2012年开始实施南通经济技术开发区中水回用示范工程。该中水回用示范工程为全球首套制浆尾水处理零排放项目。工程采用预处理、膜集成处理和蒸发结晶相结合的工艺，对制浆尾水进行深度处理，产生的中水供园区内企业循环再利用，浓盐水经蒸发结晶系统处理，产生的工业盐作为副产品综合利用。工程主要对开发区内工业企业达标水进行深度处理，制成中水水质达到或优于《城市污水再生利用—工业用水水质》（GB/T 19923—2005），供开发区内企业再利用。

中水回用示范工程由N公司负责设计规划、投资建设以及运营管理的所有职责，中水回用示范工程位于南通经济技术开发区港口工业三区。

（1）项目概况

项目一期工程设计处理能力为40000t/d制浆尾水，于2013年底建成并投入运行；二期工程设计处理能力为17500t/d造纸尾水，于2014年11月初建成并投入运行。目前，制浆和造纸尾水平均处理量分别为35000t/d和10000t/d，运行情况良好；系统回收率＞98%，有机物去除率＞95%，离子去除率＞92%，处理后的中水水质满足《城市污水再生利用—工业用水水质》（GB/T 19923—2005）水质要求，COD、浊度、硬度、pH值等主要水质指标均优于自来水。

（2）工艺流程及设备

南通经济技术开发区中水回用示范工程具体工艺流程及主要工艺设备照片如图4-15、图4-16所示。

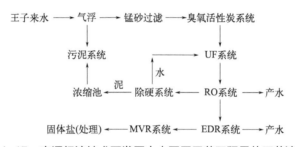

图4-15　南通经济技术开发区中水回用示范工程具体工艺流程

(a) 气浮池

(b) 臭氧/活性炭装置

(c) 锰砂滤池

(d) 除硬系统

图4-16

(e) 超滤设备

(f) RO设备

(g) MVR设备

图4-16　南通经济技术开发区中水回用示范工程主要工艺设备照片

南通经济技术开发区中水回用示范工程通过充分循环利用资源，每年为园区节约用水约 $1.2 \times 10^7 t$ ，减少向水体排放COD、BOD分别为900t和240t，节能减排效果明显，符合国家"节流优先、治污为本、科学开源、综合利用"的政策。对于我国长江流域、水资源短缺地区的制浆造纸企业和其他企业尾水循环利用具有推广示范效应；对促进节能减排、发展循环经济、高标准保护生态环境、节约水资源、改善人居环境具有重要现实意义。

4.2.3　北京经济技术开发区

北京经济技术开发区于 1992 年启动建设。1994 年 8 月，国务院将其批准为北京市唯一的国家级经济技术开发区。1999 年 6 月，经国务院批准，开发区范围内的 7km² 被确定为中关村科技园区亦庄科技园，成为北京市唯一同时享受国家级经济技术开发区和中关村国家自主创新示范区双重政策的开发区。开发区总规划面积 46.8km²。其中，核心区面积 15.8km²、河西区 17km²、路东区 14km²。此外，2010 年初，经北京市政府批准，开发区代管 12km² 路南西区，产业发展空间得到进一步拓展。

北京市人均水资源量不足 300m³，是全国人均占有量的 1/8，是世界人均占有量的 1/30，远远低于国际公认的人均 1000m³ 的下限标准，属于重度缺水地区。随着开发区的发展，工业和生活用水量日益增加，未来水资源匮乏将是制约开发区可持续发展的瓶颈。正因为有强烈的"水资源危机"的忧患，多年来开发区一直把节水作为一项重中之重的工作，在节水方面取得了令人瞩目的成就。

（1）雨水利用——X35 地块绿化景观工程

在垃圾坑上建成 X35 公园，对周边 1km² 范围内的雨水进行收集利用。X35 地块从原来的垃圾遍地、污水横流的景象变成了深受区内居民喜爱的休闲乐园。

X35 地块绿化景观工程是开发区为南部新区配套建设的文化休闲场所，同时也是开发区打造的一片生态环保绿地，它不仅是一处景观，更承担着为周边厂区生活区的泄洪、水体净化功能，占地 65000m² 的 X35 地块绿化景观工程是开发区目前为止首个集雨水利用、调控排放、水体净化和生态景观为一体的多功能生态水体公园（见图 4-17）。

图 4-17　X35 地块绿化景观工程

相比其他景观公园，X35 地块绿化景观工程最大的特点就是雨洪利用。附近工业厂区、21 号路附近的雨水以及中水都将通过管道汇集到公园的主要景观区——滨湖，当然在此之前它们都要经过前置塘、人工快滤池等人工雨洪利用等重要水利设施进行集中的生态处理，最终再通过滨湖东侧的人工湿地清洁水源，变成可利用的再生水。

（2）废水深度处理及回用

H公司积极联系周边工业企业开展废水利用开发项目，实施对废水进行深度处理再利用项目（见图4-18）。该工程水源为工业区排放污水，通过采用曝气生物滤池和反渗透联合水处理工艺，使其出水水质达到H公司冷却水补水和一级除盐标准，从而达到节约水资源的目的。该项目的实施不仅解决了公司的冷却水水源问题，每年还可为区内节约自来水 $(4 \sim 5) \times 10^5 t$ ，减少开发区的污水排放及处理量 $(4 \sim 5) \times 10^5 t$ ，为开发区节能减排工作做出了应有的贡献。

图4-18　H公司废水深度处理工程

（3）再生水回用于工业

开发区再生水厂以经开污水处理厂的出水作为源水，经处理后的高品质再生水供给开发区企业作为工艺用水，普通品质再生水供给市政绿化、道路浇洒、湿地用水等。目前投入使用的一期生产能力为每天生产20000t再生水，二期投运后可达到每天40000t。即将投入使用的东区再生水厂，将为京东方八代线项目提供生产工艺用水，成为国内工业企业使用再生水的典范。

1）功能定位为弥补开发区自来水供水缺口

北京属缺水地区，根据北京市节水规划，建设再生水厂是提高水回用率、节约用水的重要措施。开发区污水处理厂目前排水量约 $1.6 \times 10^7 t$ 。再生水厂达到一期产能后每年可对其中约 $1.0 \times 10^7 t$ 的污水进行深度处理，生产约 $7.0 \times 10^6 t$ 再生水，从而使开发区的新鲜自来水总供水量减少约30%。后期随着再生水厂二期工程启动，届时除开发区污水处理厂之外，小红门污水处理厂和凉水河的出水也将有可能作为再生水厂水源，再生水日产水量将达到40000t，可逐步实现再生水供应量占核心区总供水量60%左右的规划目标，使再生水成为开发区主要的工业水源。

2）再生水水质媲美自来水

再生水厂采用"微滤＋反渗透"主体生产工艺，并根据实际需要设置预处理、杀菌、清洗系统等配套部分（见图4-19）。水质检测指标达到52项，出水水质可与自来水指标媲美。同时，还将投资数百万建立再生水管网远程监控系统，保证再生水的应用安全。

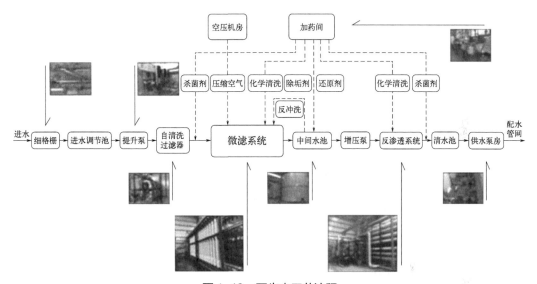

图4-19　再生水工艺流程

3）实现工业废水再生处理直接回用于工业企业

北京经济技术开发区再生水厂是北京市第一家专业从事工业废水再生处理的工厂，也是国内第一家出产高品质工业用再生水并直接回用于工业企业的现代化工厂，在国内第一次实现了区域内工业废水的循环使用。

2009年开始正式为企业提供再生水，但企业担心再生水的水质是否稳定，以及再生水对设备的腐蚀、结垢问题，所以在初期只是将再生水投入到绿化、冲厕等杂用中并未立即运用到生产工艺上。但随着企业带头将再生水用于生产工艺，经过一段时间的运行监测，企业发现再生水不仅水质稳定，而且使用再生水具有显著的经济效益，从而为进一步大规模推广再生水使用奠定了基础。

4）有效减少排入天然水体的污染物总量

开发区再生水厂建成投运，也为主要污染物总量减排做出了积极的贡献。以目前实际产水量计，再生水厂每年可以削减COD 40t，完全达产后COD削减量将达到百吨以上。随着开发区企业再生水使用的普及，再生水厂将有望实现污水处理厂所有出水进行再生处理，污水100%再生回用。

5）再生水利用的经济效益

再生水使用的经济效益方面，以J公司为例，该公司通过离子交换树脂的工艺生产超纯水。当其使用再生水作为超纯水源水后，相比原来使用自来水，工艺过程中阴阳离子饱和时间由48h延长到了220h，这使树脂再生率降低为原来的2/9。由于树脂再生率降低，相应的树脂再生成本大大减少，药剂使用量、废脂处理、电费均有大幅度降低，经济效益十分显著。同时，再生水水价也比自来水更具有竞争优势。由此可见，使用再生水替代自来水，企业在生产经营成本上将直接受益。

4.2.4 江阴高新技术产业开发区

江阴高新技术产业开发区原名江苏省江阴经济开发区，成立于1992年；1993年11月，经省政府批准为省级开发区；2002年10月，江苏省委、省政府又赋予其国家级开发区的经济审批权和行政级别；2010年8月，经省政府批复将其更名为江苏省江阴高新技术产业开发区，正式纳入省级开发园区序列管理；2011年6月，国务院批复同意江阴开发区升级为国家级高新技术产业开发区（国函〔2011〕71号），2012年江阴市委、市政府明确高新区与城东街道实施一体化管理。

江阴高新区2010年启动国家级生态工业示范园区创建工作，2011年4月，国家生态工业示范园区领导小组正式发文（环发〔2011〕46号），批准江阴经济开发区（2012年升级为江阴高新技术产业开发区）创建国家生态工业示范园区。2013年9月，江阴高新区通过国家生态工业示范园区领导小组组织的验收，正式发文（环发〔2013〕108号）命名为国家生态工业示范园区。

合理利用和保护水资源是江阴高新区发展过程中始终遵循的重要原则。从源头上狠抓节水工作，不断提高环保准入门槛，实施绿色招商，严格限制低产出、高耗水的项目入园，鼓励企业创建节水型企业，积极开展清洁生产、节水、中水回用工程。

4.2.4.1 重金属废水零排放处理

B公司主要产品及生产能力分别为超硬复合耐磨切割丝15000t/a、钢帘线半成品60000t/a、胎圈丝60000t/a。

该公司钢帘线和胎圈丝产品生产过程中会产生一定量含铜、锌元素的重金属废水，原有"重金属废水在线回用"处理系统在实际运行中存在容易堵膜问题，导致设备运行的软化和出水效果差；且产生的浓缩液及污泥处置成本高，故该套处理设施运行、维护成本太高。对后续污水处理造成较大压力。为实现节能、降耗和增效目的，该公司经过重金属废水处理方案综合论证，购置了2台离心喷雾干燥机设备，利用生产中产生的高温炉气余热作为热源，采用"重金属废水喷雾干燥处理工艺"进行了重金属废水零排放处理设施技改。技改后，原重金属废水零排放处理装置作为备用废水处理设施。

离心喷雾干燥机设备利用生产中产生的高温炉气余热作为热源，采用"重金属废水喷雾干燥处理工艺"进行了重金属废水零排放处理设施技改（见图4-20）。主要处理钢帘线和胎圈丝产品生产过程中产生的重金属废水，根据该公司三期环评资料以及产品生产工艺资料，重金属废水主要成分为硫酸铜、硫酸锌以及硫酸铁，含金属废水的产生量为2860t/a。主要金属浓度为总铜2632mg/L、总锌1510mg/L、铁1310mg/L。项目的实施有效解决了两个问题：一是"重金属废水在线回用"处理系统在实际运行中，存在容易堵膜问题，设备的软化器较差，导致设备出水水质不理想；二是产生的浓缩液及污泥处置成本高，降低了处理设施运行、维护成本。

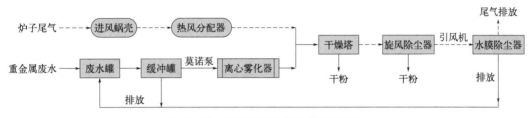

图4-20　重金属废水零排放处理流程

项目年处理重金属废水规模可达2860t。

项目采取的离心雾化干燥系统具有以下特点：

① 干燥速度快、废水经雾化后表面积大大增加，在热风气流中瞬时可蒸发95%～98%的水分。完成干燥时间只需5～15s，具有瞬时干燥的特点。

② 主要能源利用生产线加热过程中燃烧废气作为热源，有效进行能源再利用，采用特殊的分风装置，降低了热空气在设备内的阻力。

③ 生产过程简化，适宜连续生产，减少粉碎、筛选等工序，提高了产品纯度。

镀铜线排放的铜锌废水经收集后贮存至罐区铜锌废水罐，胎圈丝化学镀生产线排放的含铜锡废水贮存至罐区铜锡废水罐内。镀铜生产线燃气加热炉排放的高温废气经处理系统配备的引风机抽吸至离心喷雾干燥机顶部的空气分配器，后进入干燥器内作为热源。铜锌废水及铜锡废水分别由重力排放至干燥系统的缓冲罐内，然后利用莫诺泵提升至2台离心喷雾干燥机顶部的高速离心雾化器，离心形成雾状液滴后与干燥塔内的热气接触，并迅速干燥成粉末。形成的粉末大部分在干燥塔底与热风分离，并通过卸料阀排出。热风携带少量粉末进入旋风除尘器，实现二次气固分离，粉尘通过旋风除尘器底部的卸料阀排出。旋风除尘器排出的气体经水膜除尘器进行洗涤，净化后的尾气通过15m高的烟囱排放至大气。

水膜除尘器的循环水经一定倍数的浓缩后排放至地沟，与设备的冲洗水、罐体排放废水一同汇集后返回至铜锌废水罐内，进行循环处理。干燥塔及旋风除尘器底部排出的粉末经收集后资源化处置。

项目利用生产线加热时天然气燃烧的尾气作为热源，对重金属废水进行有效处理，不仅实现对生产环节燃气炉烟气的资源化利用，更使重金属废水实现零排放。

项目的先进性主要体现在以下几方面：

① 本项目处理厂内重金属废水、处理后重金属废水可达到零排放；

② 加热利用生产环燃气炉尾气作为热源，符合能源再利用；

③ 处理重金属废水后产生的金属粉末，经收集后外售给金属回收单位综合利用；

④ 固体废物综合利用，实现废物资源化。

4.2.4.2　中水回用（X公司）

X公司投入3000多万元，根据污水特点建成污水处理站，生产废水接管到污水站经过物化处理达回用水质标准的回用，还可作为净水和浊水系统的补充水，以及公司喷淋、绿化用水，每年可节约水量约5.0×10^6t，真正起到了节能减排的作用。

中水回用流程如图4-21所示。

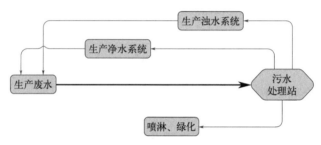

图4-21　X公司中水回用流程

厂区生产生活废污水取自厂区现有护厂河，经格栅去除来水中的大块漂浮物，保证后续设备的稳定运行。之后进入废水调节池进行均质、均量，再加压送往微涡旋反应沉淀池进行处理，微涡旋反应沉淀池前设有静态混合器，用于前加氯及投加混凝剂、絮凝剂等；前加氯主要是为夏季去除藻类预留的手段。微涡旋反应沉淀池出水设在线浊度测量，当沉淀池出水满足出水水质要求时直接自流至清水池，经后加氯消毒后送往各用水点。当沉淀池出水不满足出水水质要求时，自流进入中间贮水池，由水泵加压送往双层过滤器进行过滤，以进一步去除SS和油，滤后出水进入清水池，再经后加氯消毒后送往各用水点。

微涡旋反应沉淀池排出的污泥进入泥浆调节池，之后由立式泵提升送往泥浆浓缩池，浓缩后泥浆由渣浆泵加压送往板框压滤机进行脱水，脱水后泥饼外运统一处置。双层过滤器反洗排水、泥浆浓缩池上清液直接排入废水调节池。

处理效果：根据江阴市环境监测站监测数据，出水中pH 7 ～ 8，SS 6 ～ 8mg/L，满足回用水要求。

4.2.4.3　中水回用（C公司）

C公司是国内最大的内资半导体封装企业，也是国内唯一进入世界前10的半导体封测企业、中国半导体封测行业首家上市公司。该公司通过ISO 14001环境管理体系认证、清洁生产审核；先后荣获江阴市十佳节能减排企业、江阴市绿色企业、"十一五"主要污染物总量减排先进集体、无锡市节能先进单位、江苏省节水型企业等荣誉称号。

近年来，为提高科学用水，合理用水水平，加快节能减排工作。C公司建设两套回用水系统：一套140t/h中水回用系统；另一套80t/h RO深度水处理系统。中水回用系统采用超滤技术，经污水预处理站处理后的污水进入中水系统后，再经过消毒杀菌，产生的排放水达到《城市杂用水水质标准》中的一级标准。一部分中水回用于公司绿化、员工宿舍抽水马桶冲洗、生产车间冲洗、景观喷泉等；另一部分中水进入公司80t/h RO深度水处理系统，经RO深度水处理系统处理后，水质达到自来水水质要求，作为冷却塔补充用水和纯水原水使用，用于公司生产用水。

中水回用系统和RO深度水处理系统如图4-22所示。中水回用系统年可节约水8.5×10^5 t，节约水费500多万元。

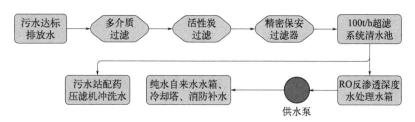

图4-22 中水回用系统和RO深度水处理系统

4.2.5 天津滨海高新区

天津滨海高新技术产业开发区前身为"天津新技术产业园区"，成立于1988年，1991年3月由国务院批准为首批国家级高新技术产业开发区。2009年3月5日，国务院正式批复天津新技术产业园区更名为天津滨海高新技术产业开发区（简称天津高新区），原各政策区、辐射区和产业区都统一为"科技园"，包括华苑科技园（原华苑产业区）、滨海科技园、南开科技园、武清科技园、北辰科技园、塘沽科技园六部分，形成了"一区六园"的特色。

2006年4月，天津高新区管委会委托天津市环境保护科学研究院编写了《天津新技术产业园区华苑产业区国家生态工业示范园区建设规划》，该规划于2008年5月通过国家环保部、科技部、商务部国家生态工业示范园区建设领导小组组织的专家论证，并于2008年8月获得环保部正式批准。2012年12月，国家环保部、商务部、科技部联合发布通知，批准天津滨海高新技术产业开发区华苑科技园取得"国家生态工业示范园区"命名（环发［2012］158号）。

4.2.5.1 处理含砷、氨废水

S公司专业从事LED外延片、芯片、太阳能外延片、芯片和应用产品的研发与生产，是目前国内品质最好、技术水平最高的全色系外延片及芯片产业化生产基地之一。

（1）含砷废水处理

S公司斥巨资投入打造废水治理系统及设备（见图4-23），含砷废水主要包括经化学尾气处理器反应产生的高浓度含砷废水和清洗、研磨工艺等产生的低浓度含砷废水，全厂含砷废水由污水处理站统一收集处理。

图4-23　S公司含砷废水处理装置系统及设备

含砷废水处理的四级絮凝沉淀处理工艺流程为：

① 一级为高砷废水处理，加入含量30%氯化钙液、含量30%聚铝液及含量6%的漂液，让三氧化二砷转化为五氧化二砷；再加入含量30%聚铁液和PAM进行搅拌沉淀；然后进入板框压滤机，上清液进入滤液槽，上清液含砷浓度为50mg/L。

② 二级为低砷废水和一级处理后高砷废水混合废水，通过二级反应槽，二级反应槽分四个格，第一格投加氯化钙液和碱液酸液；第二格投加聚铝液；第三格投加聚铁液；第四格投加PAM液。槽体基本封闭。顶部安装减速机和搅拌系统。然后进入斜管沉淀，进行2h沉淀，上清液溢流进入砷中间水池，泥浆进入泥浆池，上清液含砷浓度为10mg/L。

③ 三级为含砷综合废水，三级反应同二级反应一致，出水再经过砂滤柱过滤之后，出水含砷浓度不超过0.2mg/L。

④ 四级为增加混凝沉淀，处理后如含砷废水出水不合格，即不满足出水＜0.15mg/L，将自动回到三级反应槽进行再一次处理。通过总砷在线设备进行实时监测，浓度合格废水自动外排，含砷废水出水达到0.15mg/L以下。

由于泥饼中含有砷，污泥作为危险废物交具有危险废物处理资质单位进行处理。

（2）含氨废水回收

S公司于2015年投资500万元建立了氨气回收装置，将过去用硫酸吸附氨气的方法，升级改造为五级纯水吸收，生成一定浓度的氨水外卖，变废为宝（见图4-24）。氨气吸收塔排水没有废水排放，这样可实现氨的二次利用，同时减少了全厂污染物排放，既能满足环保要求，又能达到节省资源、清洁生产的目的。

图4-24　S公司含氨废水回收工艺

4.2.5.2　建设污水处理再生水回用系统

X公司主营业务为干细胞资源保存、干细胞工程系列产品的技术开发及产业化、干细胞临床移植；单克隆抗体诊疗技术研究开发和应用；基因药物和基因芯片的研发、生产和销售等。公司的干细胞项目被批准为国家干细胞工程产品产业化基地高技术产业化示范工程建设项目。

（1）企业自建污水处理再生水回用系统

公司投入69.8万元自建了污水处理再生水回用系统（见图4-25），该项目使用膜生物反应器同时配备消毒系统进行污水处理，处理后的污水达到了《污水综合排放标准》（GB 8978—1996）二级标准并符合《医院污水排放标准》（GB J8—74）的要求。该项目设计规模日处理污水300t，现实际使用规模日处理污水150t，设备运转率为50%。考虑到今后企业发展的需要，为二期工程的相关设施扩容提供了预留，处理后的部分污水用于公司院区内的绿地灌溉。

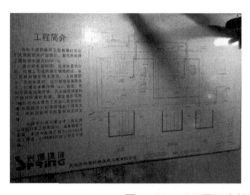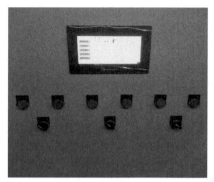

图4-25　X公司污水处理再生水回用系统

（2）再生水回用

公司建立了"再生水回用管理制度"，全年日均回用处理后的污水36t，每年约节约绿地灌溉水费1.17万元，节约水资源1.3×10^4t，系统运行至今累计节约水费4.68万元，累计节约用水5.2×10^4t。灌溉绿化照片如图4-26所示。

(a)　　　　　　　　　　　　　　　　(b)

图4-26　X公司再生水灌溉绿化

此外，为了保证节约水资源和减少污水排放，公司采取了一系列相关措施。例如，为避免产生放射性废水，取消了同位素操作，改用生物标记；为避免产生大量洗衣废水，采用由公司外聘服务单位统一将实验室工作服送到公司以外集中洗涤；为避免对于制备纯水消耗大量水源和产生大量废水，取消了纯水设备而改用商品纯水。

4.2.5.3　浓水再利用

C公司是制造、研发和销售光纤的专业生产企业，年产光纤长度为2300公里。2014年以来，该公司从小到每天节约十几吨自来水、大到氦气回收再利用项目，累计投入达600余万元（氦气回收再利用项目、拉丝炉改造项目、纯水系统浓水再利用项目等）。

该公司将制备纯水的浓水进行100%回用，制备纯水工艺为：原水—砂滤—炭滤—软化—一级反渗透—二级反渗透—EDI—用水点。其中一级反渗透、二级反渗透和EDI

机组会产生大量的浓水（浓水量和人工调节的回收率成反比）。以满产计算一天需要生产30t超纯水，大概需要自来水100t，也就是有70t自来水要当废水排放掉，现该公司将这70t废水全部利用：一级反渗透产生的浓水供冷却塔补水使用，这部分有50～60t；另外，二级反渗透和EDI机组所产生的浓水水质较好，远远高于自来水水质，这部分浓水分别回流至原水箱和二级水箱循环使用，这样大大降低了纯水设备的自来水用量，同时对排放的浓水进行循环利用。

拉丝炉、拉丝塔循环水泵改造项目设备如图4-27所示。

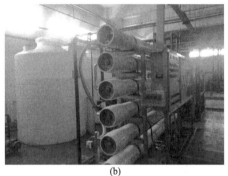

(a)　　　　　　　　　　　　　　　(b)

图4-27　C公司拉丝炉、拉丝塔循环水泵改造项目设备

4.2.6　连云港徐圩新区

2006年由钱正英院士牵头提出要在连云港徐圩新区建设以精品钢和化工为主导、节能环保产业为支持的临港产业基地。2011年，国务院批准在连云港建设国家东中西区域合作示范区，徐圩新区为示范区先导区。2014年，国家环保部、商务部、科技部联合发布《关于同意江苏扬州维扬经济园区等4个园区建设国家生态工业示范园区的通知》（环发〔2014〕198号），正式批复同意连云港徐圩新区创建国家生态工业示范园区，徐圩新区创建国家生态工业示范园区工作步入实质性建设阶段。

徐圩新区创建国家生态工业示范园区建设期限是以2012年为基准，规划近期为2013～2016年，规划范围包括化工产业园、精品钢产业园、节能环保产业园，以及城市配套功能区和现代港口物流园，共229km²。经过近几年的创建，徐圩新区主导产业不断完善，已形成了以钢铁、石化产业为主导，港口物流仓储为辅的产业发展形式，基本条件和指标达到《行业类生态工业园区标准（试行）》（HJ/T 273—2006）要求，于2017年12月27日通过技术核查，"特色化工循环发展样板区、生态文明建设引领辐射区、港产物流融合发展示范区"的生态工业园区格局基本形成。2018年12月28日，徐圩新区通过国家生态工业示范园区建设协调领导小组办公室组织的验收。2019年7月5日，生态环境部、商务部、科技部联合发文，批准徐圩新区为国家生态工业示范园区。

2014年9月4日，连云港徐圩新区被联合国工业发展组织授予"绿色丝绸之路项目示范工业园区"的牌匾，同时也是绿色丝绸之路项目中唯一一个以化工为主导行业的工业园区。

（1）高温凝结水回收及低温余热利用项目

S公司为实现全厂凝液进行余热回收利用，首先通过闭路回收系统回收各装置副产的高温凝结水，统一送至冷冻换热站，再通过制冷机组和换热机组，利用高温凝结水中的热量，为全厂提供工艺和空调冷冻水、空调热水和采暖水。

冷冻换热站分两部分：一部分为工艺冷冻水系统，通过溴化锂制冷机组为全厂工艺系统提供7℃冷冻水；另一部分为空调、换热系统，夏季利用溴化锂机组为全厂提供空调冷冻水，冬季以凝液为热源通过换热器为全厂建筑等提供采暖热水或空调热水。各装置来的饱和蒸汽凝液为溴化锂制冷机组或换热器（冬季）提供所需的热量。工艺系统设计冷量为14884kW，空调设计冷量为7034kW。

本项目设计回收各装置饱和凝结水正常工况615t/h，最大700t/h，通过溴化锂制冷机或空调/热水换热器，将回收来的凝结水由120℃降至80℃，按正常工况则每小时回收热量为 2.46×10^7 kcal（1kcal＝4.19kJ）。合0.35MPa低压饱和蒸汽约37.6t/h，全年按8400h计算，可节约0.35MPa低压蒸汽 3.15×10^5 t/a。

（2）中水回用装置

根据节能降耗、节约成本、环保等方面的要求，经过多方考察和技术研究，H公司决定在厂区内建设回用水站一座。以污水处理装置达到GB 18918—2002一级A标准排水或循环冷却水排水作为原水，通过回用水站进行处理，达到生产水进水标准，作为生产系统的补充用水。

投资与建设内容：项目投资5000万元，在企业原有公用工程区内新建沉淀池、排泥池、超滤产水池等设施（建筑面积2008m²），同时购置离心泵、反渗透装置、超滤装置、增压泵等设备，形成1000m³/h中水回用处理能力，设计系统产水量650m³/h，年设计操作时间为8000h，操作弹性40%～110%。投资规模：总投资5000万元，建设投资4800万元，流动资金200万元，部分装置如图4-28所示。

图4-28　中水回用装置

项目采用S公司自主知识产权的膜分离技术,该公司是国内膜分离行业的龙头,在制药、化工、食品、环保等领域,都取得了卓越成绩,在纯水、废水处理及中水回用上更是拥有丰富经验和大量工程实例。根据本项目的要求和各种膜的特性,本项目技术采用了预处理系统单元(混凝沉淀池+V形滤池)、膜过滤系统单元(UF系统+单级RO)。根据本系统放流水的特点及其他类似项目的经验,结合水质分析首选美国陶氏抗污染膜。

项目采用的原水先由预处理系统进行传统的混凝、沉淀、过滤等,再采用超滤膜分离技术用于水处理以彻底地去除水中的胶体、细菌、微生物、悬浮物等,最后进入反渗透膜截留大部分有机物、盐分后,生产出可以达到回用水质的产品水,全部回用于企业生产水系统,不需要市场销售,浓水则排入原污水处理场处理。本项目所采用工艺技术先进,成熟可靠,工艺技术路线合理可行,技术风险很小。

该项目减少污水排放量,减少地区污染总量,还可以减少新鲜水的使用量,实现水的回收再利用,节约生产成本。项目建成后,年可节约水费1638万元,年净利润233万元,全部投资回收期10.40年,投用后若依照最大处理能力年运行8000h计,每年最大可减排5.2×10^6t污水,有较好的经济效益,为企业及地方税收做出较大贡献。项目的建设解决了困扰生产企业环境保护的问题,达到资源综合利用、节约资源、改善环境的目的。本项目的建成,不仅减少了对本地区环境污染,产生巨大的环境效益,同时通过技术革新、强化管理,可以取得更好的经济效益,达到经济效益和环境效益的"双赢"。对于实现本地区的可持续发展具有重要的意义。

4.3 固体废物综合利用典型案例

4.3.1 淮安经济技术开发区

在加快生态文明体制改革、建设美丽中国的宏大命题下,淮安经开区正加速形成节约资源和保护环境的空间格局、产业结构、生产方式、生活方式,加快生态文明体制改革。自2012年进行创建至今,淮安经开区严格遵循创新、协调、绿色、开放、共享的新发展理念,扎实推进生态空间保护、经济绿色转型、循环经济制度创新等工作,以科学发展观统领全局,以工业生态学理论和循环经济理念为指导,以生态文明建设为目标,坚定不移调整产业结构,脚踏实地促进经济转型,积极探索新时期环境管理新思路,大力发展循环经济,积极开展节能减排和低碳经济实践,全面推进环境综合治理,区内综合经济实力不断增强,产业结构趋于合理,产业链条逐步完善,园区整体环境质量日益好转,生态文明水平进一步提高。

淮安经开区主动向企业宣传绿色发展、清洁生产、节能减排等理念,设立专项资金,鼓励企业改进产品设计,提高副产品、废物和包装的回收利用率。坚持废物是放错地方的资源原则，鼓励企业对生产过程中的固体废物分类收集、综合利用，厂内不能利用的也通过物资回收部门实行最大程度再利用。淮安经开区严格按照《省生态环境厅关于进一步加强危险废物污染防治工作的实施意见》（苏环办〔2019〕327号）文件，落实最新标识、标志及信息公开，危险废物运送给拥有危险废物处理处置资质的公司进行安全处理。

H公司是主要从事各类印制电路板的设计、研发、制造与销售业务的专业服务公司。公司注重节能环保与绿色发展，先后获得江苏省"环保信任企业"、江苏省环保信用评价等级：绿色、江苏省"节水型企业"、国际可持续水管理（AWS）认证最高等级：白金级认证、淮安市"环保示范性企业"等荣誉。

H公司将废线路板及边角料委托给C公司进行回收再利用，极大降低了生产成本，提高了经济效益，同时带来一定的环境效益。其处理工艺主要为：以废线路板及边角料、环氧树脂粉为原料，采用干法回收处理工艺，无需筛选可直接进入破碎机破碎成粉末，企业不设置筛分或者清洗工序。铜粉回收生产线主要工序为三级破碎、气流分选及静电分选。废线路板及边角料回收利用后的产品包括铜粉和树脂粉。废线路板及边角料回收利用工艺如图4-29所示，废线路板及边角料回收利用产品如图4-30所示。

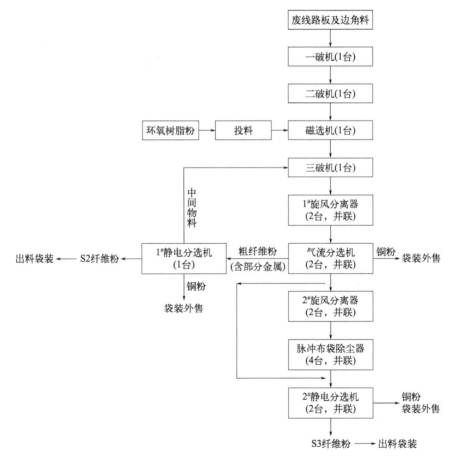

图4-29　废线路板及边角料回收利用工艺流程

(a) 铜粉　　　　　　　　　　　(b) 树脂粉

图4-30　废线路板及边角料回收利用产品

H公司还将生产过程中产生的含铜废液经处理加工生成氧化铜进行回收利用。处理工艺如图4-31所示，线路板生产过程中会产生棕化废液（硫酸铜）、高铜酸性废水（硫酸铜）、酸性蚀刻废液（氯化铜）、硝酸废液（硝酸铜）等高浓度含铜废水，其中含有较高浓度的重金属铜，将以上含铜废水按一定比例添加入调质槽混合后，与液碱反应生成氢氧化铜。因高浓度含铜废水均呈强酸性，与液碱反应放热导致氢氧化铜分解为氧化铜及水，通过板框压滤机后产生氧化铜泥。回收利用生成的产品氧化铜如图4-32所示。

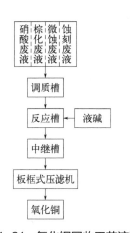 

图4-31　氧化铜回收工艺流程　　图4-32　回收利用生成的产品氧化铜

4.3.2　常州钟楼经济开发区

常州钟楼经济开发区位于长江三角洲腹地——常州市城区西部，是常州特大城市"一体四翼"之西翼。开发区北起老京杭大运河，南至常金路，西起新京杭大运河，东至龙江路，规划面积17.3km²。钟楼开发区于2002年9月经省政府批准建立，规划之初就融入了"绿色""生态"的理念，走上了低碳、高效的环保之路，2007年被授予"江苏省省级生态工业园区"称号。2008年开发区提出创建国家生态工业示范园区的建设目标，编制了《江苏常州钟楼经济开发区国家生态工业示范园区建设规划》，并于2010年3月通过国家生态工业示范园区建设协调领导小组办公室组织的论证，同年10月获得国家环保部、商务部和科技部三部委批准，并由钟楼区政府批准实施。于2013年3月和5月相继通过了环保部的技术考核和国家三部委的综合验收，同年9月获得"国家生态工业示范园区"称号。

自获得"国家生态工业示范园区"命名以来，钟楼经开区继续推进生态工业园区建设的各项工作，在经济发展、物资循环、污染减排、环境管理各个方面都取得了一定的成效。新材料、精密机械、电子信息三大主导产业以及新能源、医疗器材、汽车零部件三大新兴产业进一步"生态化""清洁化"，园区综合竞争力得到显著增强，先后荣获"中国最佳投资环境开发区""中国科技创新示范区""国家高新技术创业服务中心""全国环境优美街道""全省省级开发区发展速度前四强""江苏钟楼新型复合材料产业园""江苏省国际服务外包示范中心""江苏省循环化改造示范园区""省级现代服务业集聚区"等多项国家级、省级荣誉称号。

（1）固体废物交换网

钟楼经开区在国家生态工业示范园区建设中注重加强企业间副产品（废物）利用，为此搭建了固体废物交换网络（见图4-33）。

图4-33　常州钟楼经开区固废交换网

F公司和Z公司两家企业处置并再生利用精密机械行业产生的废乳化液、HW建材利用建筑材料和粉煤灰制砖、B公司将太阳能硅晶电池企业的废砂浆制备成新砂浆等链条均实现了生产型企业间跨行业资源交换，有效减少了固体废物的产生。LK、ZL、ZH、SL等企业通过循环冷却水处理系统改造、中水再生补水、潜能利用、系统节能改造示范工程，实现了企业内水资源的循环使用和能源的梯级利用。开展副产品（废物）交换的生产型企业，多数为互利共生的获利方式，例如，B公司在废砂浆循环利用系统中与上游太阳能硅晶电池企业形成互利，年废砂浆处置量 3.8×10^4 t，节能效益达9000万元。

（2）废物回收利用

F公司依托自身雄厚的经济和技术力量，引进先进的生化技术和装置，处理核准的危险废物。该公司运行期间有效地保障了常州以及周边地区的乳化液、切削液的专业处理。公司十分重视环保工作，于2009年起安装了在线视频监控仪，目前设备运行良好。

2013年，公司处理废矿物油、乳化液扩建项目被列入省级循环化改造项目，扩建后全厂产能为回收废矿物油3000t/a、回收废乳化液18000t/a。项目生产废水、污水经处理达标后接管进城市污水处理厂集中处理，不直接排向外环境，对周边地表水水质无直接影响。项目扩建后废矿物油的回收利用率也将提高至85%，可回收利用的油约2550t，供企业循环再利用，部分交由H公司利用。近期，公司再投资约1120万元建成"年处置利用0.6万吨废矿物油和2万吨油/水、烃/水混合物或乳化液"项目，2015年公司投资800万元建成"年处理废酸、金属和塑料表面清洗废物、金属和塑料表面磷化废物各1万吨，废碱0.5万吨生产线项目"。

至2015年年底，F公司为常州市内61家企业、市外14家企业和29家4S店提供废矿物油、乳化液、废酸等处理服务，处置后可利用的基础油主要给X公司炼制润滑油。2014年污泥残渣产生19.61t，2015年污泥残渣产生20.94t，污泥产生85.86t，转移给B公司处置，污水达标排放。

（3）废砂浆回收利用

Z公司项目于2014年4月建成投入运营，通过回收园区内Y公司等企业生产过程中产生的废砂浆（年回收利用砂浆约38000t），通过物理处置，回收处理后的砂浆供原企业再利用，促进资源循环再利用，提高资源利用率。生产过程中基本无废水排放，固体物质基本全部回收利用，仅有少量固体废物排放，真正意义上实现了节能、环保、资源高效利用。

4.3.3　南通经济技术开发区

南通经济技术开发区于1984年12月19日经国务院批准设立，是我国首批14个国家级经济技术开发区之一，辖区面积146.98km²（国家生态工业示范园区面积为24.68km²）。

2010年12月，国家环保部、商务部、科技部三部正式同意南通经济技术开发区开展国家生态工业示范园区建设（环发〔2010〕149号）。2014年12月31日，国家环保部、科技部、商务部三部联合发文（环发〔2014〕199号），正式批准南通经济开发区为国家生态工业示范园区。

南通开发区自获得国家生态工业示范园区命名后，始终坚持以循环经济理念和生态工业原理为指导，以现代装备制造、新材料、精细化工、现代纺织为主导产业，大力推行企业清洁生产，构建基于市场机制的区域工业共生体系，实现区域层次的资源高效利用，最大限度地减少环境排放，改善区域环境质量，提高经济增长质量。

近年来，南通开发区大力开展废物源头减量化，推广无废少废生产工艺，开展清洁生产审核，减少固体废物产生量。鼓励对企业内部的固体废物进行内部回收再循环利用，对企业内部无法再循环利用的固体废物，构建回收网络体系，通过企业之间、产业之间、园区之间的交换进行资源化利用，建立固体废物综合利用产业链，从而提高开发区固体废物的资源化利用整体水平。对无法利用的固体废物进行安全填埋、固化和焚烧，实现固体废物的无害化处理处置。提高城市垃圾的清运和处理能力，对城市生活垃圾分类收集进行资源化利用。建立企业内部及企业之间的固体废物综合利用产业链，构建回收网络体系及固体废物回收交换平台。

S公司一期工程为年处理30000t危险废物和年处理3300t医疗废物的焚烧装置，二期预留年处理30000t危险废物生产线一条，是江苏省内处置标准最高的危险废物处置企业。项目于2014年6月正式开工建设，2015年底基本建成，2016年3月取得省环保厅颁发的危险废物经营许可证，已具备年接收和处置危险废物30000t、国家危险废物名录中22大类危险废物的能力。

S公司舍弃了传统的固体废物坑进料方式，采用破碎机直送，待处理固体废物采用货架式存放。危险废物焚烧系统由燃烧系统、余热利用系统和烟气处理系统等部分组成。主体设备包括破碎机、回转窑、立式二级燃烧室、余热锅炉、急冷塔、布袋除尘器、喷淋洗涤塔及烟囱。整个项目的工艺路线及设备选型均为世界一流水平。排放标准执行《危险废物焚烧污染控制标准》（GB 18484—2001），企业内控标准按照欧盟2000法令（垃圾焚烧标准）执行，欧盟2000规定二噁英类的排放限值为0.1ng/m³（1ng=10^{-9}g），优于国家标准0.5ng/m³的规定，其他各项废气指标均明显优于国家控制标准。

S公司被南通市环保局列入危险废物国控源监管单位，省、市、区两级环保部门对该项目实施严格的监管：a.依托全流程智能化固体废物管理实时监察系统开展实时监管；b.通过烟气在线监测设施，实时掌握污染物排放情况；c.在危废运输车辆安装GPS和视频装置，整个运输过程全程监管；d.加强各类污染物的监测；e.市、区环保部门将定期和不定期的对该项目的运行情况进行现场检查。

S公司针对危险废物和医疗废物分别采取焚烧、蒸汽灭菌的处理工艺。危险废物处理工艺路线如图4-34所示。

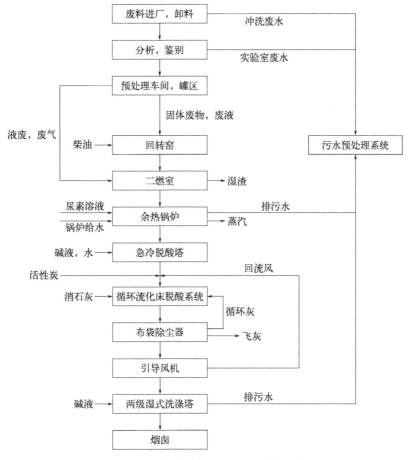

图4-34 危险废物处理工艺路线示意

S公司于2016年3月取得危险废物经营许可证，当年接收处置危险废物6977t，2017年全年接收处置危险废物12597t，2018年上半年接收处置危险废物9189t。此外，公司于2017年1月取得医疗废物经营许可，当年接收处置医疗废物2799t。

4.3.4 江阴高新技术产业开发区

江阴高新技术产业开发区原名江苏省江阴经济开发区，成立于1992年；1993年11月，经省政府批准为省级开发区；2002年10月，江苏省委、省政府又赋予其国家级开发区的经济审批权和行政级别；2010年8月，经省政府批复将其更名为江苏省江阴高新技术产业开发区，正式纳入省级开发园区序列管理；2011年6月，国务院批复同意江阴开发区升级为国家级高新技术产业开发区（国函〔2011〕71号），2012年江阴市委、市政府明确高新区与城东街道实施一体化管理。

江阴高新区2010年启动国家级生态工业示范园区创建工作，2011年4月，国家生态工业示范园区领导小组正式发文（环发〔2011〕46号），批准江阴经济开发区（2012年升级为江阴高新技术产业开发区）创建国家生态工业示范园区。2013年9月，江阴高新区通过国家生态工业示范园区领导小组组织的验收，正式发文（环发〔2013〕108号）命名为国家生态工业示范园区。

江阴高新区在生态工业园区建设发展过程中，把培育生态企业作为基础工程来抓，积极推进资源能源的综合利用，形成了区内企业内外间资源能源的重复利用。X公司建成了制水、发电、供热、供汽等一系列基础工程，并将自身定位为：高科技材料的供应者（优特钢产品）；城市废弃物的处理站（废钢、废铁回收利用）；城市生产生活热源供应站（蒸汽、热水、煤气）；再资源化循环、再能源化转换，无害化排放的基地（废水、废气、固体废物等循环利用）。产品逐渐转向高、精、尖，水、气、渣废物全面利用，形成集团内部废物循环利用链。B热电厂自行设计铺设管道，利用区内纺织企业的碱性印染水进行脱硫，年节省石灰等药剂数万吨，形成了企业废物利用的局部利用链。H公司投资废旧电路板回收利用项目，回收板上的贵重金属，将主板粉碎成树脂粉末进行回收，作为制作建材等的原料。J公司利用技术优势，接手石油钢管企业内部预处理设施的建设和运营，形成统一管理，并回收企业酸洗后的废酸进行处理利用作为印染废水的助剂。Y公司将中油沥青废渣进行处理加工，提取有用物质制造柴油，并焚烧处理废渣。

4.3.4.1 过滤棉芯经塑料再生颗粒机回收

H公司主要生产笔记型电脑用印刷电路板，2007年本公司笔记型电脑用板的出货量达4150万片以上，全球市场占有率高达40%，稳居全球笔记型电脑用板领域的龙头宝座。公司广泛生产双面至十六层的多层印刷电路板，产品类型包括笔记型电脑、行动电话、平面电视、游戏机、通信设备、机顶盒及服务器等专用印刷电路板。生产设备主要从欧洲、日本、中国台湾、以色列和美国等国家（或地区）引进，均为行业最先进机器设备。

生产过程中产生的废弃、废旧塑料计划通过过滤棉芯塑料再生处理转换成可以用来进行加工的塑料颗粒，这些颗粒出售给塑料加工厂再经过吹塑、注塑、压延等工艺深加工成各种塑料制品。

过滤棉芯由聚丙烯纤维线及多孔骨架组成，通过切割分离聚丙烯线与多孔骨架，聚丙烯纤维线通过清洗，将细小颗粒清洗后再经过造粒机。造粒机主要原理为通过电阻加热，将聚丙烯熔化后，再经过成型模具进行再生；而多孔骨架经过粉碎机粉碎，再经过造粒机进行造粒，以此达到节能减排效应。

之前过滤棉芯处置方式为通过焚烧后再进行填埋，此处理工艺不仅落后也不环保，并且不符合资源再利用的环保要求。且焚烧填埋类危险废物处置费用日益增高，对产废企业带来了较大压力。为了能符合环保法律法规要求，进行自评估、有效的节能减排，对有价危险废物进行资源再回收利用，过滤棉芯的回收不仅减少了危险废物总量，并且符合清洁生产的要求。

过滤棉芯再生造粒不仅可以减少危险废物的处置量，并且较现有处置方式更节能更环保，可减少二次污染，真正实现了变废为宝、节能减排的可持续发展的目的。

4.3.4.2 绝缘材料废物生产利用产业链

H 化纤公司总投入 6000 余万元，年生产涤纶短纤 15000t，年销售额 1.3 亿元。J 公司总投入 5000 万元，是 H 化纤公司的延伸企业，目前拥有 11 条生产流水线，产品厚度为 0.025 ～ 0.15mm，年产量 7000 多吨，年销售额 1 亿元，是国内最大的电工聚酯纤维无纺布（7031 型）的生产企业。H 金属材料制造公司涤纶生产流水线 2 条，生产能力 10000t/a，配套清洗流水线 2 条，可清洗废塑料瓶片 6000t/a。

H 化纤公司生产规模达万吨，主要原料为 PET 废塑料，依靠原环保部办理批文进口 PET 废塑料净片 5000t，地方收购 PET 材质的废饮料瓶（雪碧瓶、矿泉水瓶等）约 5000t。由 H 金属材料制造公司进行清洗，然后加工成涤纶短纤，最后通过下属的 3 个公司加工成产品销售往各自针对的国内外市场。

目前 H 化纤公司回收 PET 材质的废旧饮料瓶 5000t，回收成本为 3000 元/t，清洗成本为 1500 元/t，较依靠环保批文进口的纯净原料，节约成本 1500 元/t，每年可节约原料投入 500 万元，节约运输成本 150 万元，每年可纳税 300 万元并产生 1450 万元的利润。

H 化纤公司从投产以来主要生产涤纶短纤，用于纺织织布。由于纺织行业不景气，需求量逐年下降，导致销售形势不佳。公司先后投资 J 绝缘材料有限公司、H 非织布公司、H 防护用品公司。此 3 个公司成立主要目的为消化 H 化纤公司过剩的生产量，以涤纶短纤为原料加工成延伸产品。

① J 绝缘材料有限公司以涤纶短纤为原料，生产电工聚酯纤维无纺布（7031 型），目前为国内生产规模最大的电工聚酯纤维无纺布（7031 型）的生产企业。产品主要针对国内市场，同时积极发展国外市场进行自行出口。目前该公司在中国台湾、巴西、韩国、印度、德国等国家（或地区）均有良好合作伙伴。

公司每年向 H 化纤公司采购涤纶短纤 7000t，在产业链的操作模式下，较外采购同品质涤纶短纤可节约 500 元/t 的材料成本以及 100 元/t 的运输成本，每年可节约材料成本 350 万元以及节约运输成本 70 万元。公司每年纳税 200 万元，以及产生 850 万元的利润。

② H 非织布公司非织布以涤纶短纤为原料，生产不同规格的针刺无纺布。部分产品自行出口，其他主要用于 H 防护用品公司防护用品的原料供给。

H 非织布公司每年向 H 化纤公司采购原料 1500t，较外采购同品质原料节约 500 元/t 以及节约运输成本 100 元/t，每年可因此节约 75 万元原料成本以及 15 万元的运输成本，公司每年缴纳税收 60 万元，产生利润 165 万元。

③ H 防护用品公司目前主要生产一次性的医用耗材，该公司主要针对国外市场，目前主要销往德国、法国、意大利等欧洲发达国家。针对国内市场，公司也进行了相关证书注册登记工作，为今后进行国内市场的拓展扩销做好准备。

H 防护用品公司每年向 H 非织布公司采购 1500t 原料用于生产擦拭布，相比较同行业，在原料部分可节约 1000 元/t 以及节约 100 元/t 的运输成本，每年就擦拭布这部分可节约150万元的原料成本和15万元的运输成本。H防护用品公司每年向H化纤公司采购1500t涤纶短纤用于生产一次性医用暖被，相比较同行业，每吨可节约500元的原料成本以及100元的运输成本，每年可以因此节约75万元的材料成本以及约15万元的运输成本。公司每年纳税497.25万元（可退税），产生利润525万元。

H防护用品公司的成立，使公司形成了从进口或者回收PET废塑料并加工成产品到最后的贸易出口的全产业链的生产模式。

公司通过在区内回收的塑料制品和国外进口的塑料制品作为生产原材料，进行多种产品的生产，产品惠及国内外，部分无纺布制品使用后再回收利用到生产过程中，往复循环提高了废物的利用率，同时降低了资源的消耗水平。此种模式也加大了高新区国际范围内的产业循环范围，是高新区生态化建设很好的尝试。

根据目前形成的一条龙生产的产业链模式，使H化纤公司增强了抗风险能力，并且产业链的各个环节可控，具备更强的竞争力，容易做成企业品牌。产业行情整体向好时，既能赚生产利润又赚经营利润，具有极强的盈利能力。

同时公司对循环经济进行探索，基本完成从"资源—产品—废弃物"的单向直线过程，进入到"资源—产品—再生资源"的反馈式流程。以"减量化，再利用，资源化"为原则继续发展。把经济活动组织成一个"资源—产品—再生资源—再生产品"的循环流动过程，所有公司生产过程中产生的边角料、中间物料均可回收并进行再加工，使得整个经济系统从生产到消费的全过程几乎不产生或者少产生废弃物，最大限度地减少了废物末端处理。

此模式一定程度上拉长了生产链，推动了环保产业和其他产业的发展，增加了就业机会，促进社会发展。公司回收废塑料瓶不仅为公司提供了可观的经济效益，同时减轻了当地的环境压力，大大节约自然资源，减低能源消耗，同时也利用起一部分社会闲散的劳动力。

4.3.5 常州高新技术产业开发区

常州高新技术产业开发区（以下简称高新区）于1992年11月经国务院批准建立，是最早成立的全国52个国家级高新区之一。高新区自规划之初就融入了"绿色""生态"的理念，坚持走低碳、绿色的可持续发展之路。为不断提高生态产业发展水平，2009年高新区提出创建国家生态工业示范园区的建设目标，编制了《常州国家高新技术产业开发区国家生态工业示范园区建设规划》（以下简称《规划》），2012年5月《规划》获得国家环保部、商务部、科技部关于建设国家生态工业示范园区的批复（环发〔2012〕64号），并由新北区人民政府批准实施。该园区于2014年10月成功通过验收，同年12月获得"国家生态工业示范园区"称号。园区先后荣获"全国国家高新区建设20周年先进集体""江苏省先进开发区""华东地区最具竞争力开发区"等多项国家级、省级荣誉称号。

高新区根据产业结构状况，有目的地为区内的废物资源化利用进行补链招商，通过引进相关资源再生利用企业，构建生产企业（包括居民）、分类收集系统、无害化处置的三级废弃物代谢链条，将园区企业产生的废弃物变废为宝，实现了废弃物对环境影响的最小化。

（1）固体废物交换网

为促进高新区的固体废物交换与再利用，高新区建立了"常州高新区固体废物交换网"（见图4-35），为企业提供废物交换的物资回收利用项目各种信息，促进企业间工业废物交流与再利用，从而达到减少污染、提高资源利用率、节约资金的目的。高新区固体废物交换网的功能包括：固体废物交换信息的浏览、查询功能，企业固体废物交换信息发布功能，固体废物交换信息反馈联络功能，同时设置专人管理，负责信息的维护与发布。在交换网管理员审核及协助的前提下，产废单位可以通过该平台发布产生废物信息；各处理处置单位也可以通过该平台发布求购信息，并查看产废单位的产生废物种类、数量等信息。通过网站的交易撮合功能，可实现废物的转移、交换和资源再利用，提高危险废物信息化管理能力和水平。

图4-35　常州高新区固体废物交换网

（2）绿色再制造

T公司是目前国内规模最大的专业从事高精度重载齿轮、齿轮传动装置的设计与制造以及高精密齿轮箱绿色再造的国家高新技术企业。公司主要产品包括风电齿轮、海洋石油平台齿轮、冶金建材矿山齿轮、轨道交通齿轮、大型精密制造齿轮等各类齿轮。

再制造是指将废旧汽车零部件、工程机械、机床等进行专业化修复的批量化生产过程，能形成"资源—产品—废旧产品—再制造产品"的循环经济模式，可以充分利用资源，保护生态环境，是一个循环利用、低碳减排的新兴朝阳产业，是一个资源潜力巨大、经济效益显著、环保效果突出、符合全球可持续发展的绿色工程。齿轮箱应用领域的大部分产业都必须连续化生产，因此齿轮箱必须一主一备，齿轮箱的生产效率就显得极为重要。再制造通过运用先进的清洗技术、修复技术和表面处理技术，使废旧齿轮箱达到与新齿轮箱相同的性能，不仅延长了产品的使用寿命，还充分利用了废旧齿轮箱中蕴含的二次资源，节约了制造新齿轮箱所需的能源和原材料。此外，制造全新的齿轮箱通常需要3个月的生产周期，而再制造齿轮箱只需要1个月，能为客户节约大量的生产成本。而且，再制造齿轮箱的价格只有国产全新齿轮箱的30%，其商业价值巨大。

该项目依托现有厂房6500m²，根据项目技术方案，购置湿式离合器加载试验台、空载试车台、清洗剂等设备28台套，资产1500万元。齿轮箱再造大致分为以下步骤：拆解—定损—测绘—制作和修复部件—装配—试车。最大程度地利用部件残余价值，最终将损坏的齿轮箱恢复到原机出厂时的状态。

齿轮箱的制造主要是箱体和齿轮的生产加工过程，而再制造齿轮箱能保留原废旧齿轮箱箱体和80%的齿轮，即节约了箱体和数件齿轮的生产加工过程。此外，成品齿轮只能利用原齿轮毛坯的50%。因此，再制造齿轮箱与全新齿轮箱相比，可节省60%原材料（主要是钢材）、节能60%、节约成本50%以上，几乎不产生固体废物。绿色再制造车间全景如图4-36所示，旧齿轮箱与绿色再造齿轮箱对比如图4-37所示。

图4-36　T公司绿色再制造车间全景

(a) 旧齿轮箱

(b) 绿色再造齿轮箱

图4-37 T公司旧齿轮箱与绿色再造齿轮箱对比

本项目竣工后，能实现年节电$6.93 \times 10^7 kW \cdot h$以上，共节省标准煤$2.64 \times 10^4 t$，节约原材料$0.35 \times 10^4 t$。缓解资源短缺与资源浪费的矛盾，减少报废齿轮箱对环境的危害，是废旧齿轮箱资源化的最佳形式和首选途径，也是节约资源的重要手段。

4.3.6 乌鲁木齐经济技术开发区

乌鲁木齐经济技术开发区于2011年启动了国家生态工业示范园区创建工作，成立了创建工作领导小组。2018年3月生态环境部、商务部和科技部联合发文命名乌鲁木齐经开区为国家生态工业示范园区。

多年来，经开区淘汰落后产能，关闭"僵尸"企业，建立环保、经发、招商、规划、国土部门信息互通机制，坚决执行环保一票否决制。近五年园区实施了产品代谢、废物代谢、低碳经济建设、基础设施建设、管理及服务五大类73个重点项目。投入15亿元实施了大绿谷、小绿谷、白鸟湖、王家沟等生态再造工程，累计新增绿地面积2万亩，城区绿化覆盖率超40%。同时，以改善区域环境质量为目标，持续深化重点领域和重点行业污染治理。

（1）废钢回收

J公司主要经营各类废钢铁及废旧金属的回收、加工及销售，报废汽车的回收、拆解。

1）废钢分类回收加工

我国铁矿石资源紧张，依赖进口，而废钢中含碳量一般小于2.0%，硫、磷含量均不大于0.05%，是钢铁循环利用的优势资源，是唯一可替代铁矿石用于钢铁产品制造的原料。J公司每年加工、挑选符合炉前需求的废钢达$5.0 \times 10^5 t$，对废钢的分类加工回收（见图4-38），配送合格废钢高达$8.0 \times 10^5 t$，减少铁矿石适用$7.5 \times 10^5 t/a$，节约综合能耗60%，减少CO、CO_2、SO_2等废气排放86%，减少废水排放70%。

图4-38 J公司废钢回收利用

2）报废汽车原样拆解

作为自治区21家拥有报废汽车回收拆解资质单位中经营规模最大、综合实力最强的单位，原国家环保总局指定的新疆唯一一家报废汽车回收拆解氟利昂回收中心，J公司承担着1万～1.5万辆/a的报废汽车拆解，占乌市近20%，同时配套建立废油回收中心、废旧橡胶回收深加工区、废塑料分拣深加工区、废有色金属回收利用区等。

废汽车拆解场景如图4-39所示。

(a)　　　　　　　　　　　　　　　(b)

图4-39 J公司废汽车拆解场景

随着汽车工业的快速发展，报废汽车资源相应快速增加。合理处置废旧汽车、减少危害、减少环境污染和资源浪费，从而实现资源化循环回收利用报废汽车及废旧零部件，已成为关系保护环境、节能减排、建设和谐社会的重大现实问题。物质再生行业是循环经济的基础产业，是保护环境的朝阳产业。作为再生行业的基础产业，报废汽车自身具有广阔的发展前景，除了拆解利用废钢外，还可开展相关的废旧橡胶（轮胎）、有色金属、废油废液、废玻璃等回收加工利用业务。

该项目的建设运行进一步提高了头屯河区的综合实力，带动了整个区域循环产业的进步，对当地的经济发展起着良好的推动作用，而且增加了当地的财政税收，增加了就业机会。在一定程度上解决了当前我国报废汽车资源化利用水平低、废旧汽车管理效率低、废旧汽车堆放对城市郊区环境压力大的问题。该项目的建设运行对乌鲁木齐市城市生活环境的改善有着积极的作用，社会效益显著。

该项目一期总投资为12999.33万元，年利润4133万元。产生拆解废钢近期$(2 \sim 3) \times 10^4 t/a$，实现回收加工氟利昂3t/a，回收加工废汽、机油10t/a，回收报废汽车废液20t/a，在条件具备后实现再制造汽车零部件3000套/a，大大减少了旧汽车堆放对城市环境造成的不利影响。拆解过程中产生的各类固体废物分类收集，危险固体废物按照规定暂存后交由有资质的单位处置，避免了二次污染，环境效益明显。

3）废油废液、废橡胶、废塑料、废胶条热值回收

随着报废汽车回收数量的增多，公司将橡胶颗粒加入高炉喷煤系统和焦炉中，取代焦炭和优质配煤，在保证焦炭质量及煤气发生量且对环境无影响的前提下，回收加工废旧轮胎5×10^4条/a，废旧橡胶$1 \times 10^4 t/a$，产生再生胶粉等产品$2 \times 10^4 t/a$。

（2）转炉渣循环利用

B钢厂的钢渣热焖生产线可处理转炉热焖渣$8.0 \times 10^5 t/a$，生产线车间如图4-40所示；渣加工能力$1.2 \times 10^5 t/a$；脱硫渣$2.94 \times 10^5 t/a$；铸余渣处理$1.96 \times 10^5 t/a$。含铁钢渣回收量吨钢平均60kg，处理后的尾渣全部出售至水泥生产企业，综合利用率达100%。

图4-40　B钢厂钢渣热焖生产线车间

（3）废渣综合利用

年产$1.8 \times 10^6 t$矿渣微粉二期工程由B公司实施。B公司有三条年产$6.0 \times 10^5 t$矿渣微粉生产线，经建成一、二、三期矿渣微粉生产线，年设计产能$3.0 \times 10^6 t$，产能达到国内第四，新疆和西北产能第一。公司生产的矿渣微粉是一种建筑混凝土中有效添加剂，是一种既经济又环保的新型建材，可有效改善混凝土性能，是新型的高强度、高性能混凝土中的一种无机矿物掺合料。微粉作为一种新型建筑材料是一项废渣综合利用，减少固体废物排放，实现循环经济的有力举措。

B公司实现了从进料、研磨、检验、产品出库全过程自动化、电气化、信息化生产管理。公司采用立磨技术专业处理矿渣，技术装备和工艺达到国内同行业领先水平。企业可生产符合国家标准的S75级、S95级和S105级矿渣微粉，性能稳定可靠，面向全疆

各地用户直销或代销，产销率100%。矿渣微粉项目的实施不仅使得八钢资源循环再利用产业链条得到了延伸，还为建筑产业新型材料的普及提供了保障，拉动了自治区循环节能环保经济，社会效益、经济效益十分明显。

4.3.7　贵阳经济技术开发区

贵阳经济技术开发区始建于1993年2月，2000年2月被国务院批准为贵州省首家国家级开发区。开发区位于贵阳市中心区南隅，距市中心5km，所辖面积63.13km²，首期规划建设面积9.55km²。2000年2月，国务院批准在贵阳经济技术开发区所在区域建立贵阳市第六个市辖行政区——贵阳市小河区，与开发区实行"两块牌子，一套人马"的管理体制。2012年，贵阳市人民政府对小河区行政区划进行了调整，按照《国务院关于同意贵州省调整贵阳市部分行政区划的批复》（国函〔2012〕190号），将小河区行政区域并入原花溪区，设立新花溪区，并且将原小河区相关社会事务交由新花溪区管理，贵阳经济技术开发区在花溪行政区域范围内独立运行，实际管辖面积99.8km²。

贵阳经济技术开发区以工业生态学理论为指导，建立以高新技术产业为主体、以工业共生和物质循环为特征的工业经济体系，在此基础上创建国家级生态工业示范园区。2009年，开发区管委会组织编制了《贵阳经济技术开发区国家生态工业示范园区建设规划》。该规划于2011年4月通过国家生态工业示范园区领导小组办公室主持的专家论证；2011年11月，国家环保部、商务部、科技部三部委同意贵阳经开区开展国家生态工业示范园区建设。

贵阳经开区自获批创建国家生态工业示范园区以来，大力推进固体废物资源化工作，各项固体废物相关指标满足综合类国家生态工业示范园区标准要求。贵阳经开区具备废物收集和集中处理处置能力，单位工业增加值固体废物产生量逐年递减，危险废物处理处置率和生活垃圾无害化处理率达到100%。

2018年，为了有针对性地开展危险废物及固体废物污染防治工作，贵阳经开区印发了《贵阳经济技术开发区固废大排查大整治行动实施方案》，严厉打击了固体废物危废环境违法行为，切实保护了全区生态环境。

（1）废物交换信息管理平台

工业固体废物交换平台及循环经济促进中心建设的核心内容是建设信息收集和互动平台，建设与运行面向贵阳经济技术开发区循环再利用专题网站。具体内容包括建设交换信息平台，通过现代信息技术和网络技术，借鉴国内外先进经验和模式，汇集多方面的力量和资源，充分利用数据仓库、数据挖掘、联机分析等先进的IT数据分析处理技术，对园区企业的工业固体废物进行监控、分析、预警、调控，为园区管理部门提供科学决策依据。通过固体废物交换平台及循环经济促进中心建设，推广循环再利用技术管理信息；开展企业循环再利用服务咨询包括清洁生产、废物最小化、环境管理体系等；

组织循环再利用培训等工作。

项目总投资 2000 万元，资金来源为中央资金 1000 万元、企业自筹 600 万元、银行贷款 400 万元。通过项目的实施，综合运用信息化的优势与特点，能够有效地促进园区工业固体废物交换信息网络的形成，大大提高了固体废物综合利用的速度和有效性，提高固体废物的综合利用率，提高资源使用效率。每年促进固体废物交换和综合再利用 1000t。通过开展企业循环再利用服务咨询包括清洁生产、废物最小化、环境管理体系等，为企业提供技术支撑，促进企业推广节能降耗技术，优化升级工艺流程，促进原料、能源、资源的循环利用，有效降低了单位 GDP 的能耗。

（2）废物资源回收利用项目

废弃电器电子产品回收拆解项目用地 26763m², 投资 1811 万元。年拆解能力 50 万台，其中废电视 25 万台、废电脑 3 万台、废洗衣机 13 万台、废冰箱 6 万台、废空调 3 万台。2018 年产生废铜 305.611t、废铝 106.14t、废钢铁 2648.448t、废旧塑料 3858.946t，收入 3822 万元，利润 914 万元。

翁岩再生资源集散基地占地 33300m²，投资 3281.4 万元；2018 年产生废铜铝约 700t、废钢铁约 9000t、废旧塑料约 300t、废纸 8000t、废旧不锈钢约 600t，收入 5000 万元，利润 200 余万元。该项目使经开区机械装备废旧资源最大限度得到回收，并促进资源快捷、有序流动，最终达到废旧物资循环利用的目的。

（3）垃圾分类收集推广替代项目

由 H 公司与 J 公司联合实施研制生产的"中型垃圾处理设备"是在 J 公司的成熟技术基础上开发的新型垃圾处理设备，具有国内先进水平。总投资 5000 万元，垃圾源头处理设备使用成本极低，每吨垃圾的直接处理费用为 10 元以内，并可以使体积缩小 60%～70%，重量减少 50%～70%，可以为贵阳市垃圾运输及处理费用节省 100～120 元/t，并大大减少了分类和处理的人力成本，每年节约的成本超过 2000 万元，每年可实现 2000t 的污泥资源化。

项目可实现垃圾中可回收资源的再利用，减少环境污染，产生一定的社会效益和经济效益，为园区实现循环经济良性发展模式奠定基础。

（4）工业废料再循环项目

改进生产工艺、新建模组生产项目、淘汰高能耗的设备、开展能耗二次利用、提高生产效率。通过多年来对模组技术的掌握，H 公司已经具备了液晶模组开发及生产的能力，同时由于 H 公司掌握了液晶面板的驱动技术，因此可以进行 source 板以及 T-CON 板的设计和开发。项目总投资 10000 万元，通过实施该项目，H 公司可以实现销售 70000 万元，新增利税 600 万元，为社会新增加 266 个就业岗位，并通过带动配套厂家解决就业人数 300 余人；并带动地方关联配套的塑料、橡胶、电子、机械制造等相关产业的迅速发展；带动云、贵、川、渝地区关联产业的聚集和升级，带动贵、川、渝地区各种电子信息产业新技术的不断创新和进步。

通过工艺改进，可降低能耗约68.5t（标煤）/a，工业固体废物进行综合利用，每年固体废物综合利用量增加0.5t/a，增加了相关的废物代谢项目，达到并超过规划指标。

4.4 能源综合利用典型案例

4.4.1 乌鲁木齐经济技术开发区

乌鲁木齐经济技术开发区于2011年启动了国家生态工业示范园区创建工作，成立了创建工作领导小组。2013年12月国家环保部、商务部和科技部正式批准乌鲁木齐经济技术开发区启动国家生态工业示范园区创建工作，是新疆维吾尔自治区首个获得创建批复的开发区，也是西北地区首个启动创建的国家经济技术开发区。2017年5月，经开区通过国家生态工业示范园区省级预验收。2017年9月，国家生态工业示范园区协调领导小组办公室组织专家组对乌鲁木齐经济技术开发区国家生态工业示范园区创建工作进行技术核查。经过台账检查和现场察看，一致同意通过技术核查，推荐组织现场验收。2018年3月生态环境部、商务部和科技部联合发文命名乌鲁木齐经开区为国家生态工业示范园区。

经开区的国家生态工业示范园区建设工作注重资源高效循环利用、区域低碳发展，不断完善生态工业链，根据园区特点和发展需要，规范创建制度、建设示范工程重点项目，在低碳循环发展、西北地区生态再造、一带一路生态文明辐射等方面取得了明显成效，为西北地区生态工业示范园区创建起到了示范作用。

4.4.1.1 能量系统优化工程

（1）废润滑油再生润滑脂工艺优化

F公司是一家从事润滑材料生产研发销售并为客户量身定制润滑、降耗全面解决方案的润滑环保专业服务商，先后被认定为"国家火炬计划重点高新技术企业""国家级创新型试点企业"。公司产品包括节能润滑油（脂）、合成型润滑油（脂）、环保装备制造等，产品涉及20余类、700多种，并提供设备保养、换油检测服务、油液监测以及废旧润滑油的回收再生再利用的服务。

废矿物油属于《国家危险废物名录》HW08类的14小项，公司利用新疆维吾尔自治区20万吨左右的废物矿物油年产量，且利用再生润滑油基础油可调配各种润滑产品，进一步提高产品附加值。然而，国内现有传统工艺会产生酸渣、无碱渣、无白土渣及可燃轻烃等二次污染物的排放；而国外高压加氢工艺设备投资大、安全风险大、工艺及操作复杂。

公司研发出一套适合国内的润滑油再生润滑脂工艺及设备（见图4-41），不仅克服了国内外传统工艺的缺点，而且废润滑油的来源适应性宽泛，无需要求控制废润滑油的来源、用途、黏度、酸值及杂质、水分、金属含量等指标；同时，公司对于通过一系列工艺优化和设备改进工程，在获得质量达标的再生润滑油基础油的前提下，大大降低了润滑产品成本，提高了经济效益。

(a) 再生基础油收集装置　　　　　(b) 冷却及加热装置　　　　　　(c) 全自动控制系统

图4-41　F公司废润滑油再生润滑油脂设备

1）工艺方面

通过将蒸馏过程中产生的可燃轻烃回收至管式汽化炉燃烧再利用或恒温蒸发器补热再利用，避免使用强酸、强碱、白土，从而减少二次污染；系统无需高压，投资更低、安全性更高、设备工艺及操作更为简单，易于推广实施。

2）设备方面

① 采用环境友好的真空恒温擦膜薄膜蒸发设备，将蒸馏过程中产生的可燃轻烃回收至管式汽化炉，通过蒸发器补热装置进行燃烧再利用，以补偿蒸发器内废润滑油汽化时带走的大量热量，保持蒸发器温度恒定，避免蒸发器内温度波动。

② 采用浮阀塔板替代减压分馏塔所使用的泡罩塔板，处理量、操作弹性、分离效率均得到大幅提高。

③ 采用旋转式丝网除沫器，具有表面积大、质量轻、空隙率大、除沫效率高、压力降低以及使用方便等优点，安装于塔釜恒温蒸发器中心转轴上的支架带动刮板轴上方，避免了空塔大气速情况下塔顶溅液、雾沫夹带，保证传质效率，减少有价值物料的损失，改善下游设备的操作条件，从而提高塔板分离效率，使产品质量得到提高。

④ 采用加热装置，直接通入精馏塔顶部产生的可燃轻质气体，不仅充分利用其热值而且消除气体排放，从而达到循环经济的作用。

公司还为该套生产体系设计并生产出成套设备的在线黏度监测系统和自动控制系统，降低操作设备的工作强度，提高设备工艺条件控制的稳定性和精度，进一步稳定产品质量,提高安全性能;制备的再生润滑油基础油色度浅、闪点高、氧化安定性好,产品质量高;废润滑油的收率达到90%以上,废润滑油处理规模为$2 \times 10^4 t/a$,投资回报率高。

(2)热力管网建设

Q公司是开发区区属的一家大型国有供热企业,高度重视节能减排工作,同时引进行业先进技术予以支持。

1)热力管网分布式变频改造及智能热网监控建设

Q公司投资约600万元,针对所属换热站集中监控系统和一次网分布式变频供热系统节能技术改造:45个换热站新增具备上传功能的现场自动控制系统,新配置30个无人值守换热站现场控制系统,实现热网的远程监控功能数据通信要实现热源锅炉参数传至热网监控中心,热网监控中心换热站参数传至$16^{\#}$换热站数据显示终端。

监控平台界面如图4-42所示。

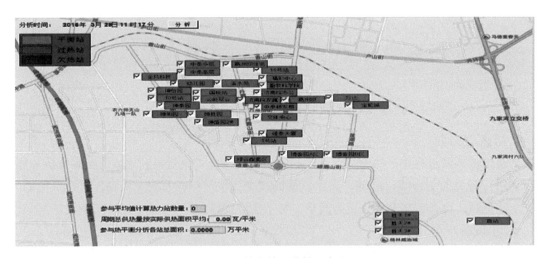

图4-42 热力管网监控平台界面

通过分布式变频供热系统节能技术改造项目的实施,解决了末端换热站难以调节的问题,使各个换热站热量根据所需进行调节,使供热系统更加平衡,调节更加便捷,分布式变频供热系统节能技术改造项目中对热源厂的循环水泵进行了改造,所选循环泵功率大幅下降,节能效果显著,供热安全保障进一步提高。

2)分户热计量系统

公司吸取行业先进技术,对所属一次热力管网进行分布式变频改造和智能热网监控建设,通过此项改造,将以往大型循环泵拆除,并改为在换热站处安装小型循环泵,不仅使电能消耗大大降低,而且改善了水力失调的问题,保证了供暖质量。在分布式变频的基础上建设了外网监控调度中心,通过自动化监控调节技术与人工修正相结合,使公司做到了精细化调节和按需供热,不仅降低了过热热量损失,同时也提升了供热质量,得到了用户好评。

采用通断时间面积法热计量系统,在建筑物热力入口安装热量表,计量采暖期内整座建筑物的耗热量;在采暖用户室内安装室温控制器调节采暖室温,各用户的分支管路上安装通断控制器控制供热通断时间达到控制室温平衡;系统依据各用户的采暖面积和累计供热通断时间计算分摊建筑物消耗的总热量。系统适用于室内供暖系统为共用立管双管制的分户独立供暖系统,既可应用于新建集中供热住宅的分户热计量,也可应用于建筑供热住宅的热计量节能改造。既适用于散热器采暖系统,也适用于地板采暖系统。

该系统集成了计算机技术、通信技术、信息技术、网络技术、数据库管理技术、自动控制技术、供热水力平衡技术、节能技术等技术于一体,为供热系统运行管理节能和分户热计量提供了系统解决方案。同时集成热网能源管理系统方案,包括换热站及热源节能改造方案、供热管网水力平衡改造方案、热网监控调度方案等,最大程度实现供热节能目标。

4.4.1.2 余热余压利用工程

K公司采用锅炉冷凝水回用系统,用于收集蒸汽冷凝水回收存放和处理后的自来水暂存即锅炉给水,使锅炉蒸汽冷凝水循环利用率在60%以上。此项目节约了用水量和天然气,提高了能源的使用率,减少了废气的排放。

(1)锅炉烟气余热回收

现公司有两台分别为5t、6t的锅炉,主要用于生产和冬季办公供暖,为了防止锅炉尾部受热面腐蚀和堵灰,标准状态排烟温度一般不低于180℃,最高可达250℃,高温烟气直接排入大气不但造成大量热能浪费,同时也污染环境。蒸汽锅炉内水温极高,约为300℃,正常软化水补水的温度约为15℃,补水时由于补水温度和炉内水温温差过大,就会造成锅炉炉体碳钢材质的焊接点应力加大,长时间后会损害锅炉使用寿命。

公司研究利用蒸汽锅炉烟气余热用于软化水补水预热,在燃气蒸汽锅炉上使用烟气余热交换器,通过水泵将水箱内的软化水泵往省煤器,在省煤器中通过H形鳍片管与高温烟气进行热交换,达到加热软化水的目的。系统工作原理及实施现场如图4-43及图4-44所示。

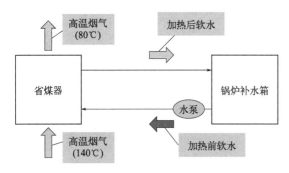

图4-43 系统工作原理

图4-44 实施现场展示

项目实施后，可有效提高锅炉热效率，节约燃气费用和减少二氧化碳排放，并且补水温度提高后，可保护锅炉炉体，增加锅炉炉体的使用寿命，6t/h 蒸汽锅炉的水蒸发量由 15℃加热到 85℃，可节约天然气 46m³（标准）/h（热效率 90%），按每年 3500h、每标准立方米天然气 2.39 元计，每年可节约燃气费 38 万元。

（2）蒸汽冷凝水回收

工厂果汁线巴氏杀菌机蒸汽管路产生大量的冷凝水，水温在 80℃以上，存在大量热能，由于此部分冷凝水直接排放到了地沟，存在热能和水的浪费；与此同时，工厂热线产品在灌装后要通过冷瓶机进行逐级降温，而碳酸线产品需要通过暖瓶机升温，此过程消耗大量热能。

公司研究得出冷凝水回收后利用冷凝水中的热能满足此过程所需的热能，将减少工厂的能源消耗，实现果汁线冷瓶机无需使用蒸汽，汽水线暖瓶可节省蒸汽的耗用，锅炉节约用水。公司对果汁线进行热能循环利用改造：将果汁线巴氏杀菌机的蒸汽冷凝水收集后，通过管路接到果汁线冷瓶机第一道喷淋段板式换热器对喷淋水进行加热，使水温提高到 72℃以上，对灌装后产品进行热水喷淋；果汁线冷瓶机第一道喷淋段换热后仍含有大量热能的冷凝水通过板式换热器为汽水线暖瓶机提供热量；汽水线温瓶后被降温的水再回到锅炉房用于锅炉补水，减少自来水用量。系统设备如图 4-45 所示。

(a)　　　　　　　　　　　　　　(b)

(c)　　　　　　　　　　　　　　(d)

图 4-45　系统设备

项目实施后每班节约自来水 9m³，2016 年果汁线预计节水 2.691×10^7 m³（229 班次），折合水费 7502.04 元 /a（3.64 元 /m³）；每标箱节约燃气 0.02m³，2016 年果汁线预计节气量 59800m³（2.29×10^6 UC），折合燃气费 109462 元 /a（2.39 元 /m³）。共计节约 116964.04 元。

4.4.1.3　绿色技术节能

（1）干空气能源

L 公司是专业从事干空气能蒸发制冷设备的开发研究、生产和工程应用技术研究的高新技术企业，公司积累了丰富的干空气能制冷技术的研发、应用和创新的实践经验，致力于向用户提供节能环保型和创新型的商用水蒸发制冷空调产品和相关服务，包括用于全空气系统的单级、多级和复合型的蒸发制冷空气处理机组，用于空气-水系统的间接蒸发式冷水机、新风机组、冷水机及空气处理机为一体的冷风冷水机并为用户提供基于蒸发制冷方式的高效、节能、可靠、安全的空调系统应用解决方案以及工程安装服务。

1）干空气能间接蒸发冷水机

基于间接蒸发冷水机的温湿度独立调节的空调系统利用一台同时制备冷水和产生新风冷风的间接蒸发冷却设备来实现室内建筑的空调要求，显冷末端选型采用干工况风机盘管或辐射供冷的末端装置。冬季运行所需的热水温度可降低到 40℃，同时提高供热系统的效率；核心设备间接蒸发冷水机组的能效比（COP）可高达 18 以上；维护保养简便，运行管理方便，适用于每层有空调机房的中小型的建筑。

蒸发冷风冷水机流程如图 4-46 所示。

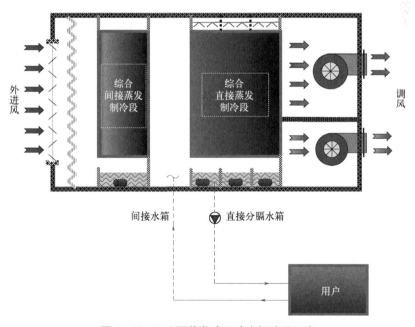

图 4-46　L 公司蒸发冷风冷水机流程示意

2）干空气能多级蒸发制冷空气处理机

L公司具有完全自主知识产权的SZHJ-F型干空气能多级蒸发制冷空气处理机，是指具有较高综合间接蒸发冷却效率的间接蒸发冷却器和直接蒸发冷却器构成的空气处理设备。间接蒸发制冷由于实现等湿降温的独特性能，在多级蒸发制冷机组中起着至关重要的作用，按照间接蒸发制冷可以实现的方式，多级蒸发制冷机组可分为内冷型和外冷型。

以湿球温度为基准的间接蒸发制冷效率，根据不同的气象地区条件和建筑室内控制参数可灵活选择，L公司的高效间接蒸发冷却器有诸多优点：节能75%；低品位能源干空气能替代传统能源，综合间冷效率达75%～100%；绿色环保，无氟利昂（CFCs）排放，全新风运行，室内空气品质高；系统安全可靠，维护管理方便等。

（2）水源热泵

J公司是全球领先的风电设备研发及制造企业以及风电整体解决方案提供商，一直积极探索新能源领域内的创新与发展，将环保、节能贯穿于整套生产链之中。

传统供暖行业采用燃煤燃气等方式将水加热后采暖，其能耗较高，浪费传统不可再生资源如煤、天然气、油等，J公司研发的水源热泵系统以水为载体进行冷热交换，通过水源热泵机组，冬季将水体中的热量"取"出来，供给室内采暖；夏季把室内热量"释放"到水体中。水源热泵系统是根据热交换系统形式不同，可分为水环式水源热泵系统、地表水式水源热泵系统、地下水式水源热泵系统、地下环路式水源热泵系统。水源热泵设备如图4-47所示。

图4-47　J公司水源热泵设备

（3）风力发电

J公司是中国风电产业的先驱者，是国内风力发电设备制造龙头企业，拥有强大的研发能力和良好的运营记录。依托国家大力发展新能源的机遇和各项扶持政策的有力支持，公司长期坚持自主创新，目前已经成长为全球第四大风电装备研制企业。研发、设计和制造风力发电机组，产品广获中国主要电力集团的采用，并进入了欧、美、澳、非等海外市场。

开发区以J公司为风电产业龙头，已经建设成为风电机组研发、设备制造、技术、运营管理服务等完整体系的风电产业基地。依托J公司集合其他相关企业，建立以风机制造为核心包括零配件和配套产品在内的横向耦合关系，引进补链项目，提高资源综合利用率。风力发电设备如图4-48所示。

图4-48　J公司风力发电设备

4.4.2　江阴高新技术产业开发区

江阴高新技术产业开发区原名江苏省江阴经济开发区，成立于1992年；1993年11月，经省政府批准为省级开发区；2002年10月，江苏省委、省政府又赋予其国家级开发区的经济审批权和行政级别；2010年8月，经省政府批复将其更名为江苏省江阴高新技术产业开发区，正式纳入省级开发园区序列管理；2011年6月，国务院批复同意江阴开发区升级为国家级高新技术产业开发区（国函〔2011〕71号），2012年江阴市委、市政府明确高新区与城东街道实施一体化管理。

江阴高新区2010年启动国家级生态工业示范园区创建工作，2011年4月，国家生态工业示范园区领导小组正式发文（环发〔2011〕46号），批准江阴经济开发区（2012年升级为江阴高新技术产业开发区）创建国家生态工业示范园区。2013年9月，江阴高新区通过国家生态工业示范园区领导小组组织的验收，正式发文（环发〔2013〕108号）命名为国家生态工业示范园区。

X公司为国家火炬计划重点高新技术企业，全国节能先进集体，全国首批两化融合示范企业，4A级国家标准化良好行为企业。公司产品主要有轴承钢、齿轮钢、弹簧钢、系泊链钢、帘线钢、特厚板、容器钢、管线钢、高强耐磨钢等，广泛应用于石油化工、工程机械、汽车用钢、高速铁路、海洋工程、风力发电、新能源等行业，其中高标准轴承钢连续11年产销全国第一，汽车用钢连续7年产销全国第一。在生态工业示范园区建设过程中，公司通过研发大型连铸圆坯，建立能源管理体系，建设能源管控中心，引进先进的节能技术，圆满完成国家下达节能任务目标，实现节能量2.958×10^5t。

① 管理节能：2012年公司开始积极推进能源管理体系建设，组织相关人员参加能源管理体系要求知识培训，2013年底通过能源管理体系初审认证，2014年公司不断优化能源管理模式，创新提出以"衡控环"为核心的能源管理体系，获中国钢铁协会冶金企业管理现代化创新成果二等奖。

② 结构节能：公司不断调整产品结构研发出大规格连铸圆坯最大规格达ϕ1200mm，省去轧钢加热轧制过程，连铸坯直接外销，替代部分模铸钢材，吨钢节能约60kg标准煤。

③ 技术节能：积极引进先进节能技术，提升企业核心竞争力。

（1）采用扁平化的高效管理方式实现能源节约和环境改善

公司能源管理中心投资7700万元，按照安全稳定、经济平衡、节能减排、优质环保的基本要求设计建成，改变传统的分散的能源生产管理组织方式，采用扁平化的高效管理方式。通过优化能源调度和平衡指挥系统，实现节约能源和改善环境。累计可节约标准煤6.45×10^4t，相当于减排CO_2约17.12×10^4t。

（2）综合利用煤气发电项目

投资约1亿元利用现有燃气锅炉，新建成一台40MW综合利用发电机组，回收利用多余的高炉煤气、转炉煤气发电。该项目不仅大幅降低了煤气放散污染，同时可增加自发电量约3×10^8kW·h/a。

（3）高炉采用汽动鼓风机

投资约2.2亿元建成高炉汽动鼓风机，利用高炉煤气作为锅炉燃料，产生蒸汽直接推动汽轮机驱动高炉鼓风机，仅回收高炉煤气利用一项，折算下来，每年节约标准煤约1.9×10^5t，同时还减少了用蒸汽发电再用电带动鼓风机这两次能源转换，提高了能源利用率。

（4）TRT余压发电项目

原高炉炉顶与管网之间要靠高压调节阀调节压力后，煤气方能回收利用，噪声较大，现通过透平发电装置（TRT技术），利用高炉炉顶压差发电，不消耗任何能源。X公司目前4座高炉均独立配备TRT发电机组，两台3MW、一台5MW、一台25MW，总装机容量36MW，年发电量约1.5×10^8kW·h。

（5）合同能源管理项目

根据国家针对节能减排方面的方针政策，充分利用目前国家鼓励的合同能源管理模式，解决公司资金紧张问题，全面推进合同能源管理工作落实。近年来公司大力推进合同能源管理项目，高压变频已完成改造总功率35000kW，年节电量约6.0×10^7kW·h，能效水泵完成改造220台，年节电量约4.0×10^7kW·h。小烧结余热回收改造项目2015年7月投产，月回收过热蒸汽约14000t。

（6）烧结脱硫

采用的是半干法循环流化床工艺，总投资4300万元。其主要原理是$Ca(OH)_2$粉末、烟气及喷入的水分，在流化状态下充分混合，并通过$Ca(OH)_2$粉末的多次再循环，使得床内参加反应的$Ca(OH)_2$量远远大于新投加的$Ca(OH)_2$量，从而使HC1、HF、SO_2、SO_3等酸性气体能被充分地吸收，脱硫效率85%以上，每年减排SO_2约8000t。

（7）电厂脱硫

采用的是氧化镁湿法脱硫工艺，其主要原理是将镁粉制成浆液打入吸收塔中吸收烟气中的SO_2等酸性气体，达到脱硫效果。湿法脱硫产生的废水全部密闭循环利用，无外排。脱硫后产物统一收集后外卖给砖瓦厂，不会对环境产生影响。脱硫效率95%以上，每年减排SO_2约3000t。

（8）球团脱硫

采用的是气喷旋冲湿法脱硫技术，总投资5200万元。其主要原理是将球团废气通入脱硫塔吸收液中，废气经过吸收液洗涤后排放。该脱硫方法产生的副产品比一般脱硫副产品更纯净，品质更好，可以直接用于做石膏，不会造成环境污染。脱硫效率95%以上，每年减排SO_2约4500t。该项目被国家发改委列为"非电行业脱硫示范项目"，作为钢铁行业脱硫的典范在全国进行了推广，并获得财政部发放的780万元补助。

（9）电厂脱硝

新建电厂脱硝项目，预计减排氮氧化物3000t/a。

4.4.2.1　360m² 烧结机余热发电工程（20MW）

X公司的炼钢、轧钢、检测等主要装备设施均从国外引进，生产过程均采用国际先进工艺，现已成为国内生产高标准轴承钢、高级齿轮钢、合金弹簧钢、合金管坯钢、高级系泊链钢、易切削非调质钢和电渣钢等优特钢的主要基地。在公司的成本中，能源消耗比重较大。较高的能源消耗总量，同时带来了污染排放、能量损失、资源浪费等问题。X公司为了充分利用烧结生产过程中冷却烧结矿所产生的废气余热，拟在厂区内建设烧结机废气余热发电工程，从而达到节能、降耗、降本增效之目的。实施本项目，既是企业自身的需要，也是改善高新区能源消费总量、结构及其比重的需要。

项目建设场地坐落在X公司厂区内360m²烧结机生产线附近的空余场地，利用360m²烧结机生产的烧结矿冷却过程产生的废气余热配套建设20MW余热发电工程，汽轮机额定功率为20MW，发电机额定功率为20MW。

X公司有一台360m²烧结机及配套的415m²环冷机，实际生产中，成品矿产量约为468t/h，入环冷机烧结矿质量为625t/h，温度为750℃±50℃，烧结环冷机作业率为95%；烧结矿采用环冷机冷却方式。环冷机中热烧结矿被冷却到150℃以下，冷却空气吸热后用于现有的余热发电系统。

项目采用纯低温余热发电完全利用烧结生产过程余热产生蒸汽，推动汽轮机发电，不需要燃料及除灰渣系统等设备，发电系统简单、设备投资少、运行操作简单；钢铁工业生产用电负荷容量较大，本余热发电系统可以完全自发自用，可采用并网不上网的方式；汽轮发电机主厂房距离厂变电所很近，发电后并网方便。

烧结矿采用高效炉冷工艺，冷却质量好、冷却电耗低、余热利用效率高、环境污染小；转运系统采用链板输送装置，适合于本项目复杂的场地布置，可靠性高、工程造价适中；运转系统中不设筛分装置，以充分利用热粉矿余热、降低工程造价、减少设备故障率；采用中温中压双压余热发电系统，以提高朗肯循环效率和发电能力；余热发电烟风系统采用2台风机（1台引风机、1台鼓风机），并在引风机与鼓风机间设计再循环烟气管道，通过阀门调节再循环风量，实现对进入冷却炉烟气温度的调节，在保证烧结矿充分冷却的基础上最大限度利用烧结矿显热发电；采用新型热力除氧系统，除氧效果更加稳定，并能够充分利用锅炉出口低温烟气余热；汽轮机乏汽冷却方式采用循环冷却方式，技术工艺成熟，场地适应性好等。

余热发电年供电量1.205×10^8kW·h，替代高新区一次能源消耗，根据2011年全国火电标准煤耗333g/（kW·h）计算，年节约40000t标煤，相当于每年可以减少二氧化碳排放约10.8×10^4t、减少二氧化硫排放1284t、减少烟尘排放840t，显著提高了环保水平。仅能源替代一项，每年约节约资金6026.4万元，可获得国家政策性奖励约960万元。如果通过CDM机制进行碳交易完成节能量交易后，又可以得到约1200万元的收益。项目达到设计能力时年营业收入6739万元，年上缴营业税金及附加106万元，年上缴增值税1061万元。

4.4.2.2 2×105m²、1×99m²烧结机余热综合利用工程（20MW）

X公司2×105m²烧结机配套两台环冷机，1×99m²烧结机配套一台环冷机。本烧结余热综合利用项目首先拟对2×105m²、1×99m²烧结环冷机新上余热锅炉3台，高炉煤气锅炉2台（2×105m²共用1台，1×99m²单独配1台），产生过热蒸汽（1.4MPa、330℃）33.6t/h，燃烧高炉煤气6100m³/h，产生的33.6t/h过热蒸汽供入厂区过热蒸汽管网。在环冷机上方直接布置余热锅炉受热面，分段梯级回收废气的余热资源，环冷机的废气进入余热锅炉的不同温度段实现梯级利用；产生的饱和蒸汽作为补汽送入高炉煤气锅炉，高炉煤气锅炉消耗煤气量6100m³/h，把蒸汽过热到330℃，过热后的蒸汽送入厂区过热蒸汽管网进行使用。

余热锅炉出口排气温度150℃，为进一步利用这部分废热，采用循环风机将废气送回环冷机下部继续冷却烧结矿，形成热风循环利用，进而提高废热资源利用的效率，同时增加环冷机上进入余热锅炉的废气风温。

4.4.3　温州经济技术开发区

温州经济技术开发区是1992年经国务院批准设立的国家级经济技术开发区。2008年，开发区正式启动"创建国家生态工业示范园区"工程，编制完成的《温州经济技术开发区国家生态工业园区建设规划》于2009年12月13日通过了国家生态工业示范园区建设协调领导小组办公室组织的专家论证。2010年8月26日，国家环保部、商务部、科技部联合发文《关于同意温州经济技术开发区等园区建设国家生态工业示范园区的通知》（环发〔2010〕104号），正式同意开发区开展国家生态工业示范园区建设。2015年4月、2016年1月，开发区国家生态工业示范园区创建工作先后通过了国家环保部组织的专家技术核查和验收，并于2016年8月正式获批命名为国家生态工业示范园区（环科技〔2016〕114号）。验收面积33.61km^2，主导产业为机电一体化、纺织服装制造业、皮革制品业和金属制品业四大产业。

近年来，开发区积极推进落实国家和省市各项发展低碳经济、节能减排措施，持续推进能源梯级利用，在重点耗能行业开展余热余压利用和蒸汽冷凝水回收。推进单个企业向产业价值链升级，推广应用电子商务、绿色设计、节能、节地、节水、节材、废弃物综合利用、清洁生产、机器换人、电机能效升级及系统节能改造、工业锅炉煤改气、余热余压利用，积极采用天然气、太阳能清洁能源与光伏发电等新清洁能源、雨水、中水回用系统，并逐步由制造环节向研发设计、品牌及市场营销环节拓展或转移，提升企业资源配置效率、运营管理水平和整体创新能力。同时，开发区每年对低碳改造、节能技改、新能源利用、资源综合利用、清洁生产等低碳循环经济发展领域项目予以支持，并制定出台了《温州浙南沿海先进装备产业集聚区（温州经济技术开发区）低碳循环经济发展专项资金管理办法》对该专项资金管理作了明确规定。

A公司2011年申报的"温州经济技术开发区10MWp集中用户侧并网光伏发电示范项目"通过财政部、科技部、国家能源局审批，被列入国家"金太阳示范工程"。该总装机容量10040kW，占地面积15×10^{4}m^2，总投资约1.5亿元。工程项目采用多晶硅太阳能电池组件，采取分散逆变、分区并网设计，在7家企业厂房的屋顶安装光伏组件，同时每个屋顶设有光伏发电系统（见图4-49）。

图4-49　屋顶光伏发电系统

该项目建成后，年均发电量为 $9.449 \times 10^6 kW \cdot h$。每年节约标煤3155.9t，减少二氧化硫排放量约63.118t、二氧化碳约7574.56t、氮氧化物排放126.236t。预计在25年运行期内总发电量为 $2.362 \times 10^8 kW \cdot h$，电费总收入27165.31万元。

通过开展国家生态工业示范园区建设，温州经开区单位工业增加值新鲜水耗、单位工业增加值综合能耗、单位工业增加值COD排放量和单位工业增加值 SO_2 排放量验收年比规划基准年分别下降38.2%、31.2%、31.3%和26.3%，工业用水重复利用率和工业固体废物综合利用率分别达到76.2%和87.6%。

4.4.4 扬州维扬经济开发区

扬州维扬经济开发区是2001年由扬州市政府批准设立的，2006年由江苏省人民政府批准为江苏省省级开发区，并正式更名为江苏扬州维扬经济开发区。2016年8月获得国家生态工业示范园区称号，验收面积9.67km²，主导产业为汽车及零部件行业、轻工纺织行业及机械装备行业等。

Y公司屋顶太阳能发电项目利用4538m²屋顶，实现装机容量为350kW，屋顶太阳能如图4-50所示。太阳电池组件方阵经过汇流由逆变器逆变后并入用户侧电网用于生产线上大功率的生产设备运行。

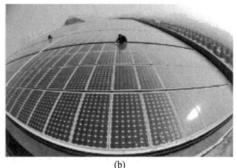

(a)   (b)

图4-50　屋顶太阳能发电项目成果展示

G公司热回收项目中，在印染车间安装ENSAVER无堵塞、无结垢、全自动污水热能回收系统（见图4-51）。将污水的热能传递给清水，经过交换系统后的污水温度降低为25℃，清水的温度升高为54℃，经能量交换后的温清水供给工厂内职工食堂、浴室等日常生活用水。

通过开展国家生态工业示范园区建设，维扬经开区单位工业增加值新鲜水耗、单

图4-51　全自动污水热能回收系统

位工业增加值综合能耗和单位工业增加值COD排放量验收年比规划基准年分别下降10.7%、24.3%和32.6%，其单位工业增加值SO$_2$排放量为零，工业用水重复利用率和工业固体废物综合利用率分别达到85.9%和96.3%。

4.5 "邻避效应"处理典型案例（合肥高新技术产业开发区）

合肥高新技术产业开发区是1991年国务院首批设立的国家级高新区，面积128.32km^2，坐拥"一山两湖"，生态环境优良，是合芜蚌自主创新综合试验区核心区和合肥市"141城市空间发展战略"西部组团的核心区域。该开发区先后荣获"国家首批双创示范基地""国家自主创新示范区""国家创新型科技园区""国家知识产权示范园区""全国首家综合性安全产业示范园区""全国模范劳动关系和谐工业园区"等多项国家级荣誉。2010年9月合肥高新区正式创建"国家生态工业示范园区"（环发〔2010〕117号），2014年9月获得国家环保部、商务部和科技部的国家生态工业示范园区命名（环发〔2014〕145号），成为中西部首批、安徽省首个国家生态工业示范园区。

高新区自成立以来，始终走产城融合发展之路，积极完善各类配套设施，集聚园区人气。园区先后开发了航空新城、中铁建蜀西公馆及保利柏林之春等多个商业开发小区。因前期总体规划布局阶段未充分考虑居住区与工业区的生态隔离，部分居住小区距工业厂区距离较近，规划不合理及任意更改规划，规划环评和项目要求的环境防护距离不够，引起了群众百姓的迫切关注，"邻避问题"矛盾较为突出，已成为影响园区生态文明建设的主要矛盾，因环保"邻避"问题产生的环境信访居高不下，重复投诉数量上升明显，已成为园区环境信访处理的重点和难点问题。

宏观层面看，"邻避效应"问题是经济社会快速发展、转型发展的客观结果。随着城市化、工业化进程的不断发展，涉及"邻避事件"的重点产业项目也必须不断的发展，个体利益与群体利益、群体利益与社会公共利益的冲突与矛盾将伴随而行。中观层面看，"邻避效应"问题是人民群众权利意识不断增强的必然结果。其表现形式为人民群众在政治、经济、社会和环境权利等方面诉求不断增多。"邻避事件"正是人民群众环保意识觉醒的表现，人民群众对政府事关公众利益的重大决策有了新期待、新要求，对政府进一步转变发展观念、创新治理理念已成倒逼之势。微观层面看，"邻避效应"问题是政府现代公共治理决策机制和风险管控机制缺失或不完善的衍生结果。当前，"邻避效应"存在的突出问题，或是园区建设初期土地利用规划设计缺乏绿色发展理念，项目规划布局不够科学合理，部分工业区和居民区在规划上面没有适当分区，存在互相制约现象；或是项目规划建设信息不够透明公开，忽视公众参与和利益关切，公众知情权不够，引发后期的信访问题；或是在项目规划建设前期，对涉及群众利益的项目在决策时未能充分考虑社会稳定风险因素，开展社会稳定风险评估。

为有效解决"邻避"问题引发的重复性投诉，合肥高新区环保分局既当好"执法员""宣传员"，又当好"调解员""服务员"，通过"环保管家"援助守法和资金引导激励等方式，督促企业践行社会责任，最大限度减少污染排放和影响。创新建立"圆桌会议"模式，指导企业落实"企业开放日"，争取企业和居民互相理解，协调妥善解决群众合法合理诉求，为企业生产创造良好的社会环境。在回应民众诉求中，园区以发展理念引导和规范企业履行环境主体责任，督促企业遵守环保法律法规、构建企业环境文化、建立企业生态文明考核指标体系和责任报告制度、自觉接受公众监督。合肥高新区管委会从技术层面开展调研，运用雷达车以数字化手段客观解决"邻避"问题。

4.5.1 区域环境敏感度诊断

为更加有针对性地破解"邻避效应"问题，抓住工业排污企业与居民的矛盾焦点，建立以空间距离、排污数据和人地关系为基础的地块环境敏感度评价模型。在对合肥高新区地块分析后，将对环境敏感目标产生影响的区域划分为Ⅰ～Ⅲ等级，并分别制定保障环境安全的绿色发展对策方案。

对辖区范围内所有工业排污企业进行环境敏感度诊断，根据工业排污企业对环境敏感目标环境影响的严重程度，划定环境敏感度各分数段，按Ⅰ～Ⅲ级确定每个分数段内工业排污企业的环境影响程度。Ⅰ级影响区域对环境敏感目标影响重大，Ⅱ级影响区域对环境敏感目标影响较大，Ⅲ级影响区域对环境敏感目标影响较小。根据工业排污企业的环境影响程度，对环境敏感目标影响微小的工业排污企业不纳入Ⅰ～Ⅲ级影响区域名单。

合肥高新区Ⅰ～Ⅲ级影响区域内共涉及58家企业，其中对周边环境敏感目标产生Ⅰ级影响的企业有1家，位于集贤路、石楠路和芦花路包围的地块，对周边环境敏感目标产生Ⅱ级和Ⅲ级影响的企业分别有14家和43家。

合肥高新区内对环境敏感目标分级影响的Ⅰ～Ⅲ级区域中，Ⅲ级影响区域地块数量较多，Ⅰ级和Ⅱ级影响区域地块数量较少。受大型龙头企业空间布局影响，Ⅱ级影响区域地块面积较大，集聚明显。结合合肥高新区边界线及部分南北向主干道路分析，杨林路以东和将军岭北路以西的范围内Ⅰ～Ⅲ级影响区域较少，其中杨林路以东、大蜀山以东以南的建成区，主要功能为产城融合提升区域，受污染源体量较小、功能区块以居住为主、蜀山森林公园对周边环境质量的良性辐射作用，建成区的环境敏感度级别多为Ⅲ级；将军岭北路以西、江淮运河以北的待建设区，合理编制前置规划将利于使该区域环境质量得到充分保障。位于将军岭北路以东至杨林路以西的发展建设区，各级环境敏感度地块均有体现，受到王咀湖和柏堰湖良性影响，环境敏感目标集中在两湖附近，工业排污企业分布在其他区域，布局较为集中。

4.5.2　邻避效应破解对策

（1）I级影响（重大影响）区域

① 以"转、限、管、改、搬、居民互动"为指导思想，以群众满意度为根本出发点，破解"邻避效应"。在先后经过转移产能、限制生产、加强管理、升级改造、增进互信后，企业启动搬迁工作。在搬迁过程中，选定周边无环境敏感目标、符合用地功能的地块进行搬迁。搬迁前由园区环保部门召开专家评审会，对企业搬迁方案进行论证，明确搬迁后对新址的环境影响以及对旧址的修复及再建设方案（做除法）。

② 企业搬迁后，对旧址环境进行评估后酌情修复，不再新建排污企业和环境敏感目标（做乘法）。

③ 企业搬迁后，加大对搬迁旧址周边排污企业的环境管理，3km内不新建学校、住宅和医院（做乘法）。

④ 开展提标改造，尤其针对涉VOCs企业对其主管道、支管道进行委外定期清理，提升废气通过流速；增大集气罩面积，减少溢散量；更换为大功率风机，加强对车间无组织排放的管理（做减法）。

⑤ 强制企业开展清洁生产审核和环境管理体系认证工作（做减法）。

⑥ 企业内全面安装在线监测设备，实时掌握污染物排放情况；每月一次开展厂界空气质量监测；运用走航车监测，切实加大对移动源和固定源的大气环境管理；提高监督性监测频率（做加法）。

⑦ 重点针对企业生产工艺和技术特征有效加强环境管理、降低污染物排放，强制开展"一厂一策"编制，由环保部门定期组织专家进行技术把关，促进企业提标改造（做减法）。

⑧ 对原有产能下调30%，遇重污染天气继续进行下调，视重污染天气等级按产能减半或停产处理，强制编制重污染天气应急预案（做减法）。

⑨ 积极开展生态环境保护为主题的宣传日活动，每月一次，对宣传日计划进行公示，并通过微信、电话、座谈等形式加强与周边居民的互动（做乘法）。

⑩ 开展信息公开，按照《企业事业单位环境信息公开办法》在企业官网和园区政府官网公开企业信息（做加法）。

⑪ 企业内，聘请专职或第三方机构开展环境管理提升工作（做加法）。

⑫ 开展配套服务，提高居民生活质量（做乘法）。

（2）II级影响（较大影响）区域

① 周边2km内不新建环境敏感目标（做乘法）。

② 开展提标改造，尤其针对涉VOCs企业对其主管道、支管道进行委外定期清理，提升废气通过流速；增大集气罩面积，减少溢散量；更换为大功率风机，加强对车间无组织排放的管理（做减法）。

③ 强制企业开展清洁生产审核和环境管理体系认证工作（做减法）。

④ 企业内全面安装在线监测设备，实时掌握污染物排放情况；每季度一次开展厂界空气质量监测；运用走航车监测，切实加大对移动源和固定源的大气环境管理；提高监督性监测频率（做加法）。

⑤ 重点针对企业生产工艺和技术特征有效加强环境管理、降低污染物排放，强制开展"一厂一策"编制，由环保部门定期组织专家进行技术把关，促进企业提标改造（做减法）。

⑥ 遇重污染天气继续进行下调，视重污染天气等级按产能减半或停产处理，强制编制重污染天气应急预案（做减法）。

⑦ 积极开展生态环境保护为主题的宣传日活动，每季度一次，对宣传日计划进行公示，并通过微信、电话、座谈等形式加强与周边居民的互动（做乘法）。

⑧ 开展信息公开，按照《企业事业单位环境信息公开办法》在企业官网和园区政府官网公开企业信息（做加法）。

⑨ 企业内，聘请专职或第三方机构开展环境管理提升工作（做加法）。

⑩ 开展配套服务，提高居民生活质量（做乘法）。

（3）Ⅲ级影响（较小影响）区域

① 周边1km内不新建环境敏感目标（做乘法）。

② 开展提标改造，尤其针对涉VOCs企业对其主管道、支管道进行委外定期清理，提升废气通过流速；增大集气罩面积，减少溢散量；更换为大功率风机，加强对车间无组织排放的管理（做减法）。

③ 建议企业开展清洁生产审核和环境管理体系认证工作（做减法）。

④ 企业内全面安装在线监测设备，实时掌握污染物排放情况；每季度一次开展厂界空气质量监测；运用走航车监测，切实加大对移动源和固定源的大气环境管理；提高监督性监测频率（做加法）。

⑤ 重点针对企业生产工艺和技术特征有效加强环境管理、降低污染物排放，建议开展"一厂一策"编制，由环保部门定期组织专家进行技术把关，促进企业提标改造（做减法）。

⑥ 遇重污染天气继续进行下调，建议编制重污染天气应急预案（做减法）。

⑦ 积极开展生态环境保护为主题的宣传日活动，每半年一次，对宣传日计划进行公示，并通过微信、电话、座谈等形式加强与周边居民的互动（做乘法）。

⑧ 开展信息公开，按照《企业事业单位环境信息公开办法》在企业官网和园区政府官网公开企业信息（做加法）。

⑨ 企业内，聘请专职或第三方机构开展环境管理提升工作（做加法）。

⑩ 开展配套服务，提高居民生活质量（做乘法）。

工业园区绿色发展
评价体系

工业园区已成为我国污染防治的主战场和绿色发展的关键。根据国家发改委2018年发布的数据，我国目前拥有省级以上各类工业园区2543家，省级以下工业园区不完全统计近万家，当前我国80%以上的工业企业进入了园区，工业园区已成为我国工业生产活动的主要组织方式。园区工业生产活动高度聚集的特点也带来了资源消耗和污染排放的聚集，其必然成为污染防治攻坚战的主战场。同时，工业园区的绿色发展是我国工业领域开展生态文明建设的关键途径，是我国供给侧结构性改革的关键支撑。工业园区作为工业和产业集聚的重要载体，在国民经济发展中发挥着越来越重要的作用，同时也成为了污染物和温室气体排放的集聚区。工业园区减污降碳协同增效，既是工业园区高质量发展的内在要求，又是工业领域建设生态文明、深入打好污染防治攻坚战和实现"双碳"目标的重要抓手。

2022年6月，生态环境部等7部门联合印发《减污降碳协同增效实施方案》（以下简称《方案》），为2030年前协同推进减污降碳工作提供行动指南。《方案》对工业园区开展减污降碳协同增效也提出了明确要求，鼓励各类园区根据自身情况，积极探索推进减污降碳协同增效，优化园区布局、推广使用新能源、促进园区清洁生产、提升基础设施绿色低碳发展水平。

当前在宏观政策利好的背景下，我国工业园区正在经历转型升级，在污染防治、生态和绿色园区建设等方面取得进展的同时，也存在一些问题，例如，总体碳排放底数不明，部分园区存在过度依赖化石能源，企业清洁生产及污染防治水平低，产业缺乏合理规划，老旧基础设施和生产工艺改造困难，依旧存在"散乱污"及"两高"现象等问题。同时，工业园区绿色建筑、绿色交通以智慧化管控刚刚起步，有待进一步发展。

生态工业园区起源于美国，20世纪90年代末传入中国后引起国内学者的广泛关注，初期的研究多对西方生态工业园区内涵、特征的理论分析或是对西方成功的典型案例进行剖析并提出借鉴意见。但随着国家主导生态工业园区的实践，对生态工业园区评价工具需求越发迫切，更多学者将目光转移到这一领域。目前关于生态工业园区的综述性文章大都集中在对其理论的梳理或国内外对比，对评价指标体系和方法的归纳分析寥寥无几。因此，非常有必要对有关国内生态工业园区评价指标体系的研究进行一次深层次的梳理。

如何从不同层次和角度对生态工业园区的发展状况进行评价，建立科学、操作性强和适用范围广的生态工业园区评价指标体系，一直是一个难题。我国学者在这方面做了很多有益的探索，但评价对象不同，构建的指标体系也会有所差异，现有研究呈现出以下总体趋势：一是评价指标纷繁复杂，具有重复性，逻辑结构不够清晰，简便易行评价指标体系较少；二是在数据获取方面存在困难，部分指标权重确定过于主观导致评价结果不准确；三是研究过程过于偏向理论化，文章过多地介绍计算算法，缺少对指标选取的详细剖析和对结果的针对性分析；四是关于产业链柔性、产业链稳定性、园区综合发展潜力和不同发展阶段方面的评价指标体系构建研究比较少，缺少合适的评价此类对象的具体可量化指标。

根据目前学者的研究基础，从评价指标体系设计相关研究的不同角度，可将其划分为评价生态工业园区绩效、能力、特征和其他四种类别。绩效类评价指标体系多侧重于生态工业园区发展水平的评价，大部分学者对生态工业园区的综合绩效进行评价，以此来评判园区的综合发展水平，也有学者专注于评价园区的生态、环境绩效。绩效类评价指标体系一般从经济效益、环境效益、生态效益和社会效益4个主要方面设计指标。特征类评价指标体系侧重于评价生态工业园区特有特征的发展情况或从某个特征的角度进行综合评价。国外学者Carr、Gibbs等曾根据园区定位、资源循环利用、公众参与、产业共生等不同特征建构生态工业园区评价指标体系。国内生态工业园区由于政府主导的鲜明特色，一般定位明确且公众基本不参与园区的建设和管理过程，有关这些方面的研究很少，根据国内学者的研究大致分为生态工业园区循环经济评价指标体系和产业共生评价指标体系。能力类评价指标体系主要是评价生态工业园区的发展能力和发展潜力，可分为综合发展潜力评价指标体系研究和可持续发展能力评价指标体系研究。有学者考虑到了生态工业园区建设和发展的不同阶段，把某个阶段独立出来或全阶段进行研究；还有学者为了使指标体系更有针对性和实用性，从不同角度构建了具有行业特征、地域特征或类别特征的生态工业园区评价指标体系。如林积泉（2005）建立的清洁生产灰色关联度评价指标体系和刘敏毅（2011）建立的生态工业园区全生命周期评价指标体系。王军等（2008）从经济发展、资源循环与利用、污染控制和园区管理4个方面强调资源循环利用和污染控制，构建静脉产业类生态工业园区评价指标体系。张芸等（2010）从系统结构、经济效率等方面将能值理论运用于钢铁工业园的建设水平评价。陈郁等（2010）从经济状况、环境状况、环境管理、生态网络、技术层次设计了化工行业生态工业园区生态环境效益的评价指标体系。张帆等（2007）针对北京工业开发区的发展情况提出园区发展综合评价指标体系。翟大顺等（2016）选择经济、生态、资源、环境、科技、管理、社会发展7方面构建了综合类生态工业园区效能评价指标体系。

本书以绿色发展为视角，对中国工业园区现行各类指导文件中的评价指标进行系统性对比分析，包括生态工业示范园区、循环化改造园区、绿色园区等；从不同维度，重点分析指标体系在经济绩效、社会绩效、环境绩效层面的共性和差异，以期针对现有工业园区评价指标体系存在的问题和短板提出指标体系完善和推广的建议，提升标准体系拓展性和针对不同工业园区的适应性，并为工业园区绿色发展管理机制、标准建设、试点示范以及国际合作等提供借鉴。

5.1 国际工业园区绿色发展评价指标体系

横向比较国际上工业园区的绿色发展，可以发现生态工业园区实践更多出现在欧美日韩等工业发达国家。对这些国家而言，生态工业园区理念主要用以改造现有的工业园区，其目的一方面是继续发掘环境改善的机会，另一方面更是希望增强园区的综合竞争力以吸收制造业回流并重振工业经济。对于发展中国家而言，生态工业园区理念更多是用于指导工业园区的规划和建设。发展中国家的工业园区大多处于园区生命周期的初始阶段，产业类型单一，企业数量少且规模小，基础设施建设滞后，管理水平不高且能力不足，因此需要生态工业园区规划和建设的理论指导和经验借鉴。事实上，文献研究也表明，自组织型的生态工业园区建设实践更容易取得成功，而自上而下规划型的建设实践成功案例不多。

国际上在工业园区绿色发展评价的指标体系主要有两套：一套是由联合国工业发展组织、世界银行集团和德国国际合作机构（GIZ）于2017年12月共同发布的《生态工业园区国际框架》（An International Framework for Eco-Industrial Parks），该框架旨在协助现有工业园区的利益攸关方开发并转型到生态工业园区，以同一标准去探索和规范生态工业园区，鼓励园区改善工业部门的绩效、可持续性和包容性，并向国际标准看齐。该框架提出生态工业园区建设应关注园区管理绩效、环境绩效、社会绩效及经济绩效四大关键指标，并将以上四大绩效指标分为15个二级指标，分别是管理绩效相关的园区管理服务、监测、规划与分区；环境绩效相关的环境管理和监测、能源管理、水管理、废弃物和材料的使用、当地企业和中小型企业推进、自然环境和气候适应能力；社会绩效相关的社会管理和监督、社会基础设施、社区外联与对话；经济绩效相关的创造就业、当地企业和中小型企业推进、经济价值创造。这些评价指标在范畴上具有国际性和包容性，适用于所有工业园区，但需考虑目标国当地的具体情况和敏感性。

第二套体系是由联合国工业发展组织牵头，世界银行集团和德国国际合作机构（GIZ）参与，于2019年11月共同发布的《工业园区国际指南》（International Guidelines for Industrial Parks）。该指南作为一个综合性的工业园区国际参考框架，由工发组织跨部门工业园区小组（CDTIP）编制，以可持续发展目标为指导，结合了工发组织在开发和执行工业园区项目方面的技术经验和国际最佳实践，适用于不同国际环境下现有和新建工业园区，设计了工业园区在规划和设计、建设、运营、营销和引资、风险管理、废物管理以及能源管理的指导原则并提出具有普遍性的指标评价体系，包括经济、社会和环境的绩效指标，旨在为处于不同发展阶段的各国提供在工业园区发展方面基本的国际准则，使园区的发展遵循健康与安全、有效能源管理、环境保护等标准，为发展现代化、包容和可持续的工业园区提供指导和参考。

针对工业园区绿色发展评价制定专门政策的发展中国家数量较少，其主要原因在于大部分发展中国家的工业园区开发建设以及相关政策的制定尚处于探索阶段，绿色发展在政府管理中的权重较低。近年来，部分发展中国家在工业园区建设方面取得了较为显著的成效，随着工业园区数量不断增多、规模不断扩大、类型不断丰富，对工业园区发展绩效进行系统评估的需求日益显现，部分发展中国家就工业园区发展绩效的系统评价展开探索。例如，印度于2018年开发了工业园区评估系统（Industrial Park Rating

System，IPRS），以评估印度工业园区在全球层面的竞争力。

陈坤（2020）指出，与国际工业园区绿色发展评价指标体系框架比较，我国现有的指标体系最大的不足在于对园区的管理和社会价值关注不足，只设立了少量的指标。在经济方面，我国更加关注达到绿色/生态园区标准在短期内所带来的益处（例如政府补贴、税费优惠等），而非在更长远的时间范围内所带来的"长期/可持续收益"（例如更丰富的境外绿色融资渠道，包括国际金融机构提供的绿色债券、绿色信贷、绿色保险、绿色基金等绿色金融产品的支持）。同时，我国有关绿色基础设施建设的要求相对国际指标体系而言略显不足，仅仅包括污水处理、绿色建筑、公共交通等方面，而国际指标则包括环境/能源监测平台、温室气体排放监测设施等进一步的基础设施要求。

5.2　我国典型的工业园区绿色评价指标体系

据联合国工业发展组织《<工业园区国际指南>本地化指标体系对比研究报告》显示，目前，中国已经在顶层政绩考核制度上制定了针对省、自治区、直辖市的绿色可持续发展绩效的评价办法和体系。2016年，中共中央办公厅、国务院办公厅印发了《生态文明建设目标评价考核办法》，国家发展改革委、国家统计局、环境保护部、中央组织部印发了《绿色发展指标体系》和《生态文明建设考核目标体系》，形成了"一个办法、两个体系"，建立了生态文明建设目标评价考核的制度规范。相应的，北京、上海、广东等各省（区、市）相继出台生态文明建设目标评价考核实施办法，夯实各区、市绿色发展目标任务。2020年，国家发展改革委关于印发《美丽中国建设评估指标体系及实施方案》，对全国各省、自治区、直辖市开展美丽中国建设进程评估。

工业园区在行政体制、职能结构、经济与环境统计体系均存在一定特殊性，由于管理职能和管理模式与城市行政区有明显差别，因此，工业园区完整地按照上位文件从行政区域维度对绿色发展水平和各项指标绩效开展评价具备一定难度。

为解决这一问题，国家各个部委开始尝试针对工业园区，从绿色、低碳、循环经济建设等特定方面对工业园区开展示范试点创建和评价体系建设。目前，已形成了由发展改革委、商务部、生态环境部、工业和信息化部等部委单独或联合推动的国家级经开区综合发展水平考核评价、国家生态工业示范园区、循环化改造示范试点园区、绿色园区、低碳工业园区试点等示范试点创建和评价工作。各类示范试点创建和考核评价方法在指标设计、评价方法以及国家级经开区参与数量上均有不同侧重和差异。

本书拟针对不同类型的工业园区绿色发展评价体系进行比较研究，从评估目的、适用对象、评估维度、指标体系结构、评价计算方法、评价比较范围、数据可得性、考核评价约束性等多个维度开展比较分析，重点分析各类指标体系的共性和差异，为工业园区绿色发展评价指标体系的研究、调研、试点等工作提供理论基础和参考依据。

5.2.1 国家生态工业示范园区标准

现有的生态工业园区评价指标体系，从理论上看，多是经济效益、社会效益和环境效益三个指标。例如，成贝贝等建立的评价指标体系，以产出体系、资源体系、生活指标、政策指标为基础；商婕等建立的评价指标体系，以要素、结构、管理和绩效为基础，虽然这些研究为生态工业园区绿色发展提供了有益的指导，但却把经济效益、社会效益、环境效益三者对立起来，难以实现生态工业园区的高质量发展。从实践上看，现有的生态工业园区评价指标体系，虽然考虑了环境效益与社会效益的需求，却把工业产值增速、人均收入增速等只能衡量经济总量的指标纳入评价体系，显然难以准确反映生态工业园区发展的内生动力和循环能力。

为贯彻《中华人民共和国环境保护法》《清洁生产促进法》和《循环经济促进法》，推动工业领域生态文明建设，规范国家生态工业示范园区的建设和运行，环境保护部于2015年发布了《国家生态工业示范园区标准》（HJ 274—2015）（以下简称《标准》）。本标准规定了国家生态工业示范园区的评价方法、评价指标和数据采集与计算方法等内容。

（1）评估目的

促进工业领域生态文明建设，推动工业园区实行生态工业生产组织方式和发展模式，促进工业园区绿色、低碳、循环发展，规范国家生态工业示范园区建设。

（2）适用对象

国家生态工业示范园区是具有法定边界和明确的区域范围，具备统一的区域管理机构或服务机构，由省级以上人民政府批准成立的各类工业园区。《国家生态工业示范园区标准》适用于国家生态工业示范园区的建设和管理，可作为国家生态工业示范园区的评价依据，建设规划编制、建设成效评估的技术依据，也可作为其他相关生态工业建设咨询活动的参考依据。

（3）评估维度

《国家生态工业示范园区标准》从经济发展、产业共生、资源节约、环境保护、信息公开五个维度开展评估。

（4）指标体系结构

《国家生态工业示范园区标准》的评价指标包括必须指标和可选指标，由5个一级指标和32个二级指标组成完整的指标体系。

（5）评价方法

评价方法采取一票否决制，考核的23项指标包括17项必选指标和6项可选指标，如有任何一项指标不达标即不通过考核。

（6）评价比较范围

该标准既包括将国家生态工业示范园区的经济发展、产业共生、资源节约、环境保护、信息公开等绩效与园区外的国家绩效进行横向比较，例如高新技术企业工业总产值占园区工业总产值比例须不小于30%；也包含将同一国家生态工业示范园区一段时间内的纵向比较，例如单位工业增加值二氧化碳排放量年均削减率需不小于3%。

（7）数据可得性

园区管理机构应指定或专门设立职能部门，负责评价指标涉及数据的调查收集、汇总统计工作，并协调各关联单位开展相关工作。

测算评价指标所需的相关数据，应尽量从法定统计渠道或统计文件中获取；无法获取的，园区管理机构应建立相应的数据收集统计工作机制。

（8）考核评价约束性

园区管理机构负责示范园区的申报、创建和管理工作。开展创建活动的工业园区应编制《国家生态工业示范园区建设规划技术报告》（以下统称《建设规划》）。《建设规划》应参照《生态工业园区建设规划编制指南》（HJ/T 409—2007）编写。园区管理机构可自行或委托第三方机构编制《建设规划》。《建设规划》应对照《标准》明确园区验收考核指标，以及重点支撑项目。

园区管理机构向园区所在地省级环境保护、商务、科技行政主管部门提交示范园区创建申请，经三部门同意后，由省级环境保护行政主管部门报国家生态工业示范园区建设协调领导小组办公室（简称"办公室"）。示范园区建设规划通过论证后，领导小组成员单位联合发文批准工业园区开展示范园区建设。完成创建工作后开展验收和技术核查。验收工作结束后，办公室在环境保护部政府网站等媒体公示通过验收、拟命名的工业园区相关信息，接受社会公众监督，若收到举报信息属实且导致示范园区建设验收结果不能成立的不予命名。自获得批准建设起满5年没有通过验收的工业园区，视为创建未完成，不再列入建设园区名单。获批开展示范园区建设和获得命名的工业园区每年应对生态工业建设绩效进行自评价，形成年度评价报告，报送办公室。自获得示范园区命名之日起，每3年开展一次复查。

领导小组对有以下情况的示范园区撤销称号：处于建设阶段的园区，从批准建设园区中除名。出现下列a.和b.情形的，三年内不得再次申请创建：a. 发生严重污染环境事件，或重、特大突发环境事件的；b. 存在数据、资料弄虚作假的；c. 复查未通过，且整改后仍达不到要求的；d. 不能按时按要求提交年度评价报告的；e. 发生重大变化，不再符合《标准》及相关要求，园区管理机构主动提出申请的；f. 其他经核实并认定有必要的。

5.2.2 园区循环化改造评价指标

（1）评估目的

通过循环化改造，实现园区的主要资源产出率、土地产出率大幅度上升，固体废物资源化利用率、水循环利用率、生活垃圾资源化利用率显著提高，主要污染物排放量大幅度降低，基本实现"零排放"。同时培育百个国家循环化改造示范园区，示范、推广一批适合我国国情的园区循环化改造范式、管理模式，为各类产业园区通过发展循环经济、实现转型发展提供示范。

（2）适用对象

各类产业园区，包括经济技术开发区、高新技术产业开发区、保税区、出口加工区以及各类专业园区等。

（3）评估维度

涵盖资源产出、资源消耗、资源综合利用、废物排放、其他指标、特色指标六个方面。

（4）指标体系结构

园区循环化改造参考指标包括6个一级指标，20余个二级指标（含必选项），指标体系结构见表5-1。

表5-1　园区循环化改造参考指标

分类	指标名称	单位
资源产出指标	园区GDP	万元
	*主要资源产出率	元/吨
	*能源产出率	万元/吨标煤
	*建设用地产出率	万元/公顷
	*水资源产出率	元/吨
资源消耗指标	*能源消耗总量	吨标煤
	*水资源消耗总量	吨
	主要产品1：单位能耗	吨标煤/吨
	……	
	主要产品1：单位水耗	立方米/吨
	……	

分类	指标名称	单位
资源综合利用指标	一般工业固体废物综合利用量	万吨
	*一般工业固体废物综合利用率	%
	*规模以上工业企业重复用水率	%
废物排放指标	*二氧化硫排放量	万吨
	*化学需氧量排放量	万吨
	*氨氮排放量	万吨
	*氮氧化物排放量	万吨
	*单位地区生产总值CO_2排放量	吨/万元
	工业固体废物处置量	万吨
	工业废水排放量	万吨
其他指标	*非化石能源占一次能源消费比重	%
	可再生能源所占比例	%
特色指标		

注：标*为重点指标，属必填项。

（5）评价计算方法

相关文件中未明确。

（6）评价比较范围

在开展物质流分析的基础上，以可量化的指标综合评价园区经济发展、社会发展和基础设施、产业结构调整、产业关联度、能源资源节约与循环利用、污染控制和管理、环境质量改善等，对园区循环化改造的经济效益、环境效益和社会效益进行分析评价，对园区循环化改造的各项成本及收益进行初步全面系统的核算，评估园区循环化改造的成效。

（7）数据可得性

各地方循环经济发展综合管理部门、财政部门会同有关部门制定本地区园区循环化改造的推进工作方案，确定改造的目标、重点任务和推进措施，并推动、指导各类园区制定循环化改造实施方案。国家发展改革委会同有关部门组织成立园区循环化改造专家组，对各园区开展循环化改造提供技术服务指导。数据可获得性相对较高。

（8）考核评价约束性

各地循环经济发展综合管理部门依据《循环经济促进法》，督促各类园区组织区内企业进行资源化利用，促进循环经济发展。国家发展改革委、财政部会同有关部门对各地推进园区循环化改造工作进行督导，对园区循环化改造成效开展评估。对工作开展较好的地区在园区循环化改造示范工程、重点项目安排等方面优先考虑，对循环化改造成效明显的园区，国家发展改革委、财政部将其优先确定为"国家循环经济示范园区"，并加强宣传推广。

5.2.3 绿色工业园区评价指标体系

5.2.3.1 评估目的

贯彻落实《中国制造2025》《绿色制造工程实施指南（2016—2020年）》，加快推进绿色制造，以促进全产业链和产品全生命周期绿色发展为目的，以企业为建设主体，以公开透明的第三方评价机制和标准体系为基础，保障绿色制造体系建设的规范和统一，以绿色工厂、绿色产品、绿色园区、绿色供应链为绿色制造体系的主要内容。加强政府引导和公众监督，发挥地方的积极性和主动性，优化政策环境，发挥财政奖励政策的推动作用和试点示范的引领作用，发挥绿色制造服务平台的支撑作用，提升绿色制造专业化、市场化公共服务能力，促进形成市场化机制，建立高效、清洁、低碳、循环的绿色制造体系，把绿色制造体系打造成为制造业绿色转型升级的示范标杆、参与国际竞争的领军力量。

5.2.3.2 适用对象

从国家级和省级产业园区中选择一批工业基础好、基础设施完善、绿色水平高的园区。

5.2.3.3 评估维度

包括能源利用绿色化、资源利用绿色化、基础设施绿色化、产业绿色化、生态环境绿色化、运行管理绿色化六个方面。

5.2.3.4 指标体系结构

绿色园区评价指标体系包括能源利用绿色化指标、资源利用绿色化指标、基础设施绿色化指标、产业绿色化指标、生态环境绿色化指标、运行管理绿色化指标6个一级指标，以及31个二级指标。

（1）能源利用绿色化指标

包括能源产出率和可再生能源使用比例、清洁能源使用率3个必选指标。

（2）资源利用绿色化指标

包括水资源产出率、土地资源产出率、工业固体废物综合利用率、工业用水重复利用率4个必选指标，以及从中水回用率、余热资源回收利用率、废气资源回收利用率、再生资源回收利用率4个可选指标中选取的2个指标。

（3）基础设施绿色化指标

包括污水集中处理设施1个必选指标，以及从新建工业建筑中绿色建筑的比例、新建公共建筑中绿色建筑的比例2个可选指标中选取1个指标，从500m公交站点覆盖率、节能与新能源公交车比例2个可选指标中选取1个指标。

（4）产业绿色化指标

包括高新技术产业产值占园区工业总产值比例、绿色产业增加值占园区工业增加值比例2个必选指标，以及从人均工业增加值和现代服务业比例两个可选指标中选取1个指标。

（5）生态环境绿色化指标

包括工业固体废物（含危废）处置利用率、万元工业增加值碳排放量消减率、单位工业增加值废水排放量、主要污染物弹性系数、园区空气质量优良率6个必选指标，以及从道路遮阴比例、露天停车场遮阴比例2个可选指标选取1个指标。

（6）运行管理绿色化指标

包括绿色园区标准体系完善程度、编制绿色园区发展规划、绿色园区信息平台完善程度3个必选指标。

5.2.3.5 评价计算方法

工业园区绿色指数的计算方法如下公式所列：

$$GI = \frac{1}{24}\left[\sum_{i=1}^{3}\frac{EG_i}{EG_{bi}} + \sum_{j=1}^{6}\frac{RG_j}{RG_{bj}} + \sum_{k=1}^{3}\frac{IG_k}{IG_{bk}} + \sum_{f=1}^{3}\frac{CG_f}{CG_{bf}} + \sum_{l=1}^{6}\frac{HG_l}{HG_{bl}}\left(\text{或}\frac{HG_{bl}}{HG_l}\right) + \sum_{p=1}^{3}\frac{MG_p}{EG_{bP}}\right] \times 100$$

式中　　GI——工业园区绿色指数；

EG_i——第i项能源利用绿色化指标值；

EG_{bi}——第i项能源利用绿色化指标引领值；

RG_j——第j项资源利用绿色化指标值；

RG_{bj}——第j项资源利用绿色化指标引领值；

IG_k——第k项基础设施绿色化指标值；

IG_{bk}——第k项基础设施绿色化指标引领值；

CG_f——第f项产业绿色化指标值；

CG_{bf}——第f项产业绿色化指标引领值；

HG_l——第l项生态环境绿色化指标值；

HG_{bl}——第l项生态环境绿色化指标引领值；

MG_p——第 p 项运行管理绿色化指标值；

MG_{bp}——第 p 项运行管理绿色化指标引领值。

5.2.3.6 评价比较范围

省级工业和信息化主管部门根据本地区产业基础和特点、发展规划等实际情况，制定出台本地区的绿色制造体系建设实施方案，满足申请条件的园区按照绿色制造体系的相关标准开展创建工作并进行自评价。园区达到绿色园区标准时，委托第三方评价机构按相应的评价标准开展现场评价，评价合格的可按所在地区绿色制造体系实施方案的要求和程序，向省级主管部门提交绿色制造体系示范的总结报告。将工业园区的绿色制造体系建设的绩效与本地区的标准进行比较，择优推荐。

5.2.3.7 数据可得性

园区按照绿色制造体系的相关标准开展创建工作并进行自评价，数据由园区自行填报，可获得性较高。

5.2.3.8 考核评价约束性

绿色园区的考核评价采取"地方政府评估推荐—专家论证—中央政府认证公示—抽查监督"的全流程监管机制。考核评价省级主管部门负责组织对申报的园区进行评估确认，向工业和信息化部推荐园区名单，通过组织专家论证、公示、现场抽查等环节确定国家级绿色园区名单。在绿色制造公共服务平台定期公布列入绿色制造示范园区的绿色制造水平指标及先进经验等信息。不定期对园区自我声明信息开展抽查，对抽查不符合绿色制造示范要求的，从示范名单中除名，连续三次抽查无问题的在五年内免于抽查。

5.2.4 其他类型评价指标体系

除国家层面对于开发区、高新区等产业园区的考核评价办法外，地方层面对于各类产业园区的发展绩效评价政策、办法等也具有一定的代表性。地方考核评价政策、办法等往往兼顾考虑地方发展基础和产业园区发展阶段，其评价模式和评价指标体系等具有地方适宜性。在地方层面，关注产业园区以及企业发展绩效的主体包含政府、园区以及企业三个层面（见表5-2），因此本书从政府、园区、企业三个层面对产业园区社会绩效评价相关政策文件进行检索。其中，政府层面主要检索对象包含省、市层面的商务、科技等部门，园区层面主要检索对象包含园区管理委员会下设相关部门，如宣传部、规划建设局、社会发展局、社会事业局、教育局、绩效考评局等，企业层面主要检索对象是指企业官方网站及企业内设相关部门。其中对政府层面相关文件的检索必须兼顾考虑中国国内发展水平的地域差异，对园区和企业层面相关文件的检索则须兼顾园区/企业及园区/企业发展对内和对外的影响。

表5-2 典型地方园区评价概况

检索层级	相关职能部门	文件形式
政府层面	省、市层面的商务部门、发改部门、科技部门等	评估/评价/考核办法等政策类文件
园区层面	园区管理委员会下设相关部门，如宣传部、规划建设局、社会发展局、社会事业局、教育局、绩效考评局等	评估/评价/考核办法等政策类文件，园区年度发展报告，部门年度工作总结等
企业层面	企业内设相关部门	企业年度发展报告、总结报告，评价方法等

5.2.4.1 浙江省美丽园区（开发区）评价

浙江省是中国经济最为发达、经济活跃度和增速最高的省份之一。商务部发布的2019年全国国家级经开区综合发展水平考核评价情况显示，前20强园区有三家位于浙江省内（嘉兴经开区、杭州经开区和宁波经开区），百强园区中有13家位于浙江省。同时，浙江省国家级经开区实际利用外资前十强开发区数量居全中国第一。在实际利用外资排名中，嘉兴经开区实际利用外资列第5位，宁波经开区实际利用外资列第9位。在进出口总额十强中，宁波经开区位列第8位。

为在经济产出硬实力的基础上进一步增强园区在科技创新、制度完善、服务优化和环境美好等方面的软实力，2019年浙江省商务厅、省发展改革委、省经信厅、省科技厅联合发布《关于印发浙江省美丽园区建设实施方案的通知》，建立美丽园区评价指标体系，实现营商环境、生态环境、文化、旅游等方面的协调发展，在5年时间内逐步推动全省范围内的美丽园区建设。计划首期选择20家工业园区作为美丽园区建设典型示范。

该计划所制定的美丽园区（开发区）评价指标体系按照各项任务要求，设置6项一级指标、48项二级指标。考核范围覆盖园区投资环境的各个方面，分别为对外开放活力美、生产生活特色美、绿色生态环境美、数字信息智能美、高端创新结构美和营商环境服务美（见表5-3）。

表5-3 浙江省美丽园区（开发区）评价指标体系

一级指标	二级指标	单位	权重/分
对外开放活力美（20分）	实际利用外资	万美元	5
	进出口总额	万美元	3
	国际产业合作园数量（省级/市级）	个	6
	实际利用外资增长率	%	3
	进出口总额增长率	%	3
生产生活特色美（20分）	特色小镇（省级/市级）	有/无	2
	旅游景区创建数量	个	2
	基础设施投资额	万元	3
	拥有知名品牌（商标）数	个	2

续表

一级指标	二级指标	单位	权重/分
生产生活特色美（20分）	新产品产值率	%	1
	"四上"企业数	个	1
	"四上"企业平均净资产	万元	1
	"四上"企业主营业务收入	万元	1
	"四上"企业主营业务收入增长率	%	1
	税收收入	万元	1
	工业集中度	%	1
	产业聚集率	%	1
	土地利用率	%	1
	工业土地投资强度	万元/亩	2
绿色生态环境美（15分）	全省小城镇环境综合整治达标和省级样板乡镇情况（在开发区内）	有/无	4
	工业增加值能耗下降率	%	2
	清洁生产通过率	%	2
	循环化改造提升	有/无	2
	生态专项规划或环境评价报告	有/无	3
	通过ISO 14000环境管理体系标准认证		2
数字信息智能美（15分）	智慧开发区平台建设	有/无	3
	数字化物业管理	有/无	3
	地理信息数字化	有/无	3
	园区门户网站和微信公众号（或App）	有/无	3
	两化（信息化和工业化）融合获证企业、信息安全获证企业	有/无	3
高端创新结构美（15分）	高新技术企业数	个	1
	新增企业发明专利授权数	个	1
	技改投入率	%	1
	每万人科技活动人员数	人	1
	科技活动经费支出强度	%	1
	高新技术企业产值占比	%	1
	国省千人才	人	2
	新批大好优项目数	个	1
	研发机构数	个	1
	土地税收产出率	万元/亩	1
	工业土地增加值产出率	万元/亩	1
	工业劳动生产率	万元/人	1
	工业企业主营业务利润率	%	1
	税收收入增长率	%	1

续表

一级指标	二级指标	单位	权重/分
营商环境服务美（15分）	"最多跑一次"改革当年评估排名所在县（市、区）结果	排名	10
	综合行政服务平台	有/无	2
	开发区管理机构所属主要开发建设企业信用评级	评级	1
	开发区管理机构是否通过各项ISO体系认证（除ISO 14000标准）	数量	2

5.2.4.2 陕西省高新技术产业开发区考核评价

为规范省级高新技术产业开发区（本节简称省级高新区）的认定管理，促进全省高新区高质量发展，陕西省科学技术厅依据《国家高新技术产业开发区管理暂行办法》《陕西省高新技术产业发展条例》等政策文件，结合陕西省发展实际，制定了《陕西省高新技术产业开发区考核评价管理办法》（本节简称《考评管理办法》）。考核评价管理工作由陕西省科学技术厅会同省发改委、工业和信息化厅、自然资源厅、生态环境厅、省统计局等共同组织开展，评价工作原则上每年进行一次。具体考核评价工作由陕西省科学技术厅委托第三方机构开展。国家级高新区直接采纳科技部的评价结果。

陕西省省级高新区评价指标体系包含园区开发能力、技术创新能力、产业发展能力、可持续发展能力、开放合作与辐射带动作用5个一级指标，下设38个二级指标（见表5-4）。评价指标总分值100分，其中定量指标80分，定性指标20分。5个一级指标的分值分别为10分、30分、30分、15分、15分，一级指标分数再分解至二级指标。

表5-4 陕西省省级高新区评价指标体系

一级指标	二级指标	权重/%	指标类型
园区开发能力（10%）	累计开发面积	18	定量
	区内工商注册企业数	20	
	区内从业人员数	20	
	工业总产值	22	
	园区规划和基础设施建设评价	10	定性
	体制机制创新和有效运作评价	10	
技术创新能力（30%）	万人拥有本科（含）学历以上人数所占比例	11	定量
	企业研发经费支出占主营业务收入比重	13	
	企业新产品销售收入占主营业务收入比重	13	
	万人市级以上研发机构数	11	
	市级以上科技企业孵化器及众创空间数	10	
	万人有效发明专利拥有量	11	
	人均技术合同交易额	11	
	园区"政产学研资介用"合作互动与知识产权保护评价	10	定性
	园区及所在地政府出台支持高新区高质量发展政策评价	10	

续表

一级指标	二级指标	权重/%	指标类型
产业发展能力（30%）	高新技术企业数占企业总数比重	12	定量
	企业人均营业收入	11	
	高技术产业产值占比	12	
	万人拥有的上市企业数	10	
	万人科技型中小企业数	11	
	单位土地总产值	13	
	工业增加值率	11	
	园区建立健全科技创新服务体系进展情况评价	10	定性
	园区高新技术产业（含战略性新兴产业）和创新型集群培育发展状况评价	10	
可持续发展能力（15%）	企业数量增长率	15	定量
	高新技术企业增长率	15	
	营业收入超过亿元的企业占企业总数的比重	18	
	单位土地税收	14	
	综合能耗产出率	18	
	园区实施人才战略与政策的绩效评价	10	定性
	园区宜居性和城市服务功能的完善程度评价	10	
开放合作与辐射带动作用（15%）	高新区工业总产值占所在城市工业总产值的比重	17	定量
	高新区固定资产投资额占所在城市固定资产投资额的比重	17	
	高新区出口额占所在城市出口额的比重	16	
	港澳台商及外商投资企业占高新区企业的比重	15	
	进出口额	15	
	当地政府支持情况评价	10	定性
	园区发展对所在城市的示范引领和辐射带动作用评价	10	

　　评价采用上一年度相关统计数据和材料，评价方法以功效系数法为核心，采用综合加权汇总计算，得出每个省级高新区综合发展分值，再与加减项分数形成最终得分。高新区在评价年度内获得国家级奖励等情形，可酌情加分，单个评价年度内加分上限为5分。高新区在评价年度内发生重大安全事故、重大环保事故、严重违反建设规划或对社会造成重大不良影响的，一律按末位处理。

　　《考评管理办法》中建立了相关机制以保障评价工作的有效推进。一方面，建立责任制度，各高新区管委会对统计数据和相关材料的真实性、及时性和有效性负责；虚报、瞒报以及不按要求上报评价相关资料，情节轻微的扣减一定分值，并进行通报批评；情节严重的将追究有关人员责任。另一方面，强化奖惩机制，根据年度评价结果给予一定的综合奖励，主要奖励在全国排名中名次进位明显的国家高新区和综合排名靠前的省级高新区；对排名后 2 位的省级高新区及全国评价排名后 10 位的国家高新区通报批评并限期整改。此外，坚持以建促升，根据评价结果选择基础较好、规模较大、主导产业明确、创新能力显著、区位优势明显的省级高新区，促升国家高新区。

5.2.4.3 上海市开发区综合评价

从 2010 年开始，为促进上海市开发区加快实现"创新驱动、转型发展"，以新型工业化为发展主线，按照上海市工业区"十二五"规划的要求，上海市经信委委托行业协会从产业发展、资源利用、创新发展、投资环境等方面对上海市开发区（园区）展开了定期（每年一次）综合评价工作，以服务于园区可持续发展和精细化管理。

根据上海市经信委委托，上海市开发区协会和礼森（中国）产业园区智库组织合作开展了近十年的上海市开发区综合评价工作。根据《上海市开发区综合评价办法（2017版）》，共有 108 家市级以上开发区、产业基地、区/镇级产业园区参加 2019 年开发区综合评价，数据来源为各园区上报的 2018 年度产业园区统计年报。

上海市开发区综合评价以导向性、科学性、综合性为工作原则，评价对象为本市相关开发区（其他产业基地、产业区块及工业集中区参照开展）。综合评价指标体系由产业发展、资源利用、创新发展、投资环境 4 个指数、11 个分项指数以及 68 个单项评价指标构成。通过分别设置指标权重、评分标杆，计算综合评价指数、分项指数，进行开发区综合评价排名。评价指标见表 5-5。

表 5-5 上海市开发区社会绩效评价指标权重情况表

指数	权重	分项指数	权重	单项指标	权重
产业发展（1）	0.35	经济规模（1.1）	0.4	工业增加值（1.1.1）	—
				工业总产值（1.1.2）	—
				二三产业营业总收入（1.1.3）	—
				企业利润总额（1.1.4）	—
				上缴税金总额（1.1.5）	—
				进出口总额（1.1.6）	—
				历年累计固定资产投资总额（1.1.7）	—
				当年固定资产投资总额（1.1.8）	—
				累计吸引合同外资总额（1.1.9）	—
				当年实到外资总额（1.1.10）	—
				新增内资企业注册资本金（1.1.11）	—
				注册企业总数（1.1.12）	—
				单位土地吸纳就业人数（1.1.13）	—

指数	权重	分项指数	权重	单项指标	权重
产业发展（1）	0.35	发展速度（1.2）	0.3	工业增加值增长率（1.2.1）	—
				工业总产值增长率（1.2.2）	—
				二三产业营业总收入增长率（1.2.3）	—
				企业利润总额增长率（1.2.4）	—
				上缴税金总额增长率（1.2.5）	—
				年度固定资产投资增长率（1.2.6）	—
				进出口总额增长率（1.2.7）	—
		发展质量（1.3）	0.3	园区销售利润率（1.3.1）	0.25
				工业企业人均劳动生产率（1.3.2）	0.2
				园区主导产业集聚度（1.3.3）	0.35
				从业人员平均劳动报酬（1.3.4）	0.2
资源利用（2）	0.25	土地集约（2.1）	0.5	工业用地（工业总产值）产出强度（2.1.1）	—
				单位土地利润产出强度（2.1.2）	—
				单位土地税收产出强度（2.1.3）	—
				单位土地固定资产投资强度（2.1.4）	—
				综合容积率（2.1.5）	—
				综合建筑密度（2.1.6）	—
				尚可出让工业用地面积（2.1.7）	—
		节能减排（2.2）	0.3	单位增加值综合能耗（2.2.1）	—
				单位工业总产值综合能耗（2.2.2）	—
				单位工业总产值综合能耗下降率（2.2.3）	—
				单位工业总产值新鲜水耗（2.2.4）	—
		环境保护（2.3）	0.2	是否为国家生态示范园区（2.3.1）	—
				当年环保投入占固定资产投资比重（2.3.2）	—
				单位工业总产值二氧化硫排放量（2.3.3）	—
				单位工业总产值COD排放量（2.3.4）	—
				主要污染因子排放达标率（2.3.5）	—
创新发展（3）	0.25	战略性新兴产业和高新技术产业化（3.1）	0.55	高新技术产业化基地数（3.1.1）	—
				高新技术企业数（3.1.2）	—
				高新技术企业占比（3.1.3）	—
				高新技术产业用地率（3.1.4）	—
				战略性新兴产业和高新技术产业产值比重（3.1.5）	—

续表

指数	权重	分项指数	权重	单项指标	权重
创新发展（3）	0.25	科技创新 (3.2)	0.35	区内企业发明专利授权数（3.2.1）	0.15
				研发经费占主营业务收入比例（3.2.2）	0.2
				入选国家和本市相关人才计划的人员加权合计数（3.2.3）	0.3
				从业人员大专以上学历人数占比（3.2.4）	0.1
				研发人员比重（3.2.5）	0.05
				研发中心（机构）加权合计数（3.2.6）	0.1
				技术先进型服务企业数（3.2.7）	0.1
		创新平台 (3.3)	0.1	国家和上海市科技企业孵化器加权合计数（3.3.1）	0.4
				是否建立中小企业融资促进平台（3.3.2）	0.3
				是否建立创业投资服务机构（3.3.3）	0.3
投资环境（4）	0.15	产业发展环境(4.1)	0.4	园区集团总部和世界500强企业地区总部以及上市公司加权合计数（4.1.1）	0.3
				园区世界500强企业数（4.1.2）	0.3
				园区是否具有国际开放口岸（4.1.3）	0.1
				园区单位面积基础设施投入（4.1.4）	0.3
		管理服务环境(4.2)	0.6	园区是否编制完成所在区域控详规划（4.2.1）	0.1
				是否认定为国家新型工业化产业示范基地（4.2.2）	0.2
				是否为国家级开发区（4.2.3）	0.2
				是否认定为上海市品牌园区（4.2.4）	0.05
				是否认定为上海市生产型服务业功能区（4.2.5）	0.05
				是否认定为其他国家级或市级功能园区（4.2.6）	0.05
				园区管理机构是否通过ISO 14000和ISO 9001认证（4.2.7）	0.05
				园区是否设立专项发展资金（4.2.8）	0.2
				累计安全生产时间（4.2.9）	0.1

综合评价满分为1000分，各开发区得分情况按以下方法计算确定。

① 正指标 X_i：即指标数值越大，得分越高。

当 $X_i > A_1$ 时，$Z_{ij} = b_i \times 1000$

当 $A_2 < X_i < A_1$ 时，$Z_{ij} = \{[(X_i - A_2)/(A_1 - A_2)] \times 0.2 + 0.8\} \times b_i \times 1000$

当 $A_3 < X_i < A_2$ 时，$Z_{ij} = \{[(X_i - A_3)/(A_2 - A_3)] \times 0.2 + 0.6\} \times b_i \times 1000$

当 $A_4 < X_i < A_3$ 时，$Z_{ij} = \{[(X_i - A_4)/(A_3 - A_4)] \times 0.6\} \times b_i \times 1000$

当 $X_i < A_4$ 时，$Z_{ij}=0$

② 逆指标 X_i：即指标数值越小，得分越高。

当 $X_i < A_1$ 时，$Z_{ij}=b_i \times 1000$

当 $A_1 < X_i < A_2$ 时，$Z_{ij}=\{[(A_2-X_i)/(A_2-A_1)] \times 0.2+0.8\} \times b_i \times 1000$

当 $A_2 < X_i < A_3$ 时，$Z_{ij}=\{[(A_3-X_i)/(A_3-A_2)] \times 0.2+0.6\} \times b_i \times 1000$

当 $A_3 < X_i < A_4$ 时，$Z_{ij}=\{[(A_4-X_i)/(A_4-A_3)] \times 0.6\} \times b_i \times 1000$

当 $X_i > A_4$ 时，$Z_{ij}=0$

目前的综合评价指标体系中，仅有以下5项指标为逆指标，分别是单位增加值综合能耗（2.2.1）、单位生产总值综合能耗（2.2.2）、单位生产总值新鲜水耗（2.2.4）、单位生产总值二氧化硫排放量（2.3.3）、单位生产总值COD排放量（2.3.4）。

③ 分段指标 X_i：目前的综合评价指标体系中，仅有"综合建筑密度（2.1.6）"为分段指标。该指标的计算方法为：

当 $0.35 < X_i < 0.45$ 时，$Z_{ij}=b_i \times 1000$；

当 $X_i < 0.35$ 时，按正指标计算，$A_2 = 0.3$，$A_3 = 0.25$，$A_4 = 0$。

当 $X_i > 0.45$ 时，按逆指标计算，$A_2 = 0.5$，$A_3 = 0.55$，$A_4 = 1$。

④ 定性指标 X_i：

当 $X_i = A_1$ 时，$Z_{ij}=b_i \times 1000$；

当 $X_i = A_2$ 时，$Z_{ij}=0.8 \times b_i \times 1000$；

当 $X_i = A_3$ 时，$Z_{ij}=0.6 \times b_i \times 1000$；

当 $X_i = A_4$ 时，$Z_{ij}=0$

总指数：$Z_j=\sum Z_{ij}$

式中　　　　　　　　i ——某项指标：

　　　　　　　　　　j ——某个开发区；

　　　　　　　　　　X ——该指标的实际值；

A_1、A_2、A_3、A_4 ——各指标对应的满分值、优秀值、一般值和零分值；

　　　　　　　　　　b_i ——该指标的权重；

　　　　　　　　　　Z_{ij} ——各开发区的单项指标得分；

　　　　　　　　　　Z_j ——各开发区的总指数得分。

5.2.4.4　苏州工业园区工业企业资源集约利用综合评价

苏州工业园区地处我国经济最为发达、产业最为密集的长江三角洲城市群核心位置，土地资源是园区发展的硬约束条件。因此，"向质量要效益、向空间要资源，努力提高引进项目质量、单位投资强度和建筑容积率"的高质量发展理念贯穿苏州工业园区的发展历程。为进一步提升单位资源产出率、加快淘汰低端低效产能，2017年，《苏州市工业企业资源集约利用综合评价办法（试行）》（以下简称《办法》）正式出台。指标体系如表5-6所列。

表5-6　苏州工业园区工业企业资源集约利用综合评价指标体系

指标	权重	备注
亩均税收 （实缴税金／占地面积）	30%	为避免该类单项指标对企业综合评价结果产生过大影响，设定每项评价指标的得分最高不超过该项评价指标基准分的1.5倍，最低为零分。若该项评价指标数据空缺，则该指标得零分。参评企业该类指标评价值除以该类指标基准值再乘以指标基准分，即为该类指标评价得分
亩均销售 （销售收入／占地面积）	20%	为避免该类单项指标对企业综合评价结果产生过大影响，设定每项评价指标的得分最高不超过该项评价指标基准分的1.5倍，最低为零分。若该项评价指标数据空缺，则该指标得零分。参评企业该类指标评价值除以该类指标基准值再乘以指标基准分，即为该类指标评价得分
全员劳动生产率 （增加值／平均职工人数）	15%	为避免该类单项指标对企业综合评价结果产生过大影响，设定每项评价指标的得分最高不超过该项评价指标基准分的1.5倍，最低为零分。若该项评价指标数据空缺，则该指标得零分。参评企业该类指标评价值除以该类指标基准值再乘以指标基准分，即为该类指标评价得分
研发经费占销售的比重 （研发经费支出／销售收入）	15%	有研发经费数据的企业，"研发经费占销售的比重"指标评价值最高的得基准分，其他企业按其"研发经费占销售的比重"评价值除以该指标最高值再乘以该指标基准分确定。没有研发经费数据的企业得零分
单位能耗增加值 （增加值／总能耗）	10%	"单位能耗增加值"指标评价值最高的企业得基准分，其他企业按其"单位能耗增加值"指标评价值除以该指标最高值再乘以该指标基准分确定。没有销售数据的得零分
单位主要污染物增加值 （增加值／主要污染物排放总当量）	10%	有主要污染物当量数据的企业，"单位主要污染物增加值"指标评价值最高的企业得基准分，其他企业按其"单位主要污染物增加值"指标评价值除以该指标最高值再乘以该指标基准分确定。没有主要污染物当量数据的企业，有销售数据的得基准分，没有销售数据的得零分

《办法》提出，将对占地3亩以上的工业企业进行评价，把企业分为四大类进行管控管理。这项评价每年进行一次，按照评价得分高低排序分为A（优先发展类，综合评价得分排在前20%）、B（支持发展类，综合评价得分排在20%～60%）、C（提升发展类，综合评价得分排在前60%～95%）、D（限制发展类，综合评价得分排在后5%）四类。

《办法》出台的当年即实行，针对评价得出的四类企业，苏州工业园区管委会采取不同措施：

① 对A类企业，重点支持继续促进其发展质量的提升；

② 对B类企业，支持其生产工艺创新和转型升级；

③ 对C、D类企业，促进转型升级；

④ 对排名后5%的D类企业，逐步运用差别化的水电气价格、污水处理费、排污权有偿使用费和交易等手段，"倒逼"其技术整改或淘汰退出。

5.2.4.5　青岛中德生态园指标体系

青岛中德生态园（Sino-German Ecopark）是由中德两国政府合作建设的首个可持续发展示范项目。园区自2013年7月启动建设以来，围绕"田园环境、绿色发展、美好生活"的发展愿景，在生态建设、绿色发展、改革创新等多方面先行先试，取得了显著的发展成效。迄今，园区先后获得"全国首批低碳城镇试点""全国首家综合标准化示范园区""国家绿色制造国际创新园""全国智慧城市试点""国家绿色生态示范城区""全国首批新能源示范园区""全国首批智能制造灯塔园区"等荣誉。

中德生态园于2012年建立了一套包含经济、社会、环境、资源四大类共40项条目的指标体系，作为园区规划建设全局的指引，以标准化实现管理模式的创新。该指标体系立足"生态、示范"两个关键因素，构建量化的指标体系，以促进社会、环境、资源与经济四维平衡发展，并通过实践确保可持续发展量化指标能操作、能实现。历时5年，经过园区逾$2.0 \times 10^6 m^2$的建设实践检验，证明该指标体系符合国际国内城市可持续发展的趋势，可执行、可复制、可推广。2017年，中德生态园管委会提出了创建国际一流园区的目标，并逐步开展指标评估和升级工作，为绿色生态建设奠定了良好的基础。在指标体系的40条评价指标中，包括34项控制性指标和6项引导性指标，其中控制性指标分为经济优化、环境友好、资源节约以及包容发展四类。除控制性指标外，还有环境空气质量提升、园区智能化系统高水平建设、海洋新兴产业发展优先、本地产业共生与配套完善、绿色设计理念推广、海洋文化特色突出6项引导性指标。

表5-7　青岛中德生态园指标体系

评价维度	一级指标	二级指标	2020年指标值
经济优化类指标	减少生产排放	单位GDP碳排放强度	≤180tCO₂/百万美元
		企业清洁生产审核实施及验收通过率	100%
		单位工业增加值COD排放量	≤0.8kg/万元
	提高利用效率	工业余能回收利用率	≥50%
		单位工业增加值新鲜水耗	≤7m³/万元
		工业用水重复利用率	≥75%
	转变产业结构	中小企业政策指数	5
		研发投入占GDP比重	≥4%
环境友好类指标	平衡宜居宜业	人均公园绿地面积	30m²/人
		区内地表水环境质量达标率	100%
		区域噪声平均值	昼间均值55dB(A) 夜间均值45dB(A)
		城市室外照明功能区达标率	100%
	降低建设影响	园区范围内原有地貌和肌理保护比例	40%
		绿色施工比例	100%
	保育生物多样	鸟类食源树种植株比例	35%
资源节约类指标	促进源头减量	绿色建筑比例	35%
		日人均生活用水量	≤100L/(人·d)
		日人均生活垃圾产生量	≤0.8kg/(人·d)
		建筑合同能源管理率	100%

续表

评价维度	一级指标	二级指标	2020年指标值
资源节约类指标	开展多源利用	分布式能源供能比例	≥60%
		可再生能源使用率	≥15%
		非传统水资源利用率	≥50%
		垃圾回收利用率	≥60%
	完善设施体系	绿色出行所占比例	≥80%
		建筑与市政基础设施智能化覆盖率	100%
		开挖年限间隔不低于5年的道路比例	100%
		危废及生活垃圾无害化处理率	100%
包容发展类指标	共享幸福社区	民生幸福指数	≥90分
		步行范围内配套公共服务设施完善便利的区域比例	100%
		步行5min可达公共绿地住区比例	100%
		保障性住房占住宅总量的比例	≥20%
		本地居民社会保险覆盖率	100%
	加强交流合作	适龄劳动人口职业技能培训小时数	≥25h/a
		中德国际交流活动频率	≥1次/a

5.3　工业园区环境友好指数开发

　　随着全面工业化和加速城镇化，工业集聚发展态势明显，各类工业集聚区（包括产业集聚区、工业集中区、工业园区等）已经成为我国经济发展的重要引擎。与此同时，工业集聚区发展盲目粗放，布局型、结构性环境问题突出，环境污染严重、突发事件频发等问题也日益凸显，工业集聚区已经成为环保监管的薄弱点和污染排放的重点集中区。规范工业园区环境管理，除了要加强对园区内企业执法监察外，关键要引导发挥无法负常规意义环保责任的园区管理机构的积极性和主动性。因此，引导工业园区提高环保水平需要更多地借助非行政强制性的市场手段和社会手段，发挥舆论对招商引资的导向作用，促进园区加强环保管理。为加快推进从总量控制-改善质量到防范风险的环境管理战略转型，从控制局地污染向区域联防联控转变，从单纯防治一次污染物向既防治一次污染物又防治二次污染物转变，从单独控制个别污染物向多种污染物协同控制转变。结合当前工业集聚区建设发展面临的形势和问题，有必要通过发布评价指标体系的方式，进一步对工业集聚区环境保护工作进行指导和规范，明确环境保护战略，规范集聚环境建设和环境管理，防范环境风险，改善区域环境质量，保障群众健康。

　　2015年4月，国务院印发《水污染防治行动计划》（简称"水十条"），提出"研究发布工业集聚区环境友好指数、重点行业污染物排放强度、城市环境友好指数等信息"的要求，由环境保护部牵头，发展改革委、工业和信息化部等参与，从法规层面对工业园区环境友好指数开发做出明确要求，为本项工作的开展提供了顶层设计和根本遵循。在工业园区层面开发环境友好指数，探索实行环境友好指数排名，能够激励引导园区绿色发展，推动形成环境管理长效机制。2006年我国开始提出构建资源节约型和环境友好型社会，关于环境友好及其测度方法的研究日趋增多，部分学者对环境友好指数做了探索研究，然而目前针对工业园区环境友好指数的相关研究仍然较少。

开发工业园区/工业集聚区环境友好指数是对工业集聚区（包含现有重点工作中的各类工业园区和生态工业园区）加强环境保护工作的重点内容，通过制定发布工业集聚区环境友好指数评价指标，对各类工业集聚区环境保护和环境友好综合水平进行量化表征，系统反应工业集聚区环境质量水平、环境基础设施完善程度、企业清洁生产水平、环境守法状况、环境风险防控能力、园群关系和谐程度等内容，指导工业集聚区加强环境保护工作。鼓励工业集聚区开展第三方环境审计并发布审计报告，鼓励第三方研究机构对照指标、结合集聚区环保情况发布工业集聚区环境友好指数，作为工业集聚区投资环境的重要参考。

5.3.1　环境友好及环境友好型社会的定义

环境友好型社会是一种关于环境系统、经济系统、社会系统之间和谐互动的社会发展形式，其特征是经济、社会发展方式的无害化、清洁化和环境系统的可持续性；环境友好型社会的建设需要综合配套的政策措施；通过运用多种方法对环境友好型社会的建设进程量化评价，进一步为其提供具有动态性和范围广的比较分析。

中国科学院可持续发展战略研究组（2006）认为，环境友好是指人类应尽量采取对环境无害的方式进行社会生产活动，尽可能少地产生污染，保持生态系统的平衡，实现人与自然的和谐发展。李名升（2007）在构建我国环境友好型社会评价体系时提出，在目前阶段，"环境友好"首先应该是社会经济活动对环境的负荷和影响要达到现有技术经济条件下的最小化。王金南（2006）在分析环境友好型社会的内涵及实现途径时指出，环境友好的核心是从发展观念、消费理念和社会经济政策的环境友好性，也就是从根本的源头上预防污染产生和生态破坏；循环经济是资源节约和环境友好的途径；环境友好应以环境承载力为基础，以遵循自然规律为准则，以绿色科技为动力，构建经济社会环境协调发展的社会体系。刘英焕（2012）认为，环境友好是在特定的时间和空间范围内，运用技术、经济、行政、法律等多种手段使得经济社会活动在有限的环境载荷和环境容量下实现资源高效利用、污染物最小化或零排放、生产生活方式的清洁化，从而使环境、经济、社会之间形成和谐共生，有利于人类健康和生态平衡的一种可持续发展状态。

任勇（2005）认为，建立环境友好型社会的核心就是建立环境友好的经济发展模式，而循环经济是最有效的手段。它能够将社会-经济系统与生态环境系统之间的物质交换的通量控制在生态环境系统的自净、承受能力之内。在徐统仁（2007）的研究中，明确了建立环境友好型社会的核心是发展循环经济模式，而它需要用绿色政治制度作保护伞，生态文明和环境文化作基础，绿色科技作支撑。从上述定义可以看出，环境友好的核心是在经济发展引起的生产环境、环境保护的生态环境、社会活动构成的生活环境三个维度之间协调发展、融洽共生。

5.3.2　环境友好指数的内涵

环境友好指数是反映一个国家或地区的环境状况优劣的综合性指标，具体而言，环境友好指数指在一定时期内（通常为一年）一定区域的大气、水、声、土壤等环境要素指标所构成的综合指数或数量相对数，是通过运用指数理论和定量方法综合反映人类经济社会活动与生态环境的和谐程度的动态相对数，反映人类生产生活方式对环境影响程度及生态环境质量水平。环境友好指数的高低，可以直观地反映经济活动对环境的压力大小、生产生活方式与环境的和谐程度的高低、环境质量水平的好坏。环境友好指数体系则是衡量大气、水、声、土壤等环境要素的动态变化情况及人类生产生活方式与生态环境的和谐程度的综合指数体系。

5.3.3　环境友好指数的评价维度

联合国经济合作与发展组织开发的"压力-状态-响应模型（pressure-state-response model, PSR 模型）"搭建了经济发展引起的生产环境、环境保护的生态环境、社会活动构成的生活环境之间互为影响的关系。该模型框架的基本思路是人类经济活动给自然环境施加压力，结果改变了生态环境质量，各种社会主体通过环境、经济、技术等政策手段或管理措施对这些变化做出响应，以减缓由于人类活动对环境造成的压力，维系生态经济系统的良性互动（见图5-1）。具体来说，PSR 模型中的 P 是指环境压力，是指人类经济活动对环境功能和质量造成的冲击和扰动；S 是指环境状态，即环境的质量和资源的存量，包括环境的承载能力和资源的再生能力等内容；R 是指社会响应，即政府、企业、公众等组织或个体对环境状态变化的反应，其核心是相应环境治理措施的制定与实施。

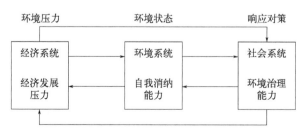

图5-1　压力－状态－响应模型

从"压力-状态-响应模型"中可以看到，对环境系统产生作用的三大主导因素，包括经济系统对环境系统产生的间接压力，各种污染物对环境系统产生的直接压力，社会主体对环境污染的响应能力，即政府、企业和公众等主体的环境治理能力，这也构成了环境友好指数的评价维度。

5.3.4　工业园区（工业集聚区）环境友好指数评价指标

为贯彻落实《中华人民共和国环境保护法》和国务院《水污染防治行动计划》，采取综合措施加大工业集聚区污染防治力度，提高工业集聚区生态文明建设水平，本书编制团队开展了《工业园区（工业集聚区）环境友好指数评价指标》（以下简称《评价指标》）技术文件研究工作。对我国工业集聚区环境保护工作中存在的问题进行了分析和总结，结合国家环境保护行政主管部门管理经验，构建了环境友好指数评价指标体系。

《评价指标》的编制基于大量调研、论证工作，参考了国内外如基尼系数、恩格尔系数、统计局综合发展指数、城市环境综合整治定量考核指标等指标体系结构和考核方法，分析了原环境保护部发布的生态工业园区相关技术标准中体现园区环境友好水平的相关指标，评价指标定量指标确定采用了趋势外推法、回归分析法和类推预测法，指标权重的确定方法采用德尔菲法。《评价指标》根据工业集聚区层面环境保护工作的特点，规定了工业集聚区环境友好指数的定义、评价指标与评价方法、指标数据获取与计算方法等。本技术文件适用于指导工业集聚区管理机构完善工业集聚区环境保护工作，同时为第三方机构开展环境友好水平评价提供技术依据。以促进工业集聚区环境保护工作的公众参与和社会监督。

环境友好指数的相关指标是在国家生态工业示范园区相关标准基础上的创新。国家生态工业示范园区相关标准是对国内具有较高水平具有示范意义的工业集聚区提出的要求，而环境友好指数则是对工业集聚区的基准水平提出要求和评价，其思路存在较大差异。环境友好指数中的指标与生态工业园区标准从指标结构、数据获取方式、指标值等方面的要求都存在较大差异。生态工业示范园区标准是针对管理基础较高的工业集聚区，突出其生态环境建设的示范意义，而工业集聚区环境友好指数则针对我国多数类型和状态的工业集聚区，设定为工业集聚区环境保护工作的基准评价，其与生态工业示范园区标准评价对象不同，为上下衔接的关系。

5.3.4.1　定义

（1）工业集聚区

国家或地方政府根据自身经济发展的内在要求，通过行政手段划出聚集各种生产要素，在一定空间范围内进行科学整合，以若干工业行业行为为主体，行业间关联配套，聚集效应明显，突出产业特色，优化功能布局的具有明确的管理机构或开发主体的现代化工业发展区域。特指具有明确管理机构和明确范围，由国务院批准设立的经济技术开发区、高新技术产业开发区、海关特殊监管区域、边境/跨境经济合作区、其他类型开发区及由省（自治区、直辖市）人民政府批准设立的开发区等。

（2）工业集聚区环境友好指数

该指数是反映一个工业集聚区目前的环境保护工作完善程度和对所在区域环境影响程度的综合性指标，是衡量工业集聚区内环境行为动态变化情况及人类生产生活方式与生态环境和谐程度的综合指数。

5.3.4.2　指标设置方法

（1）指标框架的设置

环境友好指数评价指标数据获取主要来源渠道为政府公开信息，环境守法、环境基础设施和环境管理为目前工业集聚区环境友好水平的主要评价依据，设置为基本评价指标。

而资源消耗强度和污染排放强度等反映生态效率的指标数据需要集聚区主动信息公开获取，因此设置为加分评价指标。

（2）指标值的确定方法

该标准包含了定性和定量两类指标，由于各项指标背景数据来源渠道不同，指标值的确定方法也不同。其中定量指标的指标值确定采用了趋势外推法、回归分析法、类推预测法。收集并分析了全国110个已命名和已开展创建的国家生态工业示范园区和131个国家级经济技术开发区的经济、资源、环境数据。《工业集聚区环境友好指数》中各指标值的上限值是利用上述三种方法，根据100余家已开展和在开展生态工业示范园区的园区数据平均值进行赋值的，将生态工业示范园区的平均水平作为全国工业集聚区进行环境保护工作的最高要求，提高整体环境保护水平。

（3）指标权重的确定方法

指标权重的确定采用德尔菲法，根据专家意见，确定每项指标权重值。

（4）环境守法指标的说明

作为环境守法的基本要求，环境守法类指标，目前将权重设置为50%，考虑到可将环境守法指标与其他指标合计打分，但也可在环境友好指数的分析中对环境守法、环境基础设施和环境管理指标单独分类分析，或将环境守法指标作为一票否决项指标进行操作，分析方式可由报告编制者自行决定。

（5）重点指标与环保重点任务的关系

1）规划环评开展情况

环境影响评价是源头控制污染源的重要环境管理手段，随着具体项目下放、宏观规划适度上收、不断推动规划环评落地的环评简政放权思路，规划环评将成为从决策层面防范系统性、区域性污染的重要手段。而《中华人民共和国环境影响评价法》（以下简称《环评法》）第十五条提出"对环境有重大影响的规划实施后，编制机关应当及时组织环境影响的跟踪评价，并将评价结果报告审批机关；发现有明显不良环境影响的，应当及时提出改进措施。"的要求，因此本次指标设定特别增加了规划环评开展情况的指标，并对已开发多年但规划未进行修订或未扩建的工业集聚区，提出5年开展一次跟踪评价的要求。通过该指标的设立，推动工业集聚区规划环评和跟踪评价的开展，从规划和区域层面解决产业定位、功能布局、资源环境承载的问题。

2）污水相关指标

结合《水污染防治行动计划》要求，本指数共设定4项与污水处理相关指标，分别为工业集聚区企业进集中污水处理厂接管率、工业集聚区内是否有集中污水处理厂、工业集聚区企业在线监测率、集中污水处理厂出水水质，分别从污水收集、处理、监测、达标排放4个方面通过指数的设定和园区间评比，不断促进《水污染防治行动计划》中提出的"集中治理工业集聚区水污染"相关要求。

3）环境应急管理体系完善程度

近年来多次重特大安全事故引发的环境污染事件凸显了环境应急管理体系的重要性及存在的不足，2015年环境保护部发布《突发环境事件应急管理办法》（部令第34号），对风险控制、应急准备、应急处置、信息公开等方面提出了具体要求。工业集聚区是环境风险点的集中区域，也是企业、园区、政府三级防控体系中的中间环节，最为关键，是较好的应急缓冲区，但目前工业集聚区存在层级的预案缺乏、不同层级间预案衔接不充分、应急演习流于形式、大型石化园区的环境应急预警监测开展不足等问题。通过设置该指标，可通过评比的手段，鼓励和推动工业集聚区的环境应急管理体系的建设，例如预案的编制、应急演习的常态化、工业集聚区环境应急物资储备、预警监测体系的建设等。

5.3.4.3 评价方法

采用环境友好指数EFI：

$$EFI = \sum_{i=1}^{18} X_i m_i$$

式中　EFI ——环境友好指数；

X_i ——第 i 项基本指标分值；

m_i ——第 i 项基本指标权重。

5.3.4.4 评价指标

本研究拟构建的工业集聚区环境友好指数评价指标，结合现有的研究方法学，旨在科学合理地揭示在工业园区层面环境友好度与环境守法程度、基础设施完善度、环境管理水平、绿色发展水平、居民生活绿色化程度等之间的关系，借鉴"压力-状态-响应模型"的框架思路，结合新时期国家要求，增加碳达峰碳中和相关指标。

依据工业集聚区环境友好的特点，初步拟定以工业集聚区环境友好指数评价指标为目标层，以守法底线、基础设施、环境管理、绿色发展、减污降碳和公众监督6个指数为准则层，根据工业集聚区园区环境友好指数设计思路，设置18个具体指标作为指标层。按要求进行加权评分累计，满分100分。工业集聚区环境友好指数按分值排序，分值越高表明环境友好程度越高。

指标层是最基本的统计指标，是各级指数的计算依据。守法底线指标是工业集聚区环境保护应首先达到的约束性较强的要求，包括环境违法情况、发生突发环境事件情况、重点企业清洁生产审核实施率、污水集中处理设施完善度4个指标；基础设施是判断工业集聚区环境友好性的支撑性要求，包括污水集中处理设施出水水质、危险废物无害化处置率、分散燃煤锅炉淘汰率3个指标；环境管理水平和能力也是环境友好性的体现，包括规划环境影响评价开展情况、工业集聚区环境信息公开完善度、环境风险应急管理体系完善程度、智慧化环保平台建设4个指标；绿色发展水平体现工业集聚区环境友好的综合发展程度，以是否开展生态工业园区建设进行评价，仅此1项指标；减污降碳结合国家最新政策要求，科学评价工业园区减污降碳协同增效，包括主要污染物排放弹性系数、一般工业固体废物综合利用率、工业用水重复利用率、二氧化碳排放强度削减率4个指标；公众监督体现园区内人居环境和谐程度，包括园群和谐关系、公众对环境质量满意度2个指标。环境友好指数评价指标如表5-8所列。

表5-8 工业集聚区环境友好指数评价指标

分类	序号	指标	权重
守法底线	1	环境违法情况	−1
	2	发生突发环境事件情况	−1
	3	重点企业清洁生产审核实施率	−1
	4	污水集中处理设施完善度	−1
基础设施	5	污水集中处理设施出水水质	0.067
	6	危险废物无害化处置率	0.067
	7	分散燃煤锅炉淘汰率	0.066
环境管理	8	规划环境影响评价开展情况	0.05
	9	工业集聚区环境信息公开完善度	0.05

分类	序号	指标	权重
环境管理	10	环境风险应急管理体系完善程度	0.05
	11	智慧化环保平台建设	0.05
绿色发展	12	生态工业园区建设	0.2
减污降碳	13	主要污染物排放弹性系数	0.1
	14	一般工业固体废物综合利用率	0.05
	15	工业用水重复利用率	0.05
	16	二氧化碳排放强度削减率	0.1
公众监督	17	园群和谐关系	0.05
	18	公众对环境质量满意度	0.05

其中环境所需信息数据依靠园区管理机构和企业信息公开获取，体现对工业集聚区发展方向的引导。各具体指标分别从不同侧重点来反映工业园区的环境守法、环境基础设施、环境管理、绿色发展、居民生活绿色化等方面的环境友好程度。

5.3.4.5 评价指标解释及要求

（1）环境违法情况

1）指标解释

指工业集聚区在报告期内发生环境违法案件的情况。

2）评价要求

此项指标为扣分项指标，工业集聚区在报告期内未发生严重环境违法情况，且未发生下述情况的，0分。

未发生严重环境违法案件，但存在以下情况的，20分：被县级以上环保部门责令改正。

未发生严重环境违法案件，但存在以下情况的，50分：a. 被县级以上环保部门限制生产或停产整治；b. 被市级以上环保部门挂牌督办。

未发生严重环境违法案件，但存在以下情况的，80分：a. 被县级以上环保部门实施按日连续处罚；b. 被有批准权的政府批准责令停业、关闭；c. 被省级以上环保部门重点案件后督察且未完成整改。

发生严重环境违法案件的，100分。严重环境违法案件指《最高人民法院、最高人民检察院关于办理环境污染刑事案件适用法律若干问题的解释》中，第一条所规定

"严重污染环境"，第三条所规定"后果特别严重"，第四条所规定"应当酌情从重处罚的情形"。

（2）发生突发环境事件

1）指标解释

园区集聚区在报告期内发生特别重大、重大或较大突发环境事件的情况。

其中，特别重大、重大和较大突发环境事件指根据《关于印发国家突发环境事件应急预案的通知》（国办函〔2014〕119号）中规定的特别重大、重大和较大突发环境事件的分级标准。

2）评价要求

本项指标为扣分项指标。工业集聚区内企事业单位没有发生较大及以上级别突发环境事件的，0分；发生较大级别突发环境事件的，50分；发生重大及以上级别突发环境事件的，100分。

（3）重点企业清洁生产审核实施率

1）指标解释

指集聚区内重点企业依法开展清洁生产审核并通过评估的总数占重点企业总数的比例。

其中，重点企业是指《清洁生产审核暂行办法》（国家发展和改革委员会、国家环境保护总局16号令）中规定的，由省级环境保护行政主管部门每年发布的强制性清洁生产审核名单的企业（包括集聚区从建设规划基准年到验收年公布的重点企业清洁生产审核名单中的全部企业）。

计算公式如下：

$$重点企业清洁生产审核实施率（\%）= \frac{通过清洁生产审核评估的重点企业数量（个）}{园区重点企业总数（个）}$$

2）评价要求

评价分值=重点企业清洁生产审核实施率×100。

（4）污水集中处理设施完善度

1）指标解释

按照《水污染防治行动计划》要求，工业集聚区污水集中处理情况主要要求集聚区内工业废水必须经预处理达到集中处理要求，方可进入污水集中处理设施。

2）评价要求

按规定完成以下内容，每存在一项所得相应分数，存在多项得分累计，满分为100分：

① 集聚区内工业废水未按规定建成污水集中处理设施，25分；

② 集聚区内工业废水未全部经预处理达到集中处理要求，25分；

③ 污水集中处理设施出口未安装自动在线监控装置，或未与环保部门联网，25分；

④ 污水配套管网不完善，25分。

（5）污水集中处理设施出水水质

1）指标解释

指工业集聚区内集中污水处理设施或集聚区外承接工业企业污水处理的集中污水处理设施出水水质达到的标准状况。

2）评价要求

污水集中处理设施出水水质标准达到《城镇污水处理厂污染物排放标准》（GB 18918—2002）的一级A出水标准得分为100，出水水质达到排放标准一级B的，得分为75分，出水水质达到排放标准二级标准的记为50分，低于排放标准二级标准的得分为0。

（6）危险废物无害化处置率

1）指标解释和计算公式

指集聚区内危险废物无害化处置量与危险废物产生量的比值。

危险废物指列入国家危险废物名录或者根据国家规定的危险废物鉴别标准和鉴别方法认定的具有腐蚀性、毒性、易燃性、反应性和感染性等一种或一种以上的危险特性，以及不排除具有以上危险特性的固体、液体或其他形态的废物。

危险废物无害化处置量是指危险废物安全处置量与综合利用量之和。其中，危险废物安全处置是指企业将危险废物焚烧和用其他改变工业固体废物的物理、化学、生物特性的方法，达到减少或者消除其危险成分的活动，或者将危险废物最终置于符合环境保护规定要求的填埋场的活动。危险废物综合利用是指从危险废物中提取物质作为原材料或者燃料的活动中消纳危险废物的量。

计算公式如下：

$$工业集聚区危险废物无害化处置率（\%）= \frac{工业集聚区危险废物无害化处置量(t)}{工业集聚区危险废物产生量(t)}$$

2）评价要求

工业集聚区危险废物无害化处置率达到100%的得分，100分；低于100%，0分。

（7）分散燃煤锅炉淘汰率

1）指标解释

为大力开展集中供热设施建设，加强集聚区余热余压的综合利用。各集聚区应推行集中供热，限期淘汰现有分散燃煤锅炉。分散燃煤锅炉淘汰率指集聚区已淘汰分散燃煤锅炉数量比建设规划起始年原有分散燃煤锅炉数量。

2）评价要求

$$评价分值 = 分散燃煤锅炉淘汰率 \times 100$$

（8）规划环境影响评价开展情况

1）指标解释

规划环评开展情况，是指工业集聚区开展规划环评和定期开展环境影响的跟踪评价情况。

2）评价要求

对于集聚区新建、改造、升级或发生重大调整（如定位、范围、布局、结构、规模等）的，开展规划环境影响评价，并取得环境保护主管部门审查意见或集聚区规划未调整且规划实施5年以上的，开展跟踪环境影响评价，并由环境保护主管部门组织审核，得100分；未开展上述工作的，0分。

（9）工业集聚区环境信息公开完善度

1）指标解释

指工业集聚区在区管委会网站创建环境信息公开专栏或建立集聚区专门环境信息公开网站，以及该信息平台建设的完善程度。其中，环境信息公开平台是指依托于互联网技术用于发布集聚区环境相关信息的网络信息平台。

2）评价要求

以下内容每完成一项得相应分数，完成多项得分累计，满分为100分：

① 定期发布工业集聚区环境管理的各项工作信息，20分；

② 每年发布工业集聚区环境友好指数各项指标数据和情况，20分；

③ 发布集聚区内企业在污染防治方面的先进技术、经验总结（主要指资源、能源高效利用等方面）20分；

④ 按照《企业事业单位环境信息公开办法》（环境保护部令第31号）的要求定期公开集聚区内重点排污单位的相关信息，20分；

⑤ 按照《关于进一步规范城镇（园区）污水处理环境管理的通知》（环水体〔2020〕71号）要求，定期向社会公开园区污水集中处理设施运营单位运营维护和污染物排放等信息，20分。

（10）环境风险应急管理体系完善程度

1）指标解释

建立工业集聚区、企业与所在区域一体化环境风险应急响应机制和管理体系。

2）评价要求

以下情况每完成一项得相应分数，完成多项分数累计，满分为100分：

① 开展集聚区环境风险评估，编制风险评估报告，20分；

② 编制较完善的集聚区环境风险应急预案，20分；

③ 整合集聚区应急资源，建立综合性或者专业环境应急救援队伍，储备必要的环境应急物资和装备，20分；

④ 组织对环境应急预案进行专项培训，定期组织开展跨行业、综合性的应急演练，20分；

⑤ 建立环境风险监测预警平台，20分。

（11）智慧环保平台建设

1）指标解释

全面整合园区信息化资源，以提升园区本质安全和环境保护水平为目的建设智慧园区，建立安全、环保、应急救援和公共服务一体化信息管理平台。开发基于大数据和云计算的具备环境监测、智慧监管、风险防控、决策支撑功能的智慧环保大数据平台。

具体考核时可看有无列入"中国智慧化工园区试点示范单位"，有无"建设有集安全、环保、应急救援和公共服务一体化信息管理平台"，或其他类似的实体信息化管理系统/平台等。

2）评价要求

开展了智慧平台建设得100分，未开展得0分。

（12）生态工业园区建设

1）指标解释

工业集聚区按照产业生态学和循环经济理念，践行生态文明思想，组织开展生态工业园区建设。

2）评价要求

① 开展了省级以下生态工业园区建设的，得20分；

② 开展省级生态工业园区创建的，得40分；

③ 得到省级生态工业园区命名的，得60分；

④ 开展国家生态工业示范园区创建的，得80分；

⑤ 得到国家生态工业示范园区命名的，得100分。

（13）主要污染物排放弹性系数

1）指标解释

指集聚区内工业企业排放的各类主要污染物排放弹性系数的算术平均值。某种污染物排放弹性系数指集聚区内该污染物排放量增长率与工业增加值增长率的比值。

其计算公式如下：

$$某种污染物排放弹性系数 = \frac{某种污染物排放量增长率}{集聚区工业增加值增长率}$$

$$主要污染物排放弹性系数 = \frac{\sum_{1}^{n} 某种污染物排放弹性系数}{n} \times 100\%$$

其中，主要污染物指评价当年国家政策明确要求总量减排和控制的污染物，包括COD、氨氮、SO_2、NO_x等。

2）评价要求

当集聚区工业增加值建设期年均增长率>0时，主要污染物排放弹性系数≤0，100分；主要污染物排放弹性系数>0，且≤0.3，75分；主要污染物排放弹性系数>0.3，且≤0.7，50分；主要污染物排放弹性系数>0.7，且<1，25分；主要污染物排放弹性系数≥1，0分。

当集聚区工业增加值建设期年均增长率<0时，主要污染物排放弹性系数≥1，100分；主要污染物排放弹性系数>0.7，且<1，75分；主要污染物排放弹性系数>0.3，且≤0.7，50分；主要污染物排放弹性系数>0，且≤0.3，25分；主要污染物排放弹性系数≤0，0分。

（14）一般工业固体废物综合利用率

1）指标解释

指集聚区范围内各工业企业综合利用的一般工业固体废物量之和与当年一般工业固体废物总产生量的比值。

计算公式如下：

$$一般工业固体废物综合利用率（\%） = \frac{工业集聚区当年一般工业固体废物综合利用量(t)}{工业集聚区当年一般工业固体废物总产生量(t)}$$

其中，工业固体废物安全处置、综合利用及安全贮存量包括集聚区内以及运送至集聚区外进行安全处置、综合利用及安全贮存的废物量。

一般工业固体废物总产生量包括集聚区内企业产生的工业固体废物量，以及集聚区外运送至集聚区内的一般工业固体废物量。

2）评价要求

工业固体废物处置利用率数值乘以100即为分值，工业固体废物处置利用率达到100%的得分为100分，处置利用率为0的得分为0分。

（15）工业用水重复利用率

1）指标解释

指集聚区内工业企业在生产过程中使用的工业重复用水量与工业用水总量的比值。

计算公式如下：

$$工业用水重复利用率（\%）= \frac{工业集聚区工业重复用水量(m^3)}{工业集聚区工业用水总量(m^3)}$$

其中，工业重复用水量指集聚区内工业企业在确定的用水单元或系统内，使用的所有未经处理和处理后重复使用的水量的总和，即循环水量和串联水量的总和。循环水量指在确定的用水单元或系统内，生产过程中已用过的水，再循环用于同一过程的水量。串联水量指在确定的用水单元或系统内，生产过程中产生的或使用后的水，再用于另一单元或系统的水量。

工业用水总量指集聚区工业企业在确定的用水单元或系统内，使用的各种水量的总和，即工业用新鲜水量和工业重复用水量之和。

2）评价要求

工业用水重复利用率数值乘以100即为分值，利用率达到100%的得分为100分，处置利用率为0的得分为0分。

（16）二氧化碳排放强度削减率

1）指标解释

指集聚区内工业企业产生单位工业增加值所排放的二氧化碳量的削减率。此处二氧化碳排放量主要包括集聚区内化石能源燃烧、生物质能源燃烧排放的二氧化碳量，以及电力调入调出间接排放二氧化碳量。其计算公式如下：

单位工业增加值二氧化碳排放量削减率(%)

$$= \left[1 - \left(\frac{当年单位工业增加值二氧化碳排放量(t/万元)}{上年单位工业增加值二氧化碳排放量(t/万元)} \right) \right] \times 100\%$$

$$单位工业增加值二氧化碳排放量（t/万元）= \frac{园区工业企业二氧化碳排放总量（t）}{园区工业增加值总量（万元）}$$

园区工业企业二氧化碳排放总量（t）= 化石能源燃烧排放二氧化碳量（t）+
生物质能源燃烧排放二氧化碳量（t）+
电力调入调出二氧化碳间接排放量（t）

二氧化碳排放量核算方法如下。

① 化石能源燃烧二氧化碳排放量。

化石能源燃烧二氧化碳排放量 =［燃料消费量（热量单位）× 单位热值燃料含碳量－固碳量］× 燃料燃烧过程中的碳氧化率

式中，燃料消费量＝生产量＋进口量－出口量－国际航海（航空）加油－库存变化；燃料消费量（热量单位）＝燃料消费量 × 换算系数（燃料单位热值）；燃料含碳量＝燃料消费量（热量单位）× 单位燃料含碳量（燃料的单位热值含碳量）；固碳量＝固碳产

品产量 × 单位产品含碳量 × 固碳率；净碳排放量=燃料总的含碳量−固碳量；实际碳排放量=净碳排放量 × 燃料燃烧过程中的碳氧化率；固碳率是指各种化石燃料在作为非能源使用过程中，被固定下来的碳的比率，由于这部分碳没有被释放，所以需要在排放量的计算中予以扣除；碳氧化率是指各种化石燃料在燃烧过程中被氧化的碳的比率，表征燃料的燃烧充分性。

燃料单位热值换算系数见《综合能耗计算通则》（GB/T 2589—2008），单位热值含碳量和碳氧化率见表5-9。

表5-9 单位热值含碳量与碳氧化率参数

类别	名称	单位热值含碳量/(t碳/TJ)	碳氧化率/%
固体燃料	无烟煤	27.4	0.94
	烟煤	26.1	0.93
	褐煤	28.0	0.96
	炼焦煤	25.4	0.98
	型煤	33.6	0.90
	焦炭	29.5	0.93
	其他焦化产品	29.5	0.93
液体燃料	原油	20.1	0.98
	燃料油	21.1	0.98
	汽油	18.9	0.98
	柴油	20.2	0.98
	喷气煤油	19.5	0.98
	一般煤油	19.6	0.98
	NGL	17.2	0.98
	LPG	17.2	0.98
	炼厂干气	18.2	0.98
	石脑油	20.0	0.98
	沥青	22.0	0.98
	润滑油	20.0	0.98
	石油焦	27.5	0.98
	石化原料油	20.0	0.98
	其他油品	20.0	0.98
气体燃料	天然气	15.3	0.99

② 生物质能源燃烧二氧化碳排放量。

生物质能源燃烧二氧化碳排放量（g）= 燃烧消费量（kg）× 生物质燃料燃烧二氧化碳
排放因子

式中，燃料消费量为秸秆、薪柴、木炭、动物粪便等生物质燃料的燃烧量；生物质燃料燃烧二氧化碳排放因子见表5-10。

表5-10　生物质燃料燃烧的二氧化碳排放因子　　　　单位：（g/kg燃料）

生物质种类	二氧化碳排放因子			
	省柴灶	传统灶	火盆火锅等	牧区灶具
秸秆	14.3	7.7		
薪柴	7.4	6.6		
木炭			16.5	
动物粪便				9.9

③ 电力调入调出二氧化碳间接排放量。集聚区由于电力调入或调出所带来的间接二氧化碳排放量的核算方法：

电力调入（出）二氧化碳间接排放量（kg）= 调入（出）电量（kW·h）× 区域电网供电平均排放因子

式中，调入电量为集聚区内所有工业企业消耗电量之和，调出电量为集聚区内火力发电厂发电的上网电量，以kW·h为单位；其中电力调入排放量为正号，调出排放量为负号。区域电网供电平均排放因子可由东北、华北、华东、华中、西北和南方电网内各省区市发电厂的化石燃料二氧化碳排放量除以电网总供电量获得，并以$kgCO_2/(kW·h)$为单位。本指标提供了2010年我国区域电网单位供电平均二氧化碳排放（见表5-11），集聚区核算该指标应以国家应对气候变化战略研究和国际合作中心公开发布的区域电网供电平均排放因子的最新数据为准。

表5-11　2010年我国区域电网单位供电平均二氧化碳排放

电网名称	覆盖省区市	二氧化碳排放/[kg/(kW·h)]
华北区域电网	北京市、天津市、河北省、山西省、山东省、蒙西（除赤峰、通辽、呼伦贝尔和兴安盟外的内蒙古其他地区）	0.8845
东北区域电网	辽宁省、吉林省、黑龙江省、蒙东（赤峰、通辽、呼伦贝尔和兴安盟）	0.8045
华东区域电网	上海市、江苏省、浙江省、安徽省、福建省	0.7182
华中区域电网	河南省、湖北省、湖南省、江西省、四川省、重庆市	0.5676
西北区域电网	陕西省、甘肃省、青海省、宁夏回族自治区、新疆维吾尔自治区	0.6958
南方区域电网	广东省、广西壮族自治区、云南省、贵州省、海南省	0.5960

2）评价要求

单位工业增加值二氧化碳排放量削减率大于等于5%的得分为100分；小于等于0的得分为0；0 ～ 5%之间分值为实际值除以5%乘以100。

（17）园群和谐关系

1）指标解释

该指标代表工业集聚区和群众之间具有有效沟通和协调机制。工业集聚区每年组织开展群众性环境友好宣传、教育等活动，活动形式多样（包括讲座，发放宣传手册、宣传单，展板海报等），宣传教育活动每次参与人数不少于集聚区从业人口的千分之一，集聚区管理机构形成互动机制；工业集聚区通过电话、网络、公众平台等形式提供群众信访投诉平台并有效解决，形成互动沟通机制。

2）评价要求

根据情形每具备一项则赋相应分值，可累计。工业集聚区每年组织开展群众性环境友好宣传、教育活动得分为50分；工业集聚区建立群众信访投诉沟通机制得分为50分；没有相关工作措施记为0分。

（18）公众对环境质量满意度

1）指标解释

指被抽查的集聚区内常住人口对集聚区生态环境满意的人数占被抽查人口总人数的百分比。抽查主要内容见表5-12。抽查总人数不少于上年末集聚区常住人口的千分之一。调查表中满意和基本满意选项大于等于调查人所做选项的80%，视为调查人对环境满意。公众对环境满意情况抽样调查表见表5-12。

表5-12　公众对环境满意情况抽样调查表格式

填表日期　　　年　　　月　　　日

姓名（可不填）		性别	
是否为常住人口	是□否□	年龄	
文化程度（打√）	小学□中学□高中□大学以上□其他□		
职业（打√）	农民□工人□干部□科技工作者□其他□		
对集聚区内的大气环境质量是否满意?	满意□	基本满意□	不满意□
对集聚区内的声环境质量是否满意?	满意□	基本满意□	不满意□
对集聚区内的水环境质量是否满意?	满意□	基本满意□	不满意□
对周边企业的废气排放方式是否满意?	满意□	基本满意□	不满意□

续表

对周边企业的废水排放方式是否满意？	满意□	基本满意□	不满意□
对周边企业的固体废弃物排放方式是否满意？	满意□	基本满意□	不满意□
对周边企业的噪声控制措施是否满意？	满意□	基本满意□	不满意□
对集聚区现绿化水平是否满意？	满意□	基本满意□	不满意□
对集聚区目前的中水回用水平是否满意？	满意□	基本满意□	不满意□
对集聚区垃圾的清运和处理方式是否满意？	满意□	基本满意□	不满意□
对集聚区现在的产业结构是否满意？	满意□	基本满意□	不满意□
对集聚区的交通状况是否满意？	满意□	基本满意□	不满意□
对集聚区的环境宣传力度是否满意？	满意□	基本满意□	不满意□
对集聚区管理机构与公众的沟通方式和力度是否满意？	满意□	基本满意□	不满意□

备注：

1. 本调查目的是了解公众对生态工业园区生态环境满意情况，请根据本人的实际认知情况进行回答，无须查阅书籍或请教他人。

2. 对所有题目的回答不会泄露被调查者的个人信息。

3. 答题时请在您所选中的选项上打"√"，对于表中不清楚的调查内容可以不选。

2）评价要求

满意度调查结果乘以100即为分值。

5.3.4.6 指标数据的获取

测算评价指标所需的相关数据，应尽量从法定统计渠道或统计文件中获取；无法获取的，集聚区管理机构应建立相应的数据收集统计和信息公开机制。

5.3.4.7 评价方式

建议评价工作由生态环境部会同相关部委委托的第三方环境科研机构负责开展，采取现场检查、资料查阅和座谈的方式对工业集聚区环境友好水平进行评价，并发布评价报告。鼓励其他科研院所、大专院校和咨询机构使用本《指标》开展相关评价研究工作。

第三方机构应严格按照《指标》要求，遵循公开、公平、公正的原则对工业集聚区实施评价，接受生态环境部及相关部委的指导和监督。对评价机构和人员篡改数据、弄虚作假等导致评价结果严重失真的，生态环境部将联合相关部委公开曝光该机构名称，并声明不予承认该机构今后所开展的任何有关环境评价工作结果。

参考文献

[1] Audra J Potts Carr. Choctaw Eco-Industrial Park: an ecological approach to industrial land-use planning and design[J]. Landscape and Urban Planning,1998,42(2): 239-257.

[2] David Gibbs,Pauline Deutz. Implementing industrial ecology? Planning for eco-industrial parks in the USA[J]. Geoforum,2005,36(4): 452-464.

[3] Brian H Roberts. The application of industrial ecology principles and planning guidelines for the development of eco-industrial parks: an Australian case study[J]. Journal of Cleaner Production,2004,12(8): 997-1010.

[4] Deog-Seong Oh,Kyung-Bae Kim,Sook-Young Jeong. Eco-Industrial Park Design: a Daedeok Technovalley case study[J]. Habitat International,2003,29(2): 269-284.

[5] 关新宇，陈英葵. 中国生态工业园区评价指标体系研究述评[J]. 工业经济论坛，2017, 04(05): 19-26, 47.

[6] 林积泉，王伯铎，马俊杰，等. 灰色关联分析在生态工业园清洁生产推进中的应用[J]. 环境工程,2005(05): 67-70, 5.

[7] 刘敏毅. 基于全生命周期的生态工业园区评价指标体系的设计[J]. 科技创新导报，2011(33): 24.

[8] 王军，岳思羽，乔琦，等. 静脉产业类生态工业园区标准的研究[J]. 环境科学研究，2008(02): 175-179.

[9] 张芸，陈秀琼，王童瑶，等. 基于能值理论的钢铁工业园区可持续性评价[J]. 湖南大学学报（自然科学版），2010, 37(11): 66-71.

[10] 陈郁，刘素玲，张树深，等. 化工生态工业园区可持续发展评价研究[J]. 现代化工，2010, 30(12): 86-90.

[11] 张帆，麻林巍，蓝钧，等. 生态工业园评价方法研究：以北京市为例[J]. 中国人口·资源与环境，2007(03): 100-105.

[12] 翟大顺，曾青蓝. 综合类生态工业园区效能评价指标体系探讨[J]. 湖南农业大学学报(社会科学版)，2016, 17(01): 94-99.

[13] 马卫平，闫亚丽. 3R原则下生态工业园区环境评价指标体系的建构[J]. 节能，2020, 39(09): 110-112.

[14] 焦崇哲. 生态工业园评价指标体系构建与应用研究[D]. 天津：河北工业大学，2017.

[15] 王霞，吴敏. 生态工业园区环境影响评价指标体系探究[J]. 节能与环保，2019(08): 77-78.

[16] 钟依庐，王路，郑赟，等. 适于工业园区综合能源类项目的综合评价指标体系[J]. 电力需求侧管理，2020, 22(03): 51-56.

[17] 陈坤，石磊，张睿文，等. 工业园区绿色发展及评价的国际经验与启示[C]// 2020中国环境科学学会科学技术年会论文集（第三卷），2020: 177-180.

[18] 宋雨燕，史方标，任蜜，等.《工业园区国际指南》本地化指标体系对比研究报告. 联合国工业发

展组织，2022.

[19] 王金南，张吉，杨金田. 环境友好型社会的内涵与实现途径[J]. 环境保护，2006(05): 42-45.

[20] 刘英焕. 环境友好指数的编制与实证分析[D]. 长沙：湖南大学，2012.

[21] 任勇. 政策网络的两种分析途径及其影响[J]. 公共管理学报，2005(03): 55-59, 69-95.

[22] 黄细兵. 环境相对友好指数的测度及综合调控机制研究[D]. 合肥：中国科学技术大学，2010.

[23] 孙际平，詹建平. 北京市城镇环境友好指数的编制和应用[J]. 首都经济贸易大学学报，2007(05): 86-92.

[24] 尹勇平，涂利娟，麻战洪，等. 区域土地利用环境友好指数及空间分异研究——以长株潭城市群为例[J]. 国土资源科技管理，2009, 26(03): 69-73.

[25] 从馨叶. 中国城市环境友好评价方法及应用研究[D]. 北京：北京林业大学，2019.

第 **6** 章

新时代工业园区绿色发展展望

□ 大数据应用

□ 全球化发展

□ 与自然生态的结合

□ 绿色产业体系构建

□ 加强金融服务

当前至2035年是园区生态文明建设的关键时期，是服务国家"生态环境根本好转，美丽中国目标基本实现"宏伟目标的关键发展阶段，工业园区是建设绿色制造体系、实施制造业强国战略最重要、最广泛的载体，中国工业园区绿色发展在今后一段时期内仍将以存量园区的绿色改造提升为主。为实现这一目标，政府、园区和企业等多方需要共同协作，以全面推进园区的绿色发展。

在《中国制造2025》提出的"建设绿色制造体系"和"强基工程"引领下，强化园区绿色发展顶层设计，制定工业园区绿色发展行动计划，补齐制约园区绿色发展的管理短板；加强园区分类指导，优化资源要素配置和产业布局优化；在局域集中创新要素、打造门类细分的特色产业及特色园区；在区域强化园区群间协作，构建区块产业链，依托园区夯实国家全部工业门类的竞争力，使园区成为绿色制造体系和强基工程最重要的载体。

为强化园区绿色制造体系建设，持续深入地推进清洁生产，强化产品绿色设计，从系统工程和全生命周期视角全流程实施绿色制造；优化配置绿色产业链，强化园区能源、环境基础设施的提效升级及基础设施间的共生链接，科学设计园区物流/能流传递体系，形成共享资源和互换副产品的产业共生体系，提高能源、水资源、土地资源的利用率和产出率；深化基于现代信息技术的智慧化管理系统建设，持续提升园区管理运行的精细化和智慧化。

若此，中国工业园区久久为功，全面推行绿色发展，必将有力地促使国家制造强国战略目标的实现。

6.1　大数据应用

2021年11月，工业和信息化部印发《"十四五"工业绿色发展规划》（工信部规〔2021〕178号），提出实施"工业互联网+绿色制造"。鼓励企业、园区开展能源资源信息化管控、污染物排放在线监测、地下管网漏水检测等系统建设，实现动态监测、精准控制和优化管理；加强对再生资源全生命周期数据的智能化采集、管理与应用；推动主要用能设备、工序等数字化改造和上云用云；支持采用物联网、大数据等信息化手段开展信息采集、数据分析、流量监测、财务管理，推动"工业互联网+再生资源回收利用"新模式。

基于数据驱动的园区环境管理精细化和智慧化是近年来中国工业园区绿色发展中的新趋势。借助物联网、大数据和云计算技术，将园区的环保、安全、能源、应急、物流、公共服务等日常运行管理的各领域整合起来，以更加精细、动态、可视化的方式提升园区管理和决策的能力。目前，中国一批园区正在开展智慧园区、智慧环保、智慧安监等决策支撑平台建设。园区的精细化和智慧化管理多采用环保管家第三方服务的模式，以"市场化、专业化、产业化"为导向，引导社会资本积极参与，提升园区的治污效率和专业化水平。

绿色智慧工业园区的建设内涵是以新一代信息技术为手段，以智慧应用为支撑，全面整合园区内外资源，实现园区信息技术设施现代化、公共管理精细化、公共服务便捷化、资源利用绿色化、产业发展智能化，促进园区发展向产业集聚型、生态环保型转变。绿色智慧工业园区建设对于拉动产业经济、刺激行业发展、推进企业"两化"深度融合及转型升级都具有重要的作用。

数据是实现园区虚拟化的基础，大量的实时监测数据，配上园区产业结构、生态环境、水文地质、气象气候等方面的数据，是绿色智慧园区真实度的有力支撑。信息则是对数据的抽象和结构化，通过对数据的归纳、整理和提升，实现数据的信息化，才能比较清晰地实现对园区实时状态的刻画，信息处理模式的优劣直接影响到绿色智慧园区的真实度。模型通过对信息的进一步整合，建立绿色智慧园区的系统结构，挖掘信息隐喻，分析系统变化趋势与影响因子，并探索各个影响因子的作用机制和作用强度，进而实现对园区发展趋势的预测。模型层的核心是梳理园区的发展趋势与影响因素，优化园区发展路径，提升园区应对内外部各类压力和突发性问题的综合能力。可视化是绿色智慧园区系统对外的窗口，如果说数据、信息、模型是绿色智慧园区内在美和内在气质，可视化则是外在美。可视化是借助虚拟现实等技术，展示绿色智慧园区的内在气质和内在美。在功能结构上，可视化需要实现与管控人员、决策人员以及公众实现友好的交互，并提供风险预警应急、决策支持、公共展示的功能。

智慧环保是绿色智慧园区的核心功能。智慧环保基于点、界、区以及空地一体化的多元智慧数据监测系统、智慧监控系统，综合运用大数据分析挖掘技术、物联网技术、信息技术等手段，实时展示园区环境质量情况，对环境污染物进行实时溯源分析，提前预测环境质量变化，对可能环境污染事故进行预警，为突发性环境污染事故提供预案。

"环保管家"服务充分发挥第三方服务机构人员和专业技术优势，针对工业园区环境问题提供定制化解决方案和全过程服务，是针对目前环保形势推出的一种全新的服务模式。工业园区"环保管家"思路，就是提供初期的环境问题检测调查、源清单梳理、规划设计，到工程建设、设施运维、污染治理，以及全过程基于大数据的诊断、分析、评估、决策等一揽子、一站式服务。"环保管家"核心在于"测（智能监测）、管（智慧管理）、治（科学治理）"一体化协同联动，形成发现问题、分析问题、解决问题的闭环思路，提高环境治理体系的系统性、科学性。

"安环能"一体化建设思路，旨在通过物联网、大数据等信息技术，切实把"绿色、低碳、智慧"作为工业经济发展的重要标志，打造一个共建共享、联防联控的园区监测、管理、治理体系，优化结构，规范发展。智慧安监针对企业与园区，以安全预防控制体系和隐患排查治理为重点，强化安全红线意识，建设风险源监控、隐患排查、安全行政许可管理、安全生产教育培训为重点的管控平台，提高安全监管效能，实现安全监管精准化和科学化。结合园区公共安防体系建设，形成"点、面、域"一体化的安全治理格局。智慧能源管理则以能耗监控为主，针对重点耗能企业进行水、电、煤、气、油等能源使用情况动态监控与统计分析，准确掌握企业能耗情况，为其制定相应的节能管理、节能改造及优化运行制度提供数据支持。为园区、政府梳理重点用能大户，动态、科学评估园区整体节能效果及节能目标落地程度。利用工业大数据及模型技术，识别积极或非积极生产状态，找到与能耗变化高度相关的关键参数，建立合理的能效绩效目标与管制手段。

6.1.1　基于大数据的工业园区环境管理与决策

大数据的产生离不开物联网的感知技术，而大数据的发展则依靠云计算技术。随着信息时代的到来，云计算已成为当前信息时代的一项前沿技术，并被应用于政府、机构、企业等不同主体中，主体自身的数据及服务部署于云中，可大大降低主体在信息化建设中的成本，同时主体能够获取更多、更广泛的服务资源，实现数据交互和数据共享。在物联网和云计算技术的支持下，为大数据的生存和发展提供强大的技术支撑。大数据分析挖掘不是一个单纯的计算机算法应用过程，需贴合现实的应用需求。其成败在于对应用业务的理解和分析结果的运用，是否符合园区政府的政策方向，是否符合园区企业的根本利益，是否精通业务知识体系，是否理解数据潜在的价值，是否了解数据分析技术，能否确定数据集范围和边界，可否支撑起业务和数据的完美结合。

现代政府管理可看成是前台决策和后台数据分析的结合，大数据的应用价值由此体现为智慧决策。利用大数据技术，可摆脱传统的数据业务冗杂弊端，再依托工业园区已建、在线的业务系统（政府或企业），汇聚各类基础数据、业务数据、视频，通过统一处理和可视化应用进行多样专题展示。以园区管理者、运营企业和员工等各主体的数据服务需求为导向，为园区管理者和运营的智能指挥提供强有力的辅助支撑；为园区企业和员工的各种生产生活提供更智慧的服务。

工业园区智慧决策平台秉承"用数据参与决策"的设计理念，旨在通过大数据、云计算、智能感知等先进技术，对工业园区内各项数据进行高效采集和深度挖掘，实现工业园区业务的全面可视化、企业管理智能化感知和园区管理的科学化决策，确立治理优先任务、治理成果及关键业务驱动因素的逻辑过程，助力工业园区进行决策平台建造。具体步骤为：首先，建立以大数据服务资源池为基础架构的超大型决策资源数据中心，即平台的数据感知层，实现智慧决策服务提供端与接收端之间的数据交换以及统一管理，保证工业园区相关决策信息的一致，实现智慧决策平台内信息的快速响应；其次，利用大数据处理技术完成对数据处理层的构建，为平台决策分析提供数据依据；最后，运用ACO智慧决策算法对数据进行分析，计算出符合决策要求的决策策略。

（1）构建大数据信息感知层

感知层作为智慧决策平台的数据采集层，其主要任务是获取工业园区所有相关数据。在园区中设置安防摄像头、安全报警传感器、污染气体传感器、粉尘浓度传感器、数据传感器、信息采集终端等各种类型的数据采集装置，以园区广域网的形式互联互通，将各数据采集终端的信息集中到园区管理中心，完成大数据信息感知层的物理构建。其中包括传感器、GIS、GPS技术等，将工业园区与互联网连接起来。由于采集的数据资源复杂多样，且结构化数据和半结构化数据的采集周期和传送周期各有所不同，所以在数据采集过程中采用边缘计算技术，从感知层采集到的繁杂数据中智能提取特定类型的有效信息，对工业园区所有产业结构数据、财政收入数据、招商信息数据、税收数据等各类数据进行解析，实现工业园区初始数据的获取，并实时跟踪工业园区信息动态，及时反馈数据，为数据层的大数据技术应用积累充足的原始数据资料。

（2）构建大数据智能处理层

感知层将采集到的工业园区原始数据传输到智能处理层，该层作为智慧决策平台的核心部分，主要负责将原始数据进行处理和存储。由于原始数据基数较大，且数据格式及数据类型都不尽相同，为此采用大数据技术，对数据进行整合处理。数据经过处理后，利用大数据分布式数据库技术对其进行分类存储，大数据分布式数据库共包含元数据组件、数据更新组件、静态数据存储组件、动态数据存储组件和数据查询组件5个组件，以此实现大数据技术对工业园区智慧决策平台数据的处理和存储，完成数据层的构建。

（3）构建智能响应决策层

数据层为平台决策提供充足的数据依据，智能响应决策层是工业园区智慧决策平台的核心，可向用户提供决策应用服务的重要窗口。为保证平台高效运转，设计采用ACO智慧决策算法，该算法分为节点发现阶段、反向探测阶段、正向加强阶段。将检索到的决策策略进行排序，综合考虑信息素强度、聚合信息量，选取出最符合决策条件的策略作为结果输出。ACO智慧决策算法具有较好的学习能力，能够主动学习到数据库中现有的决策策略，根据工业园区所有业务决策特点，实现生产、销售、管理等业务的智能决策，以及对工业园区运营管理数据的实时动态监测，进而为园区智能化管理提供数据决策支撑，以此实现基于大数据的工业园区智慧决策平台研究。

通过以上3个层级的软硬件设计，完成工业园区的智慧决策平台构建，将园区中的企业管理、安全监控、应急预案、管理数据等多维度信息集成到1个平台中，实现了数据的一屏展示以及工业园区最为关注的安全突发事件无干预智能应急预案，实现园区的智慧化管理。

6.1.2　基于大数据的监测网络与污染防治

数据共享激发创新活力。环保大数据技术在环境污染治理中应用时重点要加强各个环保系统的联系性，使不同系统之间可以实现环境信息的共享，在信息共享的前提下让不同部门之间的环境污染治理工作更具协调性，提升整体的治理水平。环境共享网络使不同部门之间可在该网络中直接调用和共享信息。大数据技术与传统的技术相比，其表现出突出的共享性、低成本以及快速传递性的特征，对于数据这一比较特殊的资源而言，只有充分挖掘数据才能够实现提高数据资源的利用率，进而发挥数据的潜在价值。当下的环境污染治理中，环保数据共享的能力有限，针对一些高获取成本的数据，并未实现完全共享。为有效通过环保大数据带动环境污染治理工作模式的全面创新，各个环保部门要彻底突破传统工作思路的限制，为环保数据和信息共享提供可靠的平台支持。

在物联网技术基础上创建全区域监测网络体系。传统的环境监测网络已经无法满足现阶段工业生产园区的环境污染治理的需求，因此，企业通过环保大数据技术构建以物联网为基础的全区域监测网络体系，实现全方位、全过程的环境监测，及时掌握工业园区的环境污染指标的变化情况，为后续的环境污染治理工作提供支持。但在构建区域监测网络体系时，需要结合现实的需求优化监测网络体系，进而使监测系统兼具多重功能，并且具备可扩展性，打造高密度的监测网络体系。例如，构建"四位一体"自动监测网络，采用固定式、点源式监测设备、视频、长光程光学类设备、移动式应急监测设备等先进仪器装备相融合的组网方式，建设园区"点、线、面、域"相融合的智能化自动监测网络，按照紧紧围绕环境安全预警应急体系的主线，通过对自动监测网络的合理布设，研究化工园区有毒有害气体产生、迁徙路径、扩散规律及时空分布特点。日常状态下，通过"全覆盖、全天候、全过程"的实时监测，明晰园区污染物迁徙路径及溯源管控，确保重大风险源的可知、可控；突发事件下，为园区快速、准确应急处置、指挥调度提供科学依据。

在认知计算和数值模型的基础上建立大气污染防治体系。在特定的管理模型下，工业园区的环境污染数据的准确性得到提升，通过分析对应的数值模型的运行，计算和模拟环境污染的过程，进而从动态性的角度了解污染物变化规律、来源等，并且在此基础上制定更具针对性的环境污染治理方案。大气污染作为重要的环境污染问题，在污染治理中，可在认知计算和数值模型的基础上来构建更为科学的大气污染防治体系，在大气污染各项指标的实时监测下制定有效的大气污染的防治对策。

在信息汇总和处理的基础上建设"一张图"预警管理平台。平台与现场监测设备通过网络实时衔接，实现污染排放、设施运行情况及大气环境状况的动态、全面展示，协助提高总量减排管理水平，强化环境风险预警能力。运用大数据管理平台的机理模型、业务规则算法、人工智能等数据处理技术，在GIS上建立包括大气环境、污染源精细化监管、环境预警与应急等重点业务大数据应用，为政府和管理部门直观提供基于GIS的数据分析与图形展示服务。由指挥中心承载整个系统的运转，通过园区统一的环境风险预警平台实现自动化、网络化、智能化监控，设立"异常、注意、警告、高报"报警制度，值班人员 24 小时值守，一旦发现紧急情况能及时发布并启动应急预案，有效发挥体系在园区风险管控中的作用，提高应急处置和突发环境事件应变能力。结合工业园区建设现状，融合园区内现有资源，实现"点、线、面、域"四位一体的环境安全风险防控预警应急管理体系。

6.1.3　5G 应用推动工业园区智慧升级

"智慧园区"的概念出现在"智慧城市"之后，是"智慧城市"的重要表现形态和缩影。随着城市化发展的加速，部分城市尤其是经济较为发达的大型城市饱受"城市病"困扰。"智慧城市"一词应运而生，包括美国、新加坡、丹麦、英国以及中国在内的众多国家将智慧城市作为城市发展的长期国家战略。中国将北京、上海、天津等 90 个城市纳为首批智慧城市试点建设区域，要求加快智慧城市建设，提升城市智能化、精细化、科学化管理水平。在"智慧城市"概念之后，"智慧园区"也逐步进入公众视野，国家颁布多项政策鼓励建设智慧园区。智慧园区的建设迎合了当今知识经济、创新、分工协作、信息化等产业发展特点和潮流，提升了园区管理部门的管理和服务水平，并以此激发园区中各中小企业的创新能力，提高园区企业的市场竞争力。从长远来看，智慧园区的发展潜力巨大，是面向未来的竞争利器，大力推进智慧园区的建设是地方经济发展的必然趋势。

智慧园区既反映了智慧城市的主要体系模式和发展特征，又具备了不同于智慧城市的发展模式的独特性。由于园区定位于集聚产业发展，因此与智慧城市不同，智慧园区的设计和建设更加注重对产业链上中下游联动发展的推动，更加注重服务园区企业需求。随着产业互联网的发展、技术革命的不断升级以及数据量的全面爆发，5G 网络在智慧园区具有良好的应用前景。

随着我国 5G 网络的广泛应用，在智慧园区信息化建设中起到了非常重要的作用，为打造物联网领域奠定了良好的基础。智慧园区的管理会变得更加高效，通过总部可以实时管理各个部分，并重新改造和创新了不同板块，明确了任务，全面掌握了空间信息领域，打造了更加全面、高效的平台系统。

智慧工厂是现代工厂信息化发展的新阶段，是在数字化工厂的基础上利用物联网和设备监控等技术加强信息管理和服务能力，集合智能化系统和技术等，全面系统掌握供应链全流程，以实现生产的高可控性、高效性，减少人工干预，及时准确地进行数据采集、合理规划、优化生产进度等，构建一个高效节能、绿色环保、环境舒适的工厂。在工业园区中，将 5G 应用于智能制造中，结合人工智能、物联网等技术将在以下方面助力实现工厂的智慧升级。

①助推柔性制造，实现个性化生产。柔性生产是指主要依靠高度柔性的以计算机

数控机床为主的制造设备来实现多品种、小批量的生产，这种方式更加灵活，更能够满足产品多样化、个性化生产需求，成为工业生产的重要趋势。首先，在工厂中应用5G网络减少机器之间线缆成本的同时，利用高可靠性网络连续覆盖，可以大大拓宽机器人的移动范围，提升其灵活度，在不同场景之间进行不间断工作及工作内容的平滑切换。其次，5G网络满足各种差异化的业务需求。大型工厂中不同生产场景对网络特性和质量要求有所差异，精度要求高的工序关键在于控制网络时延、保证传输准确和可靠，高清监控等还要求网络具备大带宽的特性。利用5G网络端到端的切片技术，可以实现同一核心网不同的服务特性，按需灵活调整业务需求等级、类别等。最后，5G可助力构建连接工厂内外的信息生态系统，实现随时随地的信息共享，推动个性化生产。通过5G网络消费者可跨地区参与到产品设计和生产过程中，实时查询产品动态。

② 实现智能诊断和远程维护，助力维护模式升级。5G的高带宽、低延时、广连接的特性可以使未来工厂的维护模式突破自身边界。5G应用在设备的远程识别、诊断、维护以及问题自动识别、修复等方面可以大大提高工厂尤其是大型工厂/供应商的生产运行效率，降低成本。5G网络使智能系统有能力对设备的状况进行智能化的实时监测和问题诊断。工厂的每个物体都具备一个唯一的IP，工厂内外的相关人员也拥有了可识别的IP，智能化系统可根据设备状态信息对设备进行智能诊断"机器人端"收到信息后可进行自动维护，同时将信息实时传输到"人端"，维护人员根据设备的状态和机器人发出的需求信息进行交互操作。另外，5G网络能够帮助实现远程如临现场的"真实维修"。5G网络能够实现VR和远程感知设备的信息及时、大量传递，即使相隔数万千米的不同专家也可以各自通过VR和远程触觉感知设备，第一时间"聚集"在故障现场，人在地球另一端也能把自己的动作无误差地传递给工厂机器人，控制工厂中不同机器人进行下一步修复动作。

③ 赋能工业机器人，提升生产智能化水平。5G赋予工厂系统更大的数据存储能力、更快的数据处理能力，5G与大数据、云计算等技术结合能够构建更加智能化的工业互联网架构，实现数据的智能处理和信息分发，这将大大缩短各个环节的处理时间，降低成本。另外，随着人工智能技术的不断发展，未来智慧工厂中的智能机器人将能够代替人的工作，进行更加高级的生产协调或决策。

6.1.4 工业园区智慧化建设

园区的智慧化管理有三个层次的需求：首要需求是要营建一个舒适安全的环境，这就需要有完善的安全监控、无缝的网络连接、智慧的停车服务及智能的楼宇控制；其次是运营要素支撑需求，要有效支撑园区的运营管理服务，必须要有一套满足园区要求的智慧管理系统；第三个层次的需求就是为入驻企业提供融资、资源、人才、媒体等服务。如何满足园区的智慧化管理需求是智慧园区建设的核心。

工业园区智慧化建设管理标准体系分为基础标准、园区保障标准、园区服务标准、园区建设标准。不同的管理标准类别又细分为具体的内容，如基础标准包括符号与标志标准、术语与缩略语标准；园区保障标准又包括组织架构、信息管理、质量管理、安全管理、应急管理、评估管理等详细标准；园区服务标准又包括服务质量、服务管理；园区建设标准又包括基础设施标准、管线工程标准、通信标准等，还包括园区应用软件标准、园区应用平台、园区网络通信、智能感知技术标准等。

（1）工业园区智慧化建设

工业园区智慧化建设可从以下6个方面入手：

① 安全防控方面，构建门禁监控、视频监控、入侵警报、访客接待安全防控网络。门禁系统采用指纹或人脸识别技术，对进入园区的人员进行身份识别，根据预先录入的身份信息及信息授权情况对出入园区的人员进行安全管理。视频监控采用高清网络数字监控系统，通过人脸摄像抓拍技术实时采集人脸信息，对陌生的人脸信息进行识别，对陌生可疑人员进行实时定位以及行动轨迹的追溯。系统将识别出的陌生人员信息传送给工作人员并进行入侵报警。采取访客提前预约方式，对访客身份进行信息验证，缩短访客入园登记时间。

② 楼宇自动化控制方面，采用自动智能化控制技术，对楼宇的电梯系统、照明系统、空调系统进行智能化控制。将上述系统与园区人脸门禁系统进行信息联动，能够实时获取园区内部人员所在的位置并获取人员行动轨迹，判断人员所在的楼层及具体位置。通过对园区访客身份信息的识别，采取访客优先的电梯标准。楼宇安装温度湿度监测装置，根据实际温湿度调节空调系统，实现楼宇室内温湿度适宜，节约能耗。根据园区人员的位置信息，当办公区域无人时照明系统自动关闭，节约用电。

③ 交通控制方面，第一，智慧园区的智能公交车使用RFID、传感和其他技术实时定位公交车并实现诸如弯道和路线通知之类的功能。共享租赁自行车可以通过安装配备智能密码锁将车辆数据上锁并传到智慧园区共享单车服务平台。它实现了精确的车辆定位和车辆行驶状况的实时控制。车辆控制互联网系统使用先进的传感器、RFID和各种摄像头技术来实时收集各种有关车辆及其周围环境和有关车辆本身的大量信息，并将这些数据通过传输传送到整个车辆控制系统，包括实际油耗、车辆行驶速度等，以实时的方式监控每个车辆的行驶巡航状态。计费软件使用传感器收集，并将收集的数据传输到云平台。通过App实时连接到云平台，以实现集成管理和其他功能。第二，智慧园区的智能化交通灯通过安装在智慧园区十字路口的雷达设备监控车辆的数量、车辆之间的距离和在交叉口的速度，同时实时监控行人数量和外部天气情况，调整交通信号灯动态，并发出信号，提高交叉路口的车辆通行率。第三，智慧园区的智能车位停车基于智能停车位配置资源，通过车辆安装自动的磁强度传感器和监控摄像头对园区内车辆进行牌照信息识别，实现停车位信息搜索和停车预订、使用基于App的自动停车付款管理、自动收取停车费等功能。通过发送至绑定的微信或绑定支付宝的车牌管

理信息系统，系统会根据通行里程自动发送到绑定的微信或绑定支付宝来收取相关费用，实现减少园区内收取停车费的流程，提高交通出行的效率，缩短其他车辆等候的时间。

④ 资产管理方面，园区的设备设施资源的智能化管理采用自动申请的方式，对所有申请的资产进行编码，每一项设备设施具有自己的RFID电子标签，标签内含有资产的身份及使用状态信息。通过射频装置扫描RFID标签，获取资产的位置信息、身份信息、使用信息等，系统能够与安全防控系统联动，对资产的位置定位信息和使用信息进行查询。对园区的能耗数据进行实时采集和监控，结合国家行业等技术规范，对园区的能耗构成以及能耗数据变化规律进行分析，制定节能降耗的模型和策略。

⑤ 智能办公方面，构建智能会议室，安装远程视频技术装置，为园区内工作人员与外界人员远程会议沟通创建良好条件。借助云计算技术、5G通信技术，为园区人员提供稳定流畅的视频会议服务。园区企业众多，各类汇报、会议多，相对来说，会议室、影音室、报告厅及礼堂等资源的数量有限，可以通过会议资源预约系统，查看资源的情况及资源的占用情况，根据自身的需求申请预约资源。智能会议室可以实现：a. 资源的实时查看，如有哪些会议室可用、会议室可容纳人数、会议室是否有投影仪、是否有影音系统等；b. 资源预约申请、审核、计时、计费；c. 发布会议通知，会议签到；d. 会议资源联动，如提前开启空调、照明、投影仪、幕布、窗帘等；e. 利用智能探测器，实现无人判别及资源智能回收。会议预约的智能化应用则包括以下具体内容：a. 会议资源申请人根据需求查询会议资源，选择满足条件的会议室或其他资源；b. 资源管理者根据资源申请人的需求，配置资源，完成资源申请的审核；c. 系统自动控制资源的使用，如控制信息发布、资源内照明、空调、投影、影音等设备；d. 会议结束时，系统处理资源回收请求，如关闭照明、投影、空调等；e. 会议提前结束，系统可根据智能探测器，对长时间无人使用的资源进行自动回收。

⑥ 智慧安防方面，针对工业园区安全风险管控的实际问题，综合分析工业园区安全生产监管、预警、联动、应急救援管理的特点和要求，构建工业安全风险防控智慧运营平台。平台包括安全防控基础信息管理系统、生产经营重大危险源监控系统、罐库区风险监控系统、应急消防联动系统、风险防控中心、消防维保系统、应急安全评估系统等多个子系统。系统利用各种类型的传感器采集信息，并通过云计算技术、大数据技术、人工智能技术、计算机技术对采集上传的信息进行实时处理，工作人员可通过监控大屏幕、电脑、收集等终端设备实时对园区进行远程监控。通过云端采集、视频联动、手机关联等方式实现对园区安全隐患的尽早发现、及时处理，实现工业园区智能化安防管理目标，大大提升了工业园区的安全防控工作水平。

（2）工业园区智慧环保管理模式

工业园区智慧环保管理模式下辖8个体系：

① 网格化监管体系。权责分解划分，通过图文方式对工业园区网格化监管体系进

行划定，需细化责任区、责任人、具体职责，在地图上明确网格化概念，科学分配责任人，工业园区中的企业信息也需要在地图上明确标识。

②　污染源基本情况。工业园区内所有行业企业信息需要纳入信息库，如地址、法人、联系方式等，以此实现污染源情况按行业、区域实时查询，更好地为管理、决策等工作提供依据，为保证污染源信息完整，应同时结合污染源地理信息和 GIS 系统，有效监管工业园区污染源分布，同时实现更直观地了解工业园区内所有企业的情况。

③　视频监控体系。结合地图与企业视频监控，通过平台实时查看企业情况，实现全角度、全天候监督，执法现场可由此真实还原。

④　环境应急体系。基于各类紧急情况进行预案编制，涉及前期预警、预案实施、预案统计与入库等内容。

⑤　在线监测体系。通过接入已有在线监测系统，即可开展空气质量实时监测、常规指标实时监测。

⑥　执法监管体系。开展网格化环境保护监管指挥中心建设，在工业园区设立子系统，通过"执法通"实现执法人员与指挥中心的互联互通，记录在案的现场执法能够为考核工作提供依据，有据可查的执法也能够更好地服务于工业园区环境保护。基于移动终端 App，还需要设法在地图上实时显示网格员的移动轨迹，以此开展随时随地监督。通过与执法监管指挥中心开展互动，快速响应、便捷规范的信息化处理流程将顺利实现。

⑦　信息公开体系。需通过网络平台、公告栏等途径传达园区内环保相关重要信息，广大群众、监管部门人员、环保局均需要及时接收相关信息。

⑧　执法考核体系。在信息系统支持下，需自动形成可视化环境监管行为工作报表，需保证统计、评价、考核环节受到的人为因素影响降到最低，开展客观公正的环境监管行为评价。

6.1.5　工业园区智慧能源管理系统

为深入推进能源革命，提高能源利用效率，国务院颁发了《关于积极推进"互联网＋"行动的指导意见》，提出构建智慧能源系统，统筹能源与通信等基础设施网络建设，建设"源网荷"协调发展、集成互补的能源互联网的发展要求，提高能源绿色、低碳、智能发展水平。国家逐步深化"互联网＋"理念，强调可再生能源接入、多类能源互补组合利用，并提出多种运营方式、政府支持等各种优惠政策，在区域、城市、跨区等范围积极探索多种形式的能源互联网关键技术和建设模式，开展能源互联网建设实践。

开展综合能源管理推动供电公司由传统电力供应商向综合能源供应商转型，挖掘电网潜在功能和商业价值，充分发挥清洁能源供应、商业平台构建、生态环境治理、信息交互体验等作用，将综合能源服务业务作为除输配业务外的第二主业，培育新的市场业务，打造能源互联网背景下电网企业的核心竞争力。

综合能源服务利益相关方主要有政府、供电公司、用能用户、能源供应商、能源服务商、软硬件设备供应商、咨询机构、金融机构等，这些主体共同构成了能源产业链的生态体系。不同主体在综合能源服务价值链中的诉求既有部分统一性又有差异性，利益相关方对绿电使用、节能改造、能效服务、综合供能、能源数据价值挖掘提出了更高的需求。

综合智慧能源系统覆盖能源生产、传输、消费、存储、转换的整个能源链，系统内信息共享，能量流与信息流有机整合、互联互动、紧密耦合，形成信息物理系统（cyber physical system，CPS）。信息物理系统是综合智慧能源系统的重要发展方向，互联网、物联网、大数据、云计算等的深度应用，可有效提升园区综合能源系统的灵活性、适应性及智能化。通过对等开放的信息物理系统架构，综合智慧能源系统将具备高可靠安全的通信能力、全面的态势感知能力、大数据处理计算能力以及分布式协同控制能力。

综合智慧能源系统能量流与信息流深度融合使传统能源由单纯的生产、传输、消费和存储为主体，转变为集能源生产、传输、消费和存储多种角色于一体的自我平衡的主体。传统用户成为产消者，能源生产和能源消费的边界将不再清晰，对应的角色和功能可以实现相互兼容和替代。综合能源服务商、供电公司、各类工业、商业和居民用户、电动汽车、分布式能源、储能、热电冷联产系统等各类参与主体在供需关系和价格机制的引导下，灵活调整能源供应、能源消费和能源存储，从而实现综合智慧能源柔性互动以及"供需储"的纵向一体化。

智慧综合能源系统整合区域内煤炭、石油、天然气、电力、可再生等多种能源，实现能源子系统之间协同规划、运行、管理，主要包括三个方面：一是能源供应侧多能互补，即在能源梯级利用的原则下，实现传统能源、可再生能源等耦合互补；二是能源消费侧集成供能，即服务范围涵盖集中供电、供热、供冷等；三是能源智慧运营，即利用先进的信息通信技术实现广域协调控制、供需自适应、高效节能运营。

从"源-网-荷-储"这4个方面来看，智慧综合能源系统关键技术主要有以下几方面。

① 源：清洁高效火电、燃气分布式能源、太阳能（光电、光热）、风能、地热能源（土壤热源、地表水源、污水源）、生物质能源等。

② 网：智能电网、能源互联网。

③ 荷：需求侧管理、综合用能管理、能源高效利用。

④ 储：电化学储能、机械储能、热储能、电磁储能、化学储能。

智慧型综合能源系统技术体系如图6-1所示。

通过智慧能源管理系统，能够保证智慧型综合能源系统在传统能源利用的基础上，充分吸纳可再生能源（太阳能、风能、生物质能等）、低品位未利用能源（工业废热、

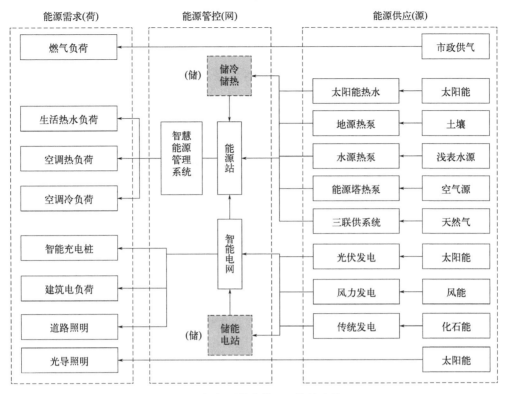

图6-1　智慧型综合能源系统技术体系

地热能源），通过光电/光热技术、压缩式热泵技术、吸收式余热利用技术、燃气冷热电三联供技术以及高效末端（辐射空调、LED节能灯具、节水器具）等新技术，将区域内传统能源、可再生能源、清洁能源取长补短、梯级利用，建立智慧能源运营体系。

在"3060"双碳目标背景下，新时代能源管理系统不仅考虑能源消耗、碳排放和碳交易等相关内容也充分纳入系统之中。碳管理平台应用融合前沿技术、结合城市或园区实际需求，建设以城市经济运行、资源循环利用、能源与碳排放管理、大数据统计分析等主题目标的绿色低碳循环信息管理与服务平台，为城市或园区管理者及企业等提供数据化、可视化、统一化的全方位服务。通过对能源数据、污染数据、经济发展数据等进行采集、分析，应用智能分析系统予以实现碳排放管理及能源治理。通过碳报告管理、碳资产管理、CCER项目管理、碳交易管理，以及通过碳价格预测、预警分析、市场价格查询、履约分析以达到碳达峰和碳中和目标，其中利用多个类型的预测模型对排放数据、碳资产数据进行分析，可得到优化交易策略、节能减排策略等。

能源互联网的建设与完善，将实现能源流、数据流贯穿能源生产、传输、消费全过程，逐步形成多能互补、智能互动、泛在互联的能源互联网，实现以电力能源为中心，多种能源协同、供给与消费协同、集中式与分布式协同、大众广泛参与的智慧能源网络和能源生态系统，促进能效提升，贯彻绿色化、生态化发展理念，引领能源清洁低碳转型和能源互联网业务创新发展，为园区碳达峰碳中和目标实现提供有效支撑。

6.2　全球化发展

《"十四五"工业绿色发展规划》中提出深化绿色国际合作，推动建立绿色制造国际伙伴关系，进一步拓展多变和双边合作机制建设，加强与有关国际组织在绿色制造领域的合作交流，鼓励有条件的地方建设中外合作绿色工业园区，推动绿色技术创新成果在国内转化落地。大力建设绿色"一带一路"，扩大绿色贸易，共建一批绿色工厂和绿色供应链，加快绿色产品标准、认证、标识国际化步伐。依托重点科研院所、高校、企业，探索建立国际绿色低碳技术创新合作平台和培训基地。鼓励以绿色低碳技术装备为依托进行境外工程承包和劳务输出。

6.2.1　推动工业园区开放创新发展

2021年11月，党的十九届六中全会审议通过了《中共中央关于党的百年奋斗重大成就和历史经验的决议》。党中央深刻认识到，开放带来进步，封闭必然落后；我国发展要赢得优势、赢得主动、赢得未来，必须顺应经济全球化，依托我国超大规模市场优势，实行更加积极主动的开放战略。我国坚持共商共建共享，推动共建"一带一路"高质量发展，推进一大批关系沿线国家经济发展、民生改善的合作项目，建设和平之路、繁荣之路、开放之路、绿色之路、创新之路、文明之路，使共建"一带一路"成为当今世界深受欢迎的国际公共产品和国际合作平台。我国坚持对内对外开放相互促进、"引进来"和"走出去"更好结合，推动贸易和投资自由化便利化，构建面向全球的高标准自由贸易区网络，建设自由贸易试验区和海南自由贸易港，推动规则、规制、管理、标准等制度型开放，形成更大范围、更宽领域、更深层次对外开放格局，构建互利共赢、多元平衡、安全高效的开放型经济体系，不断增强我国国际经济合作和竞争新优势。

在创新、协调、绿色、开放、共享的新发展理念下，工业园区需要"立足全球"，而不是"面向全球"，建立互联网时代"开放创新"的新理念；需要学习硅谷、深圳等先进地区的经验，进一步优化机制和制度，充分发挥市场作用，构建企业自组织成长、创新效率极高的创新环境；需要树立"引领开放创新新格局"的使命，而不是仅仅抱有"适应全球化变革"的动机，像中国建立亚投行、金砖银行等开拓性组织一样，勇于直接参与并制定新的国际开放创新新规则。为此，提出工业园区新时期推动"开放创新"发展的3条建议。

① 建立"以科技创新为核心的全面创新改革"核心理念。党中央、国务院十八大以来多次指出，把科技创新摆在国家发展全局的核心位置，统筹推进科技体制改革和经济社会领域改革，统筹推进科技、管理、品牌、组织、商业模式创新，统筹推进军民融合创新，统筹推进"引进来"与"走出去"合作创新，实现科技创新、制度创

新、开放创新的有机统一和协同发展。工业园区需要进一步加强科技创新的核心作用，把科技创新与金融创新相结合，强化技术创业、知识流动、知识产权资本化以及电商平台、互联网保险等新业态诞生；把科技创新与教育、人文、社会等相结合，积极建设全球一流的创新型大学，大幅度提升园区人文素养和社会文化；把科技创新与传统工业、农业、服务业相结合，加快传统产业转型升级；把科技创新与规划、土地、税收等部门相结合，加快培养世界一流人才和建设全球科技创新中心的制度环境。

② 着力培养全球化的、高度市场化的创新创业生态环境。新时期建议工业园区树立"企业为市场主体"的发展思路，重新评估和优化新的政策体系，争取形成类似深圳早年提出的"四个90%"的状态，即90%以上研发机构设立在企业，90%以上研发人员集中在企业，90%以上研发资金来源于企业，90%以上职务发明专利出自于企业。同时，加快推进科技经费向各类创新基金转型，大力扶持具有市场创新功能的新型科研机构，提升高新区的科技资产管理能力，建设促进技术与资本互动的综合性科技大市场等。

③ 勇于创造全世界的第一，敢于走全世界没有走过的路，立足全球发展新态势，加强制度创新，积极构建全球开放创新的新格局。中国提出"一带一路"倡议，具有极高的智慧性和全球战略性，将直接决定中国经济未来30年的基本走势，也直接决定着能否形成"中-美"主导的全球经济政治大格局。工业园区有必要前瞻性探索"一带一路"面临的关键问题，积极参与境外产业集聚区、经贸合作区、工业园区、经济特区等合作园区建设在丝路经济带上，抢抓建设霍尔果斯经济开发区机遇，加快建设面向哈萨克斯坦、辐射中亚的投资贸易平台，拓展向西开放通道，在波兰和俄罗斯积极布局境外加工贸易产业；在"海上丝绸之路"上，依托中新合作优势，探索建立面向新加坡、辐射东盟的投资贸易平台，提升向东开放水平，在海上丝绸之路枢纽地区布局建设境外开发区，带动产业有序转移。

同时，还有必要引领性发展"'互联网+'和数据经济时代"科技园区发展的新范式。信息经济时代，以美国硅谷、中国中关村为代表，形成"科技-技术-生产"一体化的技术-经济发展范式。然而，进入互联网和大数据主导的新时代，全球化众筹、众创、众包、众扶成为新的时代特征，大数据作为资源，随着互联网络可以无限制放大，成为全球最宝贵的资源。在这种背景下，未来高科技园区的形态、动力、形成路径都还在探索中，这也成为工业园区推进开放创新战略的新课题。因此，工业园区有必要依托互联网战略平台，建立全球大数据开放创新中心，围绕园区内主导产业，制定不同领域的"互联网+"行动方案，积极引导区内企业运用互联网技术和互联网思维实现商业模式创新或业态创新，从而推动园区工业经济向互联网经济的转型。

6.2.2　推进境外工业园区建设

在"一带一路"倡议下，中国企业在沿线国家建设的境外工业园区成倍增长。截至

2018年年底，中国企业在"一带一路"沿线建设运营的境外工业园区共60家，涉及30个国家，投资规模近240亿美元，入园企业超过3800家，实现总产值760亿美元。根据"一带一路"境外工业园区产业类型划分，分为重工业园区（11家）、轻工业园区（43家）、高新技术园区（2家）和综合产业园区（4家）四种类型。从地域分布来看，东南亚、南亚和非洲地区分布最为广泛的是轻工业园区，重工业园区主要分布在东南亚地区，各类工业园区的分布特征和中国企业"走出去"进行国际产能合作的过程，以及沿线国家发展阶段和能源资源禀赋特征等要素基本吻合。

① 在工业发展方面，境外工业园区建设有力推动了东道国工业化进程及其在全球产业体系中的参与度。从"面"上来看，入园企业实施的技术和能力提升措施显著提升了东道国技术和能效水平，目前境外工业园区的工业能耗强度比东道国低50%～60%。从"点"上来看，部分由龙头型企业引领的大型专业型产业园区，如以"炼化一体化"项目为主的文莱大摩拉岛石油炼化工业园，以"镍铁＋不锈钢"一体化为主的印尼青山园区，以"钢铁联合项目"为主的马中关丹产业园，工业技术水平居于世界先进行列，是中国境外工业园区实现合作共赢的典型样本。

② 在基础设施建设方面，境外工业园区污水集中处理设施建成率在60%以上，部分园区也已率先将绿色建筑和智慧交通理念融入园区的建设规划中，如中越（深圳—海防）经贸合作区规划设计时突出绿色生态和可持续发展，配套办公、会议中心等绿色建筑及雨水公园等公共设施。中白工业园在社区开展了绿色出行的推广与实践，提供公共自行车或充电桩服务系统，为园区能源转型奠定了坚实的基础。

③ 在产业结构优化方面，部分境外园区主动谋求战略转型，不断甄选绿色环保、特色鲜明的项目进行建设培育，引入光伏产业、新能源汽车制造、清洁能源装备制造、垃圾焚烧发电、废物回收利用等项目，营造更有利于绿色产业发展的市场氛围。例如，泰中罗勇工业园定位为"环保工业园"，正在打造适合科技制造型企业生产经营的绿色环保园区。

大力发展境外园区，有利于中国企业跨越贸易壁垒，开拓跨区域大市场，成为国内产品进入东道国和区域市场的开发和试验基地；有利于推动由中国主导的海外产业链和产业集群建设，促进中国资本、技术、服务的打包海外经营；有利于充分发挥境外园区桥头堡、中继站和网络支撑点的作用，服务"一带一路"倡议。

（1）积极应用整合数字技术，加强与东道国经济的前向联系

数字技术在全球供应链中的应用对国际生产产生了深远的影响。工业园区要保持生命力，就必须持续为园区内企业提供价值链联动机会。在战略层面，园区可以将数字技术公司作为目标，把园区物流便利化方面的战略优势转向电子商务公司的分销活动。此外，鉴于数字化产品和平台为中间品服务贸易（如设计、研发、咨询、管理、专业服务）等提供了更为灵活的选择，可以部分抵消实体制造业价值链"去全球化"的影响，部分园区可以发挥"孵化器"的作用，促进产业数字化进程，或顺势转型，重视对服务业和数字经济的投资。通过制定创新计划，重点关注与国内新兴产业的联系，开发本地化数字产品和创意产业，为中小型数字技术公司提供整合和平台服务，促进园区内外本地初创企业的集群和联系。

（2）投资提振现有园区，注重产业链服务和管理模式的输出

园区建设的产业链包括前期定位研发、产业和园区规划、中期融资开发建设和后期营销招商、物业管理、生产性服务等。前后端均属于智力输出的高附加值产业。目前，中国境外园区主要停留在中段传统工业园区"五通一平"的基础设施建设上，缺乏前后端服务能力，导致中国境外园区投资资金压力大，项目实现盈利所需时间长，不利于企业的长期发展。中国应充分利用东道国现有资源，参与对现有基本条件较好的园区的振兴和升级，尽量以合资合作为主，使东道国的政治、经济支持最大化，建设区中区或拓展区。其优势在于，现有园区的基础设施基本就位，相关法律和激励政策已经配套确立，投资成本要低于新建园区，同时有利于提高高附加值产业部分，通过参与现有园区的改造升级，为园区企业提供完整的产业链服务和投融资解决方案，逐渐从重资产经营向轻资产管理发展，实现多元化经营和管理模式的输出。

（3）建设新一代可持续发展示范区

可持续发展议程日益推动跨国公司的战略决策和运营，这应反映在境外工业园区向投资者招商的价值主张当中。与可持续性相关的共享服务，如共同的健康和安全服务等，废物管理设施和提供可再生能源将变得越来越重要。中国新一代境外园区可借鉴贸发组织《2019年世界投资报告》提出的可持续发展示范区框架，鼓励境外园区通过吸引可持续发展目标相关活动的投资，制定并遵守最高水平的环境、社会和治理标准，探索与可持续发展相关的产品和服务开发。同时，鼓励东道国一道将提供财政激励措施与社会和环境指标相结合，而不仅仅取决于就业、投资或出口业绩，以新的经济特区模型发展和促进以可持续发展贡献为重点的投资。

6.2.3　大力发展西部工业园区

我国西部地区包括贵州、西藏、四川、云南、重庆、陕西、青海、新疆、甘肃、宁夏、广西、内蒙古12省（自治区、直辖市）。西部地区工业园区还存在发展不均衡、整体水平不高、缺乏整体规划、产业结构趋同、竞争激烈、创新能力不强、配套服务体系不健全、环境污染严重等问题，这些问题可归结为同质化、空心化、低端化，简称"三化"问题。西部地区工业园区"三化"问题严重的根源在于理念落后，进而导致低质量发展。因此，西部地区工业园区必须以创新、协调、绿色、开放、共享新发展理念为指导，通过针对服务、机构和场所建立创新性变革，推进清洁生产、建立生态产业链以及构建生态工业园区，积极搭建资源共享平台、实行共享经济政策等途径，提升我国西部

地区工业园区的发展质量。

在"一带一路"倡议的背景下，对外开放是我国西部地区走出去的关键，将本地的资源型产业打响，也需要在对外开放上不断摸索与深化。西部地区的对外开放水平偏低，而更需要鼓励引进和消费绿色生态化的产品，有效提升西部工业园区的产品供给水平，让企业在对比中找到差距，而改革也更加有的放矢。挖掘西部工业园区的区位优势，抓住战略机遇，充分发挥"一带一路"的优势，将对外的需求转化为产能过剩的解决办法，加速和"一带一路"沿线国家的密切合作，让其成为西部对外开放的窗口。同时，在对外开放的商品生产上，应当打响中国品牌，帮助中国对外贸易的更好更快发展，坚持技术创新而减少对外来技术的依赖，不仅仅要在资源型产业上打响自己的品牌优势，还要实现本地和外地的开放深度。首先，西部工业园区需要加强和外界的科教、文化、旅游等方面的合作，促进多方贸易的形成，扩大西部工业园区的对外贸易范围。其次，在"引进来"的同时，还需要支持本地区优势企业对外投资，做好跨国融资和经营，让劳务和特色商品出口，开拓国际市场。最后，随着对外开放的深入，要建立完善的风险防范机制，中国的对外贸易不应当让人"牵着鼻子走"，更应当将发展的主动权握在自己手中。遇到发展危机可以及时调整贸易政策，减少国际市场因为各种原因产生的波动，影响西部区域经济的发展。

（1）努力构建开放型经济新体制

首先，需要我国西部地区的工业园区放宽外商投资市场准入，不断吸收国际投资中搭载的技术创新能力和先进管理经验，这对我国产业结构的调整以及经济转型升级是至关重要的；其次，创新利用外资管理体制，尽快落实"走出去"战略，最重要的因素是深化对外投资管理体制的改革，放宽对外投资政策的限制，实施"谁投资、谁决策、谁受益、谁承担风险"的原则，确定对外投资企业的主体位置，加快自由贸易区构建，起到用局部带动整体的开放效果；最后，扩大地区对外开放，要从体制机制、政策环境等方面下功夫，全面夯实开放型经济发展的基础。

（2）壮大开放型经济企业主体

在开放型经济中要求把国内经济与国际市场进行联系，充分实现国际分工，发挥出本国经济存在的比较优势。加大园区的进出口，发挥园区存在的比较优势，既吸引外资也对外投资，积极引进其他地区的高新科学技术，促进产业化程度，形成产业链高端的优势。

（3）争创开放型经济新的业绩

强化项目引进程度，加强招商引进项目。不断优化招商体系的建设，根据主导产业以及标准化的厂房，举办"招商引资"活动，实施定向、产业、以商招商，主攻特殊冶金原料、电子元件、农产品加工这三大产业，争取落实数量和质量并重的新项目入园，争创开放型经济新的业绩。

6.3　与自然生态的结合

资源与环境问题是人类面临的共同挑战，工业园区作为城市经济发展的重要载体，必须坚守绿色发展理念，提升核心竞争力。加快推进工业绿色发展，是推进供给侧结构性改革、促进工业稳增长调结构的重要举措。生态文明的建设，需以绿色发展为基础，坚持节约优先、保护优先、自然恢复为主的方针，形成节约资源和保护环境的空间格局、产业结构、生产生活方式，还自然以宁静、和谐、美丽。

6.3.1　强化自然生态环境保护

任何类型的工业园区开发都离不开本地生态环境的支撑，只有让两者和谐共处，才能保障工业园区的持续发展。若不重视或不关注环境保护工作的进行，则会冒着破坏环境的风险发展经济，破坏了当地生态环境的有序和稳定性，反过来又会限制园区经济发展。因此，保护好生态环境就是给工业园区穿上"保护衣"，让工业园区拥有更佳的效能输出。

在污染物治理方面，必须有系统完善的污染物收集处理方案，严格实施水、大气、土壤和固体废物等污染物总量控制机制，加快污水基础设施建设、污水厂提标改造和重点企业污水排放重点防控。重点实施节水技术改造、中水回用和循环水改造项目，提升水资源利用率；健全大气污染联防联控机制，加快实施污染减排重点工程，推进VOCs特征污染物减排，促进温室气体与大气污染物排放的协同治理；做好园区土壤污染防治管控和修复工作，实施土壤风险污染源筛查和重点防控区域专项整治工作，及时公开土壤污染重点管控清单；建立危险废物全周期的环境监管体系，加强各类固体废物的处置和管理，提高园区固体废物资源化利用率。依托自身或外部条件，积极开展集中供热、"绿岛"和生态安全缓冲区等环境基础设施建设工作，实现大气、水污染物减排、集中治理、固体废物资源化利用和危险废物集中贮存，降低中小企业减污、治污成本。此外，开展环保智慧管理平台建设和环境污染第三方治理，提升污染治理效率和治理水平，推进治理能力现代化。

在空间结构方面，要保持环境地理位置相适应，遵循因地制宜原则，应基于环境实情设计园区规模和布局，尽量降低对本地环境因素的影响，尤其是在空间布局上，应在实际考察基础上，进行选址。在绿地景观设计方面，第一，在绿化植物种类选择上应就地取材，以防止外来生物对本地生态系统的破坏；第二，进行绿地景观设计时结合现有生态环境现状，尽量以其天然材料来进行设计建设，以达到环境和厂房生态协调的目的；第三，需设计绿色综合系统，如防护绿地、公园绿地及田园绿地等，以降低园区的能源消耗，提升园区多样属性。以园区现有环境景观为基础，采用物理、生物技术改良土壤，加强生态修复，建立适应园区水土的植物谱系，布置道路景观绿化，提升园区绿化覆盖率，取得环境效益、经济效益和社会效益的"共赢"。

以生态文明建设为契机，加大政策倾斜与资金投入，创新生态建设机制。以森林、湿地等生态系统为重点，划定生态保护红线，稳步实施生态建设的行动计划，加快推进山水林田湖生态工程的建设。通过实施天然林保护、封山育林、退耕还林等工程，加强公益林建设和森林资源储备，推进林区生态系统修复，加快推进土地平整、土壤改良以及农防林的更新改造，加快对水土流失的治理，控制农业面源污染。通过建立江河、林地、草地、湿地、耕地、全覆盖的生态环境保护机制，强化宏观管理和综合协调，统筹生态修复和环境饱和，提高区域的生态环境容量。

加强重点生态功能区的保护与管理，加大对风景名胜区、森林公园、湿地公园等保护力度，适度开发公众休闲、旅游观光服务和产品。加强区域内自然保护区的各项管理设施的建设，努力构建空间布局合理、各种类型完备、功能相对完善的自然保护区体系，提高自然保护区的管理水平。

6.3.2 落实"三线一单"制度

2017年，环境保护部颁布了《关于印发<"三线一单"试点工作方案>的通知》（环办环详函〔2017〕894号）。该通知的发布与实施标志着在全国范围内正式开启了"三线一单"的试点工作。其中，"三线"即生态保护红线、环境质量底线和资源利用上线；"一单"则是指环境准入负面清单。"三线一单"制度应用于规划环评，更加注重从空间、总量及环境准入管理等若干方面进行环境影响评价。

工业园区作为国家或区域性发展的需要，是利用行政手段划出一定区域，聚集各种生产要素，在一定空间范围进行整合。工业园区建设对提升生产要素集约强度，优化产业结构布局，促进经济社会发展发挥着重要作用。做好工业园区规划环境影响评价对提升工业园区规划的科学性、实现园区可持续发展具有现实意义。"三线一单"制度落实，主要应用于规划环评中；其中，工业园区规划环评中应用"三线一单"，根据园区所在区域环境资源的承载力，着重围绕区域大气、水、固体废物、生态功能区等环境要素关系，开展科学评价，并有针对性地提出防治措施，对进一步优化园区产业布局、生产资源配置，推动园区经济效益、社会效益、环境效益的有机统一具有重要意义。

规划环评"三线一单"编制应坚持"三确保"原则：

① 确保管控单元定位准确。无论是区域规划环评，还是工业园区环评，既要对重要生态空间做到应保尽保，还要给区域发展留足发展空间。

② 确保环境质量底线确定科学。"三线一单"编制人员要熟悉管控单元环境质量状况，精准测算出管控单元的污染源排放、环境容量；要注重与规划、水利、自然资源等部门的沟通联系，明确区域资源能源利用目标及管控要求。

③ 确保环境准入清单制定科学。根据区域发展规划、重大产业发展布局和生态环境质量状况，编制人员要准确把握管控方向和力度，使"三线一单"编制更为科学、合理，增强编制可执行力。

（1）制定园区生态空间管理红线

根据工业园区所在城市现状，依据《城市规划编制办法》，将带有城市生态调节功能用地作为工业园区生态发展空间，根据工业园区的发展规模、功能定位，优化园区内的日常经营生产、工人生活空间，从而将园区划分为禁建区、限建区和适建区。禁建区要立足土地利用规划，设定一定范围禁止开发区域，并结合生态环境功能区，分析工业园区是否涉及环境敏感区、生态脆弱区等。

（2）确定园区规划总量控制上线

① 确定大气污染物排放总量上线。从工业园区所在区域的大气功能区划分，搜集气象、水文、大气等重要的基础生态环保数据，根据收集到的生态环保数据，计算该园区污染物排放总量上线。

② 确定水污染物排放总量上线。从工业园区所在区域的历年环境公报所公布的水环境质量现状以及现场监测等，掌握工业园区所在区域受纳水体环境质量，结合工业园区环境质量底线，核算工业园区水污染排放总量上线。

（3）确定园区资源利用上线

根据生态管理空间红线、总量控制上线，结合工业园区所在区域的生态环保现状，将土壤生态环境、大气污染物、水资源配置数量严格控制在工业园区所在区域上层次规划环评所设定的利用规划。例如，工业园区水资源利用上线，应从工业园区所在区域实际出发，结合水环境质量维护、水环境生态改善、水资源安全等评价因素，加强工业园区水利所在地的水利部门水资源安全等要求，提出具体的水资源生态环保开发控制措施；土地资源利用上线，应根据工业园区产业结构、特点及规模，提出土壤重金属污染防控区、高风险区等工业园区土地污染防治等规定、要求。

（4）制定规划准入条件及负面清单

根据工业园区生态空间管理红线、工业园区规划总量控制上线、工业园区资源利用上线等详细分析论证，从工业园区的发展产业定位、建设规模、园区工艺选型、土地资源利用规模和产品类型等若干方面确定具体的准入条件，制定负面清单，重点是要确定相关限值、控制单元和管控重点区域，突出生态环境准入约束及引导功能。

6.3.3　城市工业园区生态空间建设

进入 21 世纪，人类社会经济发展的目标正在从单纯追求物质价值的增长转变为全面实现社会、经济与环境的可持续发展，其中人与自然的和谐、人与人的协调是可持续发展所追求的核心，日益成为世界各国共同的行为准则和全人类趋同的价值标准。因此，城市工业园区形态规划应顺应这种趋势，从传统的机器生产的功利束缚中解放出来，切实关注生态空间的营建，变机器、工艺绝对主导的传统空间形式为人、自然、机器有机协调的现代环境模式，除满足机器生产的基本工艺要求外，更多地体现关爱自然、和谐相处的理念，更多地表达以人为本、为人服务的精神，促进人类价值的自我实现。

由此，城市工业园区生态空间建设可以两方面为重点：一是自然生态；二是文化生态。所谓自然生态建设就是强调环境，既包括环境保护——严格控制和治理工业生产产生的废水、废气、废渣、噪声等污染，保证工业生产和职工工作的良好环境质量，切实改变工业区就是污染源的传统形象；也包括环境建设——大力加强绿化建设，提高环境景观质量和艺术水平，使生产环境生活化，形成怡人舒适、优美和谐的绿色环境。知识经济条件下，自然生态建设不仅表达了可持续发展对人和环境的关切，而且内含了产业发展（尤其是高新技术产业）的自身要求。然而，无论是环境保护还是环境建设，自然生态建设是一项复杂的系统工程，需要在前期未雨绸缪，系统规划，通过标本兼治、点面结合等手段，实现综合的环境效益。这里，所谓"本"，是指从根本上控制污染源的产生，"标"则是治理和减轻污染影响的一切规划和工程手段；"面"是指功能性或观赏性的普遍绿化，而"点"则是为满足景观、休闲或交流需要，具有一定质量和水平的环境节点。

文化生态建设的重点就是突出以人为本，形成适宜于人工作的场所和环境。除了上述绿色怡人环境外，文化生态建设，一要强调园区特色的营造，面对经济全球化带来的世界文化趋同，城市工业园区要特别重视创造与保持地方特色，将鲜明的地方文化和产业特点融入园区空间之中；二要关注人与人之间的情感交流，这是在工业社会被轻视而在信息社会日显重要的人类基本需求，城市工业园区要重视内外交往空间的营建与和谐人际关系氛围的形成，创造真正的工作"场所"；三要充分体现为人服务的思想和理念，尊重和满足劳动者日益提高的生产和生活需求，尽可能提供高质量、便捷的生活服务设施。城市工业园区的生活服务功能要系统规划，并按一定的结构融入分层次的人性化空间，这不仅有利于形成高质量的综合服务网络和有特色的物质空间环境，促进园区文化的形成，而且符合社会化的发展方向，避免厂厂有宿舍、食堂、浴室、商店甚至有幼托的现象，推动社会资源的有效利用。

6.4 绿色产业体系构建

以党的十九大精神为指引，发展是解决我国一切问题的基础和关键，发展必须是科学发展，必须坚定不移贯彻新发展理念，大力推进绿色产业体系建设，形成绿色发展方式和生活方式。新发展理念强调绿色发展，就是要尊重自然、顺应自然、保护自然，改变以环境污染、资源浪费和生态退化为代价的产业发展模式和做法，加快产业结构调整和优化升级，构建科技含量高、资源消耗低、环境污染小的绿色产业体系。

① 坚持绿色发展。加快建立绿色生产和消费的法律制度和政策导向，积极转变经济发展方式，促进企业转型升级，通过科技创新、设立绿色产业准入门槛、发展循环经济等实现绿色发展。

② 坚持生态发展。牢固树立社会主义生态文明观，坚持节约资源和保护环境的基本国策，以产业经济生态化、生态经济产业化带动传统产业转型升级，实现产业生产活动过程的生态化。

③ 坚持高效集约发展。坚持质量第一、效益优先，推动发展质量变革，推行高效集约发展模式，充分利用资源，实现最优化配置和建立最佳利用模式，带动高效集约产业的大规模、全方位发展。

④ 坚持可持续发展。统筹山水林田湖草系统治理，创新节约资源和保护环境的发展模式，实现人口、资源、环境、经济、社会之间的协调发展和生态效益、经济效益、社会效益三大效益的统一。

⑤ 坚持人与自然和谐共生。树立绿水青山就是金山银山的理念，实行最严格的生态环境保护制度，形成绿色发展方式和生活方式，走生产发展、生活富裕、生态良好的文明发展道路。

6.4.1　构建绿色产业体系重点方向

① 优化产业结构，加快退出落后产能，大力发展战略性新兴产业，加快传统产业绿色低碳改造。依法淘汰高耗能、高耗材、高污染工艺技术和生产能力，严格限制高耗能产业发展。以园区资源能源禀赋和环境承载能力为基础，结合产业规划，制定以绿色环保产业为主导的园区发展规划目标、招商引资和产业准入政策，着力推动绿色产业聚集，实现现有产业的绿色化转变，为构建绿色产业链奠定基础。充分发展节能环保、生态农业、生态旅游等绿色产业；重点培育和发展新能源、可再生资源、新能源汽车等新兴战略性产业；发展现代服务业，形成工业园区产业体系新格局。

② 推进工业园区循环化发展。以提升资源产出率和循环利用率为目标，优化园区空间布局，开展园区循环化改造。推动园区企业循环式生产、产业循环式组合，组织企业实施清洁生产改造，完善企业内部资源管理制度，增强企业开展清洁生产的外在压力和内在动力。促进废物综合利用、能量梯级利用、水资源循环利用，推进工业余压余热、废气废液废渣资源化利用，积极推广集中供气供热。搭建基础设施和公共服务共享平台，加强园区物质流管理。

③ 完善循环化产业链条。以园区现有产业布局为基础，挖掘产业间、企业间、项目间关联性，打通资源能源循环利用壁垒，提出补链招商，重点引进科技含量高、产业关联度强的补链、强链、延链项目，减少生产和流通过程中的能源资源消耗和污染排放，促进行业企业间原料互补、资源共享，实现园区资源能源的闭路循环。龙头企业发挥带头作用，实现上下游企业绿色协同发展。对于因规模小，不能独立通过纵向延伸和横向

拓展产业链的企业，按照其产品和废弃物性质，鼓励实现跨区域、跨企业的资源与废物循环利用。按照技术一流、规模一流、效益一流、生态一流的标准，构建关联产业循环配套和现代服务业协调发展。

④ 健全资源循环利用体系。构建覆盖全区域和辐射周边的资源循环利用体系，完善废旧物资回收网络，推行"互联网＋"回收模式，实现再生资源应收尽收。加强再生资源综合利用行业规范管理，促进产业集聚发展。高水平建设现代化"城市矿产"基地，推动再生资源规范化、规模化、清洁化利用。推进退役动力电池、光伏组件、风电机组叶片等新兴产业废物循环利用。促进汽车零部件、工程机械、文办设备等再制造产业高质量发展。加强资源再生产品和再制造产品推广应用。

⑤ 努力发展循环经济服务业，构建循环经济支撑体系。建设综合信息平台、循环经济新技术和新产品研究开发平台、循环经济产品应用与市场推广服务平台、能源合同管理服务、环境合同管理服务、投融资咨询服务、循环经济风险防范与创新管理等循环经济新业态。

⑥ 加强创新能力建设和人才培养。组建绿色低碳相关国家实验室、国家重点实验室和国家技术创新中心，适度超前布局国家重大科技基础设施，引导企业、高等学校、科研单位共建一批国家绿色低碳产业创新中心。创新人才培养模式，鼓励高等学校加快新能源、储能、氢能、碳减排、碳汇、碳排放权交易等学科建设和人才培养，建设一批绿色低碳领域未来技术学院、现代产业学院和示范性能源学院。深化产教融合，鼓励校企联合开展产学合作、协同育人项目，组建绿色低碳产教融合发展联盟，建设一批国家储能技术产教融合创新平台。建立节能环保装备制造业高新技术研发中心和技术转化平台，推进科技创新和成果转化。

⑦ 建立绿色产业发展评价考核制度。成立推动工业园区绿色产业发展考核领导小组，负责领导、组织和协调园区绿色产业发展考核工作。推动实施工业园区绿色产业发展目标的年度考核制度，并加强年度考核。建立严格的工业园区绿色产业发展奖惩制度，并将结果作为评价领导干部政绩、年度考核和选拔任用的重要参考依据。

6.4.2 打造绿色产业链，建设绿色制造体系

工业园区绿色发展的重要举措之一是打造绿色产业链。这是园区为了谋求系统整体的竞争优势，遵循产业发展规律，以企业为对象，通过空间、地域、产业基础等优化配置生产要素，构筑产业生态化组织形态，形成优势主导产业和产业结构的过程。绿色产业链的构建包括园区内的产业共生体系培育和绿色供应链建设。构建产业共生体系，是努力将园区内一个生产过程中的废物或副产品转化为另一个生产过程的原料，使整个工业体系"进化"为各种资源循环流动的闭环系统，实现经济效益、环境效益和社会效益的有机统一。中国工业园区在产业共生体系构建方面已形成了大量的典型案例。绿色供应链建设则是企业以资源节约、环境友好为导向，建立采购、生产、营销、回收及物流一体化的供应链体系，推动上下游企业共同提升资源利用效率，改善环境绩效，达到供应链整体资源利用高效化、环境影响最小化的目标。目前一些园区及企业正在积极开展绿色供应链示范试点。

（1）深刻认识绿色制造体系的主要内涵

绿色工厂是绿色制造的实施主体，绿色制造的重点在于实现生产全流程的绿色化。绿色产品是绿色制造的重要成果，重点在于实现产品全生命周期的绿色化，是绿色工厂的生产结果。绿色园区是绿色制造的重要平台，重点在于实现园区内工厂之间协同、补链、延链，是绿色制造实施的重要平台。绿色供应链是绿色制造的重要链条，重点在于实现供应链节点上下游企业间的绿色协同，是贯穿产品、工厂和园区的重要链条。

（2）全面推广绿色示范创建，包括：

① 创建绿色工厂，按照绿色工厂建设的五化原则（厂房集约化、原料无害化、生产洁净化、废物资源化、能源低碳化），培育绿色制造标杆，全面推进绿色工厂建设。

② 生产绿色产品，引导企业立足国民经济绿色发展需求，加大力度、加快推进绿色产品关键问题突破及产业化，填空白、补短板、抢站位，持续提升产品绿色化水平。

③ 鼓励企业导入产品生态设计原则，原料选用、生产、销售、使用、回收、处理等各环节均应考虑生态设计的要求，考虑能源资源消耗、环境影响度、可回收、利用等多维度耦合影响，寻求最优解，从而开发出能源消耗小、资源消耗少、环境友好、可靠性高、寿命长、可回收、利用率高的绿色产品。

④ 关注供应商、制造企业、物流商、最终用户以及回收、拆解等企业的协作；围绕产品全生命周期中的采购、生产、销售、物流、使用、回收处理等关键环节，应用绿色智能装备，利用区块链等数字化技术，持续建立、做强、做大绿色供应链，充分发挥市场在倒逼行业绿色发展水平方面的作用，可有效带动行业整体实现绿色发展。

（3）提升生产装备绿色水平

坚持节约能源优先，加快实施节能技术改造。抓住能源消费总量控制这个牛鼻子，全面深入推进存量企业节能技术改造。对纳入"百千万"重点用能单位的企业，在"十三五"节能诊断工作的基础上，持续开展节能诊断、能源审计、节能培训等专项提升服务。在做好"百千万"重点用能单位的基础之上，有序将专项服务范围扩大到综合能源消费量3000t标煤以上企业。鼓励企业加快应用先进节能低碳工艺技术和装备，推进能源管控中心建设。组织实施面向锅炉、电机、能量系统、重点用能设备等关键用能点的节能重点工程，尽可能实现能源综合梯级利用，提升锅炉、变压器、电机、泵、风机、压缩机等重点用能设备系统能效。

（4）突出污染物源头削减，推进清洁生产技术改造

贯彻落实国家和地方有关大气、水和土壤污染防治行动计划，加快实施智能化、绿色化改造。引导企业通过提标改造或使用清洁低碳能源等方式，实现工业炉窑有组织排放全面达标、无组织排放有效管控。鼓励企业依法开展清洁生产审核，落地清洁生产改

进方案，例如基于互联网技术，构建清洁生产服务平台；主动送服务进企业，开展免费培训、免费诊断，帮助企业整合资源，落地改进提升。培育一批绿色制造系统解决方案供应商，围绕化工、医药等重点行业开展绿色改造，应用高技术含量、高可靠性要求、高附加值特性的节能关键工艺技术材料，提供覆盖重点工艺流程和工序环节的绿色改造系统解决方案，实现全流程、全工序系统绿色水平提升，推动行业绿色转型。

（5）强化部门协作，凝聚推进绿色制造的强大合力

① 突出规划引领，紧密结合国家、省市绿色产业发展理念，按照"产业集聚、企业集群、发展集约"的原则，推动形成一体多翼的绿色产业集约、集聚、专业发展格局。立足现有产业基础，紧盯产业发展方向，进一步明晰区域主导产业定位，加强园区不同功能区间产业合作和联动发展，依托园区特色发展规划，打造园区重点发展的"地标"产业，发挥区域资源禀赋优势，推进配套产业集聚、集约发展，积极构建精细化工、高端装备、生物医药健康、节能环保装备等绿色产业体系。

② 强化协同推进，以"十四五"开局为契机，认真贯彻落实国家、省、市有关文件精神，根据园区产业结构实际、结合园区特色发展规划，高起点谋划制定园区绿色制造发展专项行动计划，进一步明确园区绿色发展主要工作目标、绿色新兴产业发展方向、绿色制造重点工程任务，会同发改委、科技局、生态环境局等部门共同组织实施，加快形成职责明晰、协同推进的工作格局。

③ 厚植理念根基，实施绿色制造，企业是根本，企业家精神是关键。积极引导企业将绿色低碳的发展理念应用到生产经营的全过程中去，推动企业主动担当，主动实施绿色创新，实现绿色转型；发扬企业家精神，压实主体责任，将绿色发展理念纳入社会责任体系。

6.5 加强金融服务

2020年7月，国务院印发《国务院关于促进国家高新技术产业开发区高质量发展的若干意见》（国发〔2020〕7号），提出的六个方面任务举措之一就是深化管理体制机制改革，优化营商环境，加强金融服务，提出为国家高新区营造高质量发展环境，鼓励商业银行在国家高新区设立科技支行。支持金融机构在国家高新区开展知识产权投融资服务，支持开展知识产权质押融资，开发完善知识产权保险，落实首台（套）重大技术装备保险等相关政策。大力发展市场化股权投资基金。引导创业投资、私募股权、并购基金等社会资本支持高成长企业发展。鼓励金融机构创新投贷联动模式，积极探索开展多样化的科技金融服务。创新国有资本创投管理机制，允许园区内符合条件的国有创投企业建立跟投机制。支持国家高新区内高成长企业利用科创板等多层次资本市场挂牌上市。支持符合条件的国家高新区开发建设主体上市融资。

6.5.1　开发性金融支持

工业园区绿色发展是一项系统性、长期性的建设任务，需要大量资金支持，其中部分建设任务资金需求期长、盈利性较弱，需要开发性金融的大力支持。例如，工业污染集中治理项目，短期投资额较大、无法产生现金流，这决定了需要成本低、期限长的资金来支持。开发性金融作为现代金融体系的组成部分，具备特殊金融功能、政策扶持效应、规划先行工作手段、优化资源配置等多重优势，在工业园区绿色化建设中将发挥重要作用。

园区绿色化建设是开发性金融机构、政府主管部门、园区主管部门、园区企业等多方参与的过程。开发性金融机构促进工业园区绿色发展，一方面，应深化与工业园区绿色发展相关政府主管部门的合作，准确把握国家级、省级、地方等各级园区绿色发展状况、绿色化建设的需求及重点；另一方面，应加强与工业园区主管部门的合作，基于规划先行原则，将融资规划融入园区绿色化建设规划中，明确重点支持领域，提高开发性金融促进工业园区绿色发展的效率。

规划先行是开发性金融机构支持工业园区绿色发展的工作基础，也是与其他商业性金融机构的重要区别。建议开发性金融机构与政府主管部门、园区管委会、开发公司等园区建设主体合作，参与园区的生态环境规划、生态产业链建设规划、循环经济发展规划等，以政府、管委会制定的发展规划、指导意见、政策法规为依托，将融资规划嵌入园区绿色化发展建设规划中，以规划为中心的合作模式替代以项目为中心的合作模式，将项目的开发评审工作延伸到规划阶段。

开发性金融规划先行运作模式主要有与园区合作成立专职部门，以及建立专家库两个方面。一方面是与园区合作成立专职部门，对园区绿色化发展的规划、建设等重大事项进行协商决策，制定科学可行的规划体系、建设方案、工作计划、重点项目等，明确园区的生态产业链类型、循环经济模式、绿色化发展方向，对园区绿色化发展进行统筹推动。通过广泛交流、信息共享，智力支持、战略咨询、制度建设等合作方式，保障园区绿色化建设的科学性和可行性。另一方面，可以利用自身平台的优势，整合各方资源，协助园区与外部院校、企业、行业协会、社会团体等专业的园区绿色化咨询、规划、设计等机构建立合作关系，与园区共同构建绿色化发展专家智库，凝聚各领域专家资源，增强绿色化建设的科学性和公信力。

开发性金融在园区绿色化建设融资中的作用不只是简单地提供大额、长期的资金，更重要的是通过市场化的资金运作，解决园区绿色化建设项目投融资所面临的困境，通过自身的投融资业务来建设制度，培育市场，为环境基础设施建设、企业清洁生产推广、生态产业链构建等项目实现市场化融资提供良好的制度基础和市场环境。在工业园区绿色发展过程中，许多地方以政府、开发区的融资平台作为基础设施建设的主体，过度依赖于财政拨款，投融资效益欠佳。因此，需要开发性金融机构参与法人治理结构建设和现金流建设，提高投融资效率，同时配合政府培育一批实力较强的融资平台（借款人），在以政府信用、企业信用双轮驱动的基础上，进入资本市场开展融资。

开发性金融支持园区绿色化发展时，一方面，应始终坚持推行"绿色信贷"，把资源和环境的承载力作为重要原则和约束边界，严控环境和社会风险。除了明确工业园区绿色信贷的支持方向和重点领域，在借款人评审中还应将企业环境和安全事故风险作为信贷准入评审的重要内容；在项目政策性风险评审中，对项目建设的环境风险进行分析，依照项目所在区域的环保政策，判断项目是否符合国家与地方相关法律法规的要求。另一方面，开发性金融机构可利用自身优势，为园区内绿色企业提供必要的财务咨询服务；同时，优化投融资模式，提升开发性金融服务能力。优化投融资模式的具体方式包括大力推广股权债权信贷等融资方式；根据合同能源管理、排污权交易、碳排放权交易等运行机制提供创新性融资服务，深化金融参与环保产业发展力度；积极引入BOT、PPP等多种运营模式，加速金融资本与社会资本的有序流入，提升对优质绿色项目的融资支持力度；针对园区内中小企业发展的融资难问题，对其产权、信用、担保、办理手续等进行综合评估后，可通过建立集中化或统一融资平台等方式创新已有融资模式，给予有效资金支持。

6.5.2　建设投融资模式

将资金、技术、人才等要素有机结合是逐步实现工业园区资源整合发展的必由之路，对于推动产业进步和经济发展具有重要的意义。随着国有投资体制改革的不断深化，单纯依靠财政资金和国有平台融资已经难以承担园区进一步推动经济发展的使命，探索新型投融资模式和拓宽融资渠道成为工业园区新时代发展的必然选择。

工业园区建设投融资主要针对基础设施建设、软环境建设等方面的项目，基础设施主要针对园区水、电、路、通信、场地平整等方面；软环境投融资主要针对园区综合服务平台建设，例如技术创新平台、招商引资平台、电子政务平台、金融服务平台、电子商务平台、人才服务平台等方面，其特点为共享性、基础性和整体性。

综合来看，国外社会资本活跃度较高，在工业园区基础设施建设方面有较高占有率，相比之下国内工业园区基础设施建设，除个别创新能力和业务能力较强的园区能撬动社会资本外，基本上是以政府主导为主流的发展模式。国内工业园区高质量发展需要活跃的社会资本进入，契合市场发挥社会资本的重要作用。

参考国内工业园区在产业项目发展上融资方式发展分析，大致方向上有两个：一是包含融资租赁、股权基金、小额贷款等的类金融融资；二是银行贷款、债券、信托贷款、证券化等的金融融资。产业融资发展也将在这两个方向上继续规范、深入下去。

1）加快整合资源，组建投融资平台

投融资平台是工业园区进行投融资活动的主体。整合工业园区内存量资源和各类专项资金，通过注入财政资金、土地资产、国有企业股权等资金，打造工业园区投融资平台并壮大其实力，成为综合性的投融资平台，全面负责工业园区各类新增重大项目的引导性或控制性投资；提高自我融资发展能力，通过出让工业园区投融资平台部分股份或增资扩股，积极吸引战略投资者参与园区开发建设。积极推动投融资平台上市，充分发挥资本市场功能，实现投资、融资、再投资、再融资的良性循环。

2）多元化投资主体，拓宽投融资渠道

分析建设项目属性及分类，明确投资主体及融资渠道，更快更高效地完成投融资。根据项目类型区分，建设项目可区分为供水、天然气、供热的源头设施及电力、通信等基础设施的经营性项目；管网基础设施和技术平台软环境等准经营性项目；内部道路、照明、绿地等基础设施和软环境等非经营性项目。

3）创建工业园区信用担保体系

建立以工业园区信用为保障、企业信用为重点的信用担保体系。

①推进担保体系建设。充分发挥国有资本的引导作用，从财政、税收、规费等方面给予扶持，鼓励民资投入、参与竞争；并组建和引入一批主营业务侧重点不同的中小企业担保机构以满足园区内不同企业需求。

②引入信用估评中介服务机构，建立园区企业信用信息数据资源库和网上信用信息平台，为全社会提供全面、及时、准确的信用信息服务。

③拓宽金融机构参与园区内中小企业信用贷款试点，积极吸引政策性银行、商业银行、信用社等金融机构参与，完善中小企业联保或创业企业联保贷款模式。

④最后形成多形式、多渠道组建园区担保机构，形成多方投入园区信用担保体系建设的良好局面。

4）加大对园区投融资人才队伍建设

加强工业园区投融资人才队伍建设，提升投融资能力，建立灵活的政策和激励措施吸引和培育具备社会资本运作、财务管理、市场经营、谈判等方面经验和知识的专业人才。

参考文献

[1] 董涵思."绿色智慧园区"——工业园区绿色发展新方向[J].世界环境，2018(04): 74-75.

[2] 赵芝灏."三线一单"及工业园区规划环评分析[J].中国资源综合利用，2021, 39(05): 150-152, 162.

[3] 王芳，焦健，熊华文，等."一带一路"中国境外工业园区绿色可持续发展研究[J].中国能源，2020, 42(09): 43-47.

[4] 张建中，岳仁兴，张永强，等.大数据时代化工园区的智慧化建设[J].化工管理，2021(02): 9-10.

[5] 工业和信息化部.工业和信息化部关于印发《"十四五"工业绿色发展规划》的通知[EB/OL]. 2021-11-15

[6] 朱芳芳.工业园区规划环评中"三线一单"制度的执行分析[J].产业创新研究，2020(16): 44-45.

[7] 张樱凡.工业园区规划中的生态环境保护问题研究[J].资源节约与环保，2020(10): 9-10.

[8] 国家开发银行"中国生态文明建设中的开发性金融——工业园区绿色发展重点领域及其开发性金融应用研究"课题组.工业园区绿色发展重点领域及其开发性金融应用研究[J].中国环境管理，2018, 10(05): 70-74.

[9] 张学智.工业园区智慧化建设思考[J].四川建筑，2019, 39(01): 206-207.

[10] 王琴明.工业园区智慧能源管理系统的探索与应用[J].电力需求侧管理，2019, 21(01): 62-64, 69.

[11] 蒋子泉. 工业园区智慧园区建设模式探究[J]. 数码世界，2020(05): 206.

[12] 王鹏程，谢旭，徐游. 工业园区综合开发投融资模式探索[J]. 产城，2021(12): 44-49.

[13] 梁德亮，张冠军. 构建化工园区大气环境安全风险监控预警体系能力建设的研究和探索[J]. 环境与发展，2020, 32(10): 251-252.

[14] 李建设，王亚伟. 关于工业园区智慧型综合能源系统的研究[J]. 节能与环保，2019(08): 65-66.

[15] 国务院. 国务院关于促进国家高新技术产业开发区高质量发展的若干意见[EB/OL]. 2021-10-26.

[16] 国务院. 国务院关于印发2030年前碳达峰行动方案的通知[EB/OL], 2021-10-26.

[17] 杨小刚. 环保大数据在冶金工业园区环境污染治理中的运用[J]. 世界有色金属，2021(20): 142-143.

[18] 马斌，薛守钰. 基于大数据的工业园区智慧决策平台研究——以上海化工园区为例[J]. 中国市政工程，2019(06): 89-91, 95, 108-109.

[19] 王玉，凌财进. 基于大数据的化工工业园区智慧决策平台研究[J]. 粘接，2020, 43(08): 139-141, 147.

[20] 陈峰. 基于物联网的新型智慧园区应用研究与实现[J]. 数字通信世界，2019(04): 191-192, 200.

[21] 李平. 吉林省限制开发区域绿色发展效率评价与模式研究[D]. 北京：中国科学院大学，2020.

[22] 靳欣欣. 简析5G如何应用在智慧工业园区[J]. 通信世界，2019(06): 36-37.

[23] 严彬，袁哲，王忠昊. 江苏省生态工业园区的建设分析与思考[J]. 环境科技，2021, 34(05): 72-76.

[24] 王春平. 解析工业园区环境保护精细化管理模式[J]. 皮革制作与环保科技，2021, 2(14): 18-19.

[25] 杨新海. 经济全球化背景下城市工业园区的空间开发策略[J]. 苏州科技学院学报（社会科学版），2006(02): 16-19.

[26] 刘会武. 开放创新是苏州工业园区发展的本质特征[J]. 中国高新区，2015(12): 30-33.

[27] 毛春艳，杨新吉勒图，韩炜宏. 克服"三化"推进西部地区工业园区高质量发展[J]. 中国高校科技，2019(09): 86-89.

[28] 李大伟，成朝刚，韦洋，等. 立体在线监控系统大数据平台对复杂工业园区环境科学管控研究[J]. 环境科学与管理，2022, 47(02): 93-96, 138.

[29] 郭静，乔琦，孙启宏，等. 绿色发展、循环发展、低碳发展与工业园区的实践[J]. 环境工程技术学报，2015, 5(06): 531-538.

[30] 张馨月. 绿色发展视角下的西部资源型产业生态化发展研究[J]. 智慧中国，2021(Z1): 110-112.

[31] 何双铃，侯林，陈波，等. 绿色智慧化工园区架构设计与建设初探[J]. 广东化工，2020, 47(21): 244-245.

[32] 全英灵，吴焰龙. 面向能源互联网的工业园区智慧用能共享服务平台建设方案研究[J]. 中小企业管理与科技（中旬刊），2021(12): 191-193.

[33] 詹晓宁，李婧. 全球境外工业园区模式及中国新一代境外园区发展战略[J]. 国际经济评论，2021(01): 134-154, 7.

[34] 蔡杨. 天津园区绿色发展的探索与建议[J]. 资源节约与环保，2021(03): 128-129.

[35] 吕一铮，田金平，陈吕军. 推进中国工业园区绿色发展实现产业生态化的实践与启示[J]. 中国环境管理，2020, 12(03): 85-89.

[36] 张利国. 新发展理念引领下江西省绿色产业发展的突破口[J]. 江西财经大学学报，2017(06): 9-10.

[37] 冒咏秋. 新时期工业园区绿色制造体系构建研究[J]. 质量与认证，2021(10): 61-63.

[38] 毛翔. 智慧城市之碳中和智慧能源系统内核[J]. 电力设备管理，2021(07): 21-23.

[39] 李宗跃. 智慧园区信息化建设[J]. 中国科技信息，2022(05): 130-131.

[40] 俞学豪，袁海山，叶昀. 综合智慧能源系统及其工程应用[J]. 中国勘察设计，2021(01): 87-91.

附录

附录1　中国开发区审核公告目录
（2018年版）

序号	代码	开发区名称	批准时间	核准面积/hm²	主导产业
一、国务院批准设立的开发区（共552家）					
（一）经济技术开发区（共219家）					
1	G111001	北京经济技术开发区	1994.08	3980	汽车、电子信息、装备制造
2	G121050	东丽经济技术开发区	2014.02	721.7	汽车、新能源、新材料
3	G121002	天津经济技术开发区	1984.12	3797.04	汽车、医药、装备制造
4	G121051	西青经济技术开发区	2010.12	1688	电子信息、汽车配套、机械
5	G121052	北辰经济技术开发区	2013.03	248.4	装备制造
6	G121053	武清经济技术开发区	2010.12	915.49	生物医药
7	G121054	天津子牙经济技术开发区	2012.12	117.3	再生资源综合利用、新能源
8	G131055	石家庄经济技术开发区	2012.10	828.39	生物医药、装备制造、食品
9	G131056	唐山曹妃甸经济技术开发区	2013.01	1448	港口物流、钢铁、石化
10	G131003	秦皇岛经济技术开发区	1984.10	2298	装备制造、商贸物流
11	G131057	邯郸经济技术开发区	2013.11	350	电子信息、装备制造、新材料
12	G131058	沧州临港经济技术开发区	2010.11	380.58	石化、生物医药、电力
13	G131059	廊坊经济技术开发区	2009.07	1449	信息技术、装备制造
14	G141004	太原经济技术开发区	2001.06	960	电子信息、装备制造、新能源
15	G141060	大同经济技术开发区	2010.12	820	医药、汽车、建筑
16	G141061	晋城经济技术开发区	2013.03	400	精密光电、装备制造、新能源
17	G141062	晋中经济技术开发区	2012.03	520	医药、食品、装备制造、电子信息
18	G151005	呼和浩特经济技术开发区	2000.07	980	食品、电力、生物医药
19	G151063	呼伦贝尔经济技术开发区	2013.03	120	冶金加工、装备制造、食品
20	G151064	巴彦淖尔经济技术开发区	2012..12	433	农畜产品加工、生物、建材
21	G211006	沈阳经济技术开发区	1993.04	1000	装备制造、医药化工
22	G211065	沈阳辉山经济技术开发区	2013.01	1200	食品、医药、车辆
23	G211066	旅顺经济技术开发区	2013.11	701	船舶、装备制造、轨道交通装备
24	G211007	大连经济技术开发区	1984.09	2000	石化、电子信息、装备制造
25	G211067	大连长兴岛经济技术开发区	2010.04	719.98	石化、船舶海工、装备制造
26	G211068	锦州经济技术开发区	2010.04	1200	石化、装备制造、农产品加工
27	G211008	营口经济技术开发区	1992.10	560	港航物流、装备制造、钢铁

序号	代码	开发区名称	批准时间	核准面积/hm²	主导产业
28	G211069	盘锦辽滨沿海经济技术开发区	2013.01	622.5	石化、精细化工、装备制造
29	G211070	铁岭经济技术开发区	2013.11	120	汽车、阀门、橡塑
30	G221009	长春经济技术开发区	1993.04	1000	汽车、农产品加工
31	G221071	长春汽车经济技术开发区	2010.12	599	汽车
32	G221072	吉林经济技术开发区	2010.04	2046.6	化工、新材料、医药
33	G221073	四平红嘴经济技术开发区	2010.11	486	冶金建材、食品、装备制造
34	G221074	松原经济技术开发区	2013.03	846.07	建材、农产品加工、装备制造
35	G231010	哈尔滨经济技术开发区	1993.04	1000	装备制造、绿色食品、电子信息
36	G231075	哈尔滨利民经济技术开发区	2011.04	700	生物医药、食品、商贸物流
37	G231076	宾西经济技术开发区	2010.06	1856	包装、食品、光电
38	G231077	双鸭山经济技术开发区	2014.02	467	煤化工、新材料、商贸物流
39	G231078	大庆经济技术开发区	2012.10	360.23	装备制造、石化、建材
40	G231079	牡丹江经济技术开发区	2013.03	691	林木加工、食品、装备制造
41	G231080	海林经济技术开发区	2010.06	258	林木加工、机械、食品
42	G231081	绥化经济技术开发区	2012.12	515	食品、商贸物流、机械电子
43	G311013	漕河泾新兴技术开发区	1988.06	1330	电子信息、新材料、生物医药
44	G311012	虹桥经济技术开发区	1986.08	65.2	贸易、展览展示、国际仲裁
45	G311011	闵行经济技术开发区	1986.08	1638	装备制造、机电、医药
46	G311082	上海金桥经济技术开发区	2001.09	2738	新能源汽车、机器人
47	G311083	上海化学工业经济技术开发区	2012.03	2940	石化、新材料
48	G311084	松江经济技术开发区	2013.03	5777	装备制造、集成电路、新材料
49	G321014	南京经济技术开发区	2002.03	1137	光电显示、智能装备、生物医药
50	G321085	江宁经济技术开发区	2010.11	3847	汽车、电气机械器材、电子
51	G321086	锡山经济技术开发区	2011.06	920	电子信息、精密机械、纺织
52	G321087	宜兴经济技术开发区	2013.03	210	节能环保、新能源、新材料
53	G321088	徐州经济技术开发区	2010.03	2412	装备制造、新能源、新材料
54	G321089	苏州浒墅关经济技术开发区	2013.03	813	电子信息、装备制造、精密机械
55	G321090	苏州工业园区	1994.02	8000	电子信息、生物医药、纳米技术
56	G321091	吴中经济技术开发区	2012.12	381	电子信息、精密机械、纺织
57	G321092	相城经济技术开发区	2014.10	213	电子信息、装备制造、汽车
58	G321093	吴江经济技术开发区	2010.11	392.02	电子设备、机械、通用设备

序号	代码	开发区名称	批准时间	核准面积/hm²	主导产业
59	G321094	常熟经济技术开发区	2010.11	780	电子设备、装备制造、汽车
60	G321095	张家港经济技术开发区	2011.09	1190	机械电子、纺织服装、新能源
61	G321015	昆山经济技术开发区	1992.08	1000	电子信息、光电、装备机械
62	G321096	太仓港经济技术开发区	2011.06	1543	石油化工、装备制造、电力
63	G321016	南通经济技术开发区	1984.12	2429	医药健康、电子信息、精密机械
64	G321097	海安经济技术开发区	2012.07	1000	装备制造、新材料、新能源
65	G321098	如皋经济技术开发区	2013.01	467	船舶海工、新能源汽车、装备制造
66	G321099	海门经济技术开发区	2013.01	488	装备制造、生物医药、机电
67	G321017	连云港经济技术开发区	1984.12	1500	医药、装备制造、新材料
68	G321100	淮安经济技术开发区	2010.11	680	电子信息、盐化工、装备制造
69	G321101	盐城经济技术开发区	2010.12	871.57	汽车、光伏、纺织
70	G321102	扬州经济技术开发区	2009.08	1110	电子器件、光伏、汽车
71	G321103	镇江经济技术开发区	2010.04	873	化工、造纸、装备制造
72	G321104	靖江经济技术开发区	2012.12	403.59	船舶、金属冶炼加工、设备制造
73	G321105	宿迁经济技术开发区	2013.01	395	食品饮料、装备制造
74	G321106	沭阳经济技术开发区	2013.11	600	服装纺织、装备制造、电子信息
75	G331018	杭州经济技术开发区	1993.04	1000	装备制造、生物医药、信息技术
76	G331019	萧山经济技术开发区	1993.05	920	通用设备、服装纺织
77	G331107	杭州余杭经济技术开发区	2012.07	2746.72	装备制造、医药健康、节能环保
78	G331108	富阳经济技术开发区	2012.10	741	有色金属采冶加工、电气机械器材、纸制品
79	G331020	宁波经济技术开发区	1984.10	2960	化工、汽车、金属冶炼加工
80	G331109	宁波大榭开发区	1993.03	1613	临港化工、大宗商品国际贸易、港口物流
81	G331110	宁波石化经济技术开发区	2010.12	770	石油加工、核燃料加工、化工
82	G331111	宁波杭州湾经济技术开发区	2014.02	1000	汽车及零部件、新材料、电气
83	G331021	温州经济技术开发区	1992.03	511	装备制造、鞋服
84	G331112	嘉兴经济技术开发区	2010.03	1100	装备制造、汽车零配件、食品
85	G331113	嘉善经济技术开发区	2011.06	1820	通用设备、电子信息、家具
86	G331114	平湖经济技术开发区	2013.01	1619	光机电、生物技术、特种纺织
87	G331115	湖州经济技术开发区	2010.03	800	物流装备、节能环保、生物医药
88	G331116	长兴经济技术开发区	2010.11	1900	新能源汽车及零部件、家用电器、装备制造

序号	代码	开发区名称	批准时间	核准面积/hm²	主导产业
89	G331117	绍兴袍江经济技术开发区	2010.04	3369.3	纺织、新材料、生物医药
90	G331118	绍兴柯桥经济技术开发区	2012.10	990	石油、印染、化纤
91	G331119	杭州湾上虞经济技术开发区	2013.11	1000	化工、新材料、汽车及零部件
92	G331120	金华经济技术开发区	2010.11	885.99	汽车、热力、运输设备
93	G331121	义乌经济技术开发区	2012.03	917.3	纺织服装、文教体娱用品
94	G331122	衢州经济技术开发区	2011.06	400	新材料、装备制造、金属制品
95	G331123	丽水经济技术开发区	2014.10	565	生态合成革、日用化工、装备制造
96	G341022	合肥经济技术开发区	2000.02	985	家电、装备制造、电子信息
97	G341023	芜湖经济技术开发区	1993.04	1000	汽车及零部件、电子电器、建材
98	G341124	淮南经济技术开发区	2013.03	429	专用设备、医药
99	G341125	马鞍山经济技术开发区	2010.03	1144.02	汽车及零部件、食品、机械装备
100	G341126	铜陵经济技术开发区	2011.04	800	铜材加工、电子信息材料、精细化工
101	G341127	安庆经济技术开发区	2010.03	1240	化工医药、汽车零部件、装备制造
102	G341128	桐城经济技术开发区	2013.11	1000	轻工电子、机械、新能源、新材料
103	G341129	滁州经济技术开发区	2011.04	1089	智能家电、汽车、食品
104	G341130	六安经济技术开发区	2013.03	794	装备制造、轻工纺织、建材
105	G341131	池州经济技术开发区	2011.06	480	电子信息、装备制造
106	G341132	宣城经济技术开发区	2014.10	725	汽车零部件、装备制造、医药
107	G341133	宁国经济技术开发区	2013.03	137	密封元器件、电子元器件、机械基础件
108	G351024	福州经济技术开发区	1985.01	2300	电子信息、农副食品、电气机械器材
109	G351025	福清融侨经济技术开发区	1992.10	1000	电子信息、汽车及零部件、光学
110	G351134	厦门海沧台商投资区	1989.05	6316	港口物流、生物医药、集成电路
111	G351135	泉州经济技术开发区	2010.06	1250	纺织鞋服、金属加工、机械
112	G351136	泉州台商投资区	2012.01	1500	纺织鞋服、装备制造、纸品印刷
113	G351026	东山经济技术开发区	1993.04	1000	农副食品、食品、非金属矿物
114	G351137	漳州招商局经济技术开发区	2010.04	3140	交通设备、粮油食品、金属制品
115	G351138	漳州台商投资区	2012.02	1244	特殊钢铁、造纸及纸品、食品
116	G351139	龙岩经济技术开发区	2012.03	300	机械、专用车、环境科技

续表

序号	代码	开发区名称	批准时间	核准面积/hm²	主导产业
117	G351140	东侨经济技术开发区	2012.12	393.33	电机电器、食品、生物医药
118	G361027	南昌经济技术开发区	2000.04	980	电子信息、汽车及零部件、医药
119	G361141	南昌小蓝经济技术开发区	2012.07	1800	汽车及零部件、食品饮料、生物医药
120	G361142	萍乡经济技术开发区	2010.12	1655	新材料、装备制造、医药、食品
121	G361143	九江经济技术开发区	2010.03	2267	新能源、电子电器、汽车及零部件
122	G361144	赣州经济技术开发区	2010.03	748	新材料、新能源汽车、电子信息
123	G361145	龙南经济技术开发区	2013.03	413.3	新材料、电子信息、轻工
124	G361146	瑞金经济技术开发区	2013.11	200	电气机械器材、食品、服装纺织
125	G361147	井冈山经济技术开发区	2010.03	1067	电子信息、机械、生物医药
126	G361148	宜春经济技术开发区	2013.01	1100	机电、医药、新材料
127	G361149	上饶经济技术开发区	2010.11	1481.47	光伏、光学、汽车
128	G371150	明水经济技术开发区	2012.10	517.13	机械、交通装备、精细化工
129	G371028	青岛经济技术开发区	1984.10	1752	家电、石化、汽车
130	G371151	胶州经济技术开发区	2012.12	1700	机械电子、电商、物流
131	G371152	东营经济技术开发区	2010.03	1735	有色金属、新材料、装备制造
132	G371029	烟台经济技术开发区	1984.10	1000	电子信息、机械、汽车、食品
133	G371153	招远经济技术开发区	2011.09	363	黄金加工、橡胶轮胎、电子材料
134	G371154	潍坊滨海经济技术开发区	2010.04	500	石化、盐化、装备制造、物流
135	G371030	威海经济技术开发区	1992.10	572	装备制造、电子信息、食品
136	G371155	威海临港经济技术开发区	2013.11	500	新材料、汽车零部件、装备制造
137	G371156	日照经济技术开发区	2010.04	850	汽车及零部件、粮油食品、包装
138	G371157	临沂经济技术开发区	2010.12	488.42	装备制造、生物医药、新材料
139	G371158	德州经济技术开发区	2012.03	1097	新能源、装备制造、农副产品加工
140	G371159	聊城经济技术开发区	2013.03	1200	新能源、新能源汽车、金属加工、生物制药
141	G371160	滨州经济技术开发区	2013.11	900	汽车零部件、新材料、纺织家纺
142	G371161	邹平经济技术开发区	2010.11	820	服装纺织、铝制品、食品
143	G411031	郑州经济技术开发区	2000.02	1249	汽车、装备制造、物流
144	G411162	开封经济技术开发区	2010.11	681.64	装备制造、汽车及零部件
145	G411163	洛阳经济技术开发区	2012.07	420	光伏、装备制造、新材料
146	G411164	红旗渠经济技术开发区	2012.10	241	装备制造、钢铁、电子电器

序号	代码	开发区名称	批准时间	核准面积/hm²	主导产业
147	G411165	鹤壁经济技术开发区	2010.11	1770	电子信息、镁精加工
148	G411166	新乡经济技术开发区	2012.07	1460.3	装备制造、服装纺织
149	G411167	濮阳经济技术开发区	2013.01	500	石化、林纸林板、装备制造
150	G411168	许昌经济技术开发区	2010.12	255	装备制造、发制品、生物科技
151	G411169	漯河经济技术开发区	2010.11	390.5	食品、装备制造、物流
152	G421170	武汉临空港经济技术开发区	2010.11	1900	汽车、农副食品
153	G421032	武汉经济技术开发区	1993.04	1000	汽车、电子电器、食品
154	G421171	黄石经济技术开发区	2010.03	1872.57	电子信息、装备制造、生物医药
155	G421172	十堰经济技术开发区	2012.12	2002.97	汽车
156	G421173	襄阳经济技术开发区	2010.04	1470	汽车、装备制造、电子信息
157	G421174	鄂州葛店经济技术开发区	2012.07	731.34	生物医药、电商、仓储物流
158	G421175	荆州经济技术开发区	2011.06	970.87	装备制造、医药化工、轻纺
159	G431176	望城经济技术开发区	2014.02	633.3	有色金属加工、食品、电子信息
160	G431033	长沙经济技术开发区	2000.02	1200	工程机械、汽车及零部件、电子信息
161	G431177	宁乡经济技术开发区	2010.11	580.32	食品饮料、装备制造、新材料
162	G431178	浏阳经济技术开发区	2012.03	710	电子信息、生物医药、食品
163	G431179	湘潭经济技术开发区	2011.09	1246	汽车及零部件、装备制造、电子信息
164	G431180	岳阳经济技术开发区	2010.03	800	装备制造、食品、生物医药
165	G431181	常德经济技术开发区	2010.06	1121	机械、新材料
166	G431182	娄底经济技术开发区	2012.10	1050	黑色金属冶炼压延加工、通用设备
167	G441034	广州经济技术开发区	1984.12	3857.72	电子及通信设备、化工、汽车
168	G441035	广州南沙经济技术开发区	1993.05	2760	航运物流、高端制造、金融商务
169	G441183	增城经济技术开发区	2010.03	500	汽车及零部件、电子信息、装备制造
170	G441184	珠海经济技术开发区	2012.03	1588	石化、清洁能源
171	G441036	湛江经济技术开发区	1984.11	1920	钢铁、石油化工、特种纸
172	G441037	惠州大亚湾经济技术开发区	1993.05	2360	石化、电子、汽车
173	G451038	南宁经济技术开发区	2001.05	1079.6	生物制药、轻工、食品、机电
174	G451185	广西—东盟经济技术开发区	2013.03	312.9	食品、生物医药、机械装备
175	G451186	钦州港经济技术开发区	2010.11	1000	石化、粮油、林浆纸

序号	代码	开发区名称	批准时间	核准面积/hm²	主导产业
176	G451187	中国—马来西亚钦州产业园区	2012.03	1500	装备制造、生物医药、新能源
177	G461188	海南洋浦经济开发区	1992.03	3000	油气化工、林浆纸
178	G501189	万州经济技术开发区	2010.06	582	化工、能源建材、照明电气
179	G501039	重庆经济技术开发区	1993.04	960	电子信息、装备制造
180	G501190	长寿经济技术开发区	2010.11	1000	综合化工、钢铁冶金、装备制造
181	G511040	成都经济技术开发区	2000.02	994	汽车、工程机械、食品饮料
182	G511191	德阳经济技术开发区	2010.06	856.53	装备制造、新能源、新材料
183	G511192	绵阳经济技术开发区	2012.10	1047	电子信息、化工环保、生物医药
184	G511193	广元经济技术开发区	2012.12	858.67	电子机械、食品饮料、有色金属
185	G511194	遂宁经济技术开发区	2012.07	1096	电子信息、食品、纺织、机械
186	G511195	内江经济技术开发区	2013.11	935.09	机械汽配、电子信息、生物医药
187	G511196	宜宾临港经济技术开发区	2013.01	1200	食品饮料、装备制造、新材料
188	G511197	广安经济技术开发区	2010.06	419.97	电子机械、建材、医药
189	G521041	贵阳经济技术开发区	2000.02	955	装备制造、大数据、医药
190	G521198	遵义经济技术开发区	2010.06	1253	茶叶加工、粮油、农副产品
191	G531042	昆明经济技术开发区	2000.02	980	装备制造、生物医药、食品饮料
192	G531199	嵩明杨林经济技术开发区	2013.01	511.04	食品饮料、装备制造、精细化工
193	G531200	曲靖经济技术开发区	2010.06	1000	煤化工
194	G531201	蒙自经济技术开发区	2013.01	422.8	冶金、钢铁、化工
195	G531202	大理经济技术开发区	2014.02	593	机械装备、食品饮料
196	G541043	拉萨经济技术开发区	2001.09	546	食品饮料、医药
197	G611044	西安经济技术开发区	2000.02	988	汽车、专用通用设备、新材料
198	G611203	陕西航空经济技术开发区	2010.06	460	航空
199	G611204	陕西航天经济技术开发区	2010.06	374	民用航天、太阳能光伏、卫星及卫星应用
200	G611205	汉中经济技术开发区	2012.10	812.05	航空设备、装备制造、食品、中药
201	G611206	榆林经济技术开发区	2013.01	1200	煤电、化工
202	G621045	兰州经济技术开发区	2002.03	953	装备制造、有色冶金、生物医药
203	G621207	金昌经济技术开发区	2010.03	700	有色金属加工、化工循环、新能源
204	G621208	天水经济技术开发区	2010.04	319.7	装备制造、医药、食品
205	G621209	张掖经济技术开发区	2013.03	760	农副产品加工、生物制药、有色冶金

序号	代码	开发区名称	批准时间	核准面积/hm²	主导产业
206	G621210	酒泉经济技术开发区	2013.01	561.45	新能源装备、农副产品加工、生物制药
207	G631046	西宁经济技术开发区	2000.07	440	机械加工、特色资源开发、中藏药
208	G631211	格尔木昆仑经济技术开发区	2012.10	1555	盐湖化工、新能源、冶金
209	G641047	银川经济技术开发区	2001.07	750	装备制造、新材料
210	G641212	石嘴山经济技术开发区	2011.04	1500	冶金、电石化工、物流
211	G651048	乌鲁木齐经济技术开发区	1994.08	1566	先进制造、商贸物流
212	G651213	乌鲁木齐甘泉堡经济技术开发区	2012.09	756	新能源、新材料、商贸物流
213	G651214	新疆准东经济技术开发区	2012.09	981.34	煤电、煤化工、煤电冶
214	G651215	库尔勒经济技术开发区	2011.04	1800	服装纺织、石化
215	G651216	库车经济技术开发区	2015.04	912	石化、电力、建材
216	G651217	新疆奎屯—独山子经济技术开发区	2011.04	605.89	石化、纺织、冶金
217	G651218	阿拉尔经济技术开发区	2012.08	1350	纺织、食品、天然气化工
218	G651219	新疆五家渠经济技术开发区	2012.08	1480	农副产品加工、服装纺织、建材
219	G651049	石河子经济技术开发区	2000.04	2110	食品饮料、纺织

(二)高新技术产业开发区(共156家)

序号	代码	开发区名称	批准时间	核准面积/hm²	主导产业
220	G112001	中关村科技园区	1988.05	23252.29	电子信息、智能制造、节能环保
		其中:中关村科技园区海淀园		13306	电子信息、光机电一体化、新材料
		其中:中关村科技园区德胜园		864	电子信息、新材料、光机电一体化
		其中:中关村科技园区昌平园		1148.29	新能源及高效节能、电子信息、新材料
		其中:中关村科技园区丰台园		818	光机电一体化、电子信息、新材料
		其中:中关村科技园区电子城		1680	电子信息、光机电一体化、新材料
		其中:中关村科技园区亦庄园		4128	电子信息、光机电一体化、医药、医疗器械
		其中:中关村科技园区石景山园		345	电子信息、新能源及高效节能、光机电一体化
		其中:中关村科技园区大兴生物医药基地		963	生物医药、医疗器械
221	G122002	天津滨海高新技术产业开发区	1991.03	5524	新能源汽车、信息技术、节能环保
222	G132003	石家庄高新技术产业开发区	1991.03	1553	生物医药、电子信息、先进制造
223	G132054	唐山高新技术产业开发区	2010.11	450	装备制造、汽车零部件、新材料

序号	代码	开发区名称	批准时间	核准面积/hm²	主导产业
224	G132004	保定高新技术产业开发区	1992.11	1223	新能源、能源设备、光机电一体化
225	G132055	承德高新技术产业开发区	2012.08	620	装备制造、食品饮料、生物医药
226	G132056	燕郊高新技术产业开发区	2010.11	1531	电子信息、新材料、装备制造
227	G142005	太原高新技术产业开发区	1992.11	800	光机电一体化、新材料、新能源
228	G142057	长治高新技术产业开发区	2015.02	753.01	煤化工、装备制造、生物医药
229	G152058	呼和浩特金山高新技术产业开发区	2013.12	500	乳产品、化工
230	G152006	包头稀土高新技术产业开发区	1992.11	956	稀土材料及应用、铝铜镁及加工、装备制造
231	G152059	鄂尔多斯高新技术产业开发区	2017.02	1000	生物制药、节能环保、云计算
232	G212007	沈阳高新技术产业开发区	1991.03	2750	信息技术、智能制造、生物医药
233	G212008	大连高新技术产业园区	1991.03	1300	软件
234	G212009	鞍山高新技术产业开发区	1992.11	790	工业自动化、系统控制、激光
235	G212060	本溪高新技术产业开发区	2012.08	865.4	生物医药
236	G212061	锦州高新技术产业开发区	2015.02	372	汽车零部件、精细化工、食品
237	G212062	营口高新技术产业开发区	2010.09	500	装备制造、新材料、信息技术
238	G212063	阜新高新技术产业开发区	2013.12	756.29	液压装备、农产品加工、电子信息
239	G212064	辽阳高新技术产业开发区	2010.11	437	芳烃及精细化工、工业铝材
240	G222065	长春净月高新技术产业开发区	2012.08	2246	高技术、文化
241	G222010	长春高新技术产业开发区	1991.03	1911	汽车、装备制造、生物医药
242	G222011	吉林高新技术产业开发区	1992.11	436	化工、汽车及零部件、电子
243	G222066	通化医药高新技术产业开发区	2013.12	1270.82	医药
244	G222067	延吉高新技术产业开发区	2010.11	533	医药、食品
245	G232012	哈尔滨高新技术产业开发区	1991.03	2370	装备制造、电子信息、新材料
246	G232068	齐齐哈尔高新技术产业开发区	2010.11	331	装备制造、食品
247	G232013	大庆高新技术产业开发区	1992.11	1430	石化、汽车、装备制造
248	G312014	上海张江高新技术产业开发区	1991.03	4211.7	电子信息、生物医药、光机电一体化
249	G312069	上海紫竹高新技术产业开发区	2011.06	868.18	集成电路、软件、新能源、航空
250	G322015	南京高新技术产业开发区	1991.03	1650	软件、电子信息、生物医药
251	G322016	无锡高新技术产业开发区	1992.11	945	电子设备、电气机械器材
252	G322070	江阴高新技术产业开发区	2011.06	660	新材料、微电子集成电路、医药
253	G322071	徐州高新技术产业开发区	2012.08	700	通用设备、电子设备、汽车

序号	代码	开发区名称	批准时间	核准面积/hm²	主导产业
254	G322017	常州高新技术产业开发区	1992.11	563	装备制造、新材料、光伏
255	G322072	武进高新技术产业开发区	2012.08	340	电子设备、电气机械器材、通用设备
256	G322018	苏州高新技术产业开发区	1992.11	680	电子信息、装备制造、新能源
257	G322073	常熟高新技术产业开发区	2015.09	352	通用设备、计算机、电子设备
258	G322074	昆山高新技术产业开发区	2010.09	786	电子信息、机器人、装备制造
259	G322075	南通高新技术产业开发区	2013.12	550	通用设备、交通运输设备、纺织服装鞋帽
260	G322076	连云港高新技术产业开发区	2015.02	300	装备制造、软件及信息服务
261	G322077	淮安高新技术产业开发区	2017.02	234	电子信息、新能源汽车及零部件、装备制造
262	G322078	盐城高新技术产业开发区	2015.02	400	智能终端、装备制造、新能源
263	G322079	扬州高新技术产业开发区	2015.09	418	数控装备、生物技术、光电
264	G322080	镇江高新技术产业开发区	2014.10	400	船舶及配套、通用设备、电器机械器材
265	G322081	泰州医药高新技术产业开发区	2009.03	880	化工、电子信息、生物医药
266	G322082	宿迁高新技术产业开发区	2017.02	500	新材料、装备制造、电子信息
267	G332019	杭州高新技术产业开发区	1991.03	1212	信息技术、生命健康、节能环保
268	G332083	萧山临江高新技术产业开发区	2015.02	355	装备制造、汽车、新能源、新材料
269	G332084	宁波高新技术产业开发区	2007.01	970.63	电子信息、新能源、节能环保、新材料
270	G332085	温州高新技术产业开发区	2012.08	442.45	激光及光电、电商、软件
271	G332086	嘉兴秀洲高新技术产业开发区	2015.09	572	智能制造、新能源、新材料
272	G332087	湖州莫干山高新技术产业开发区	2015.09	665	生物医药、装备制造、地理信息
273	G332088	绍兴高新技术产业开发区	2010.11	1044.24	新材料、电子信息、环保
274	G332089	衢州高新技术产业开发区	2013.12	353.88	氟硅钴新材料
275	G342020	合肥高新技术产业开发区	1991.03	1850	家电及配套、汽车、电子信息
276	G342090	芜湖高新技术产业开发区	2010.09	650	装备制造、汽配、新材料、医药
277	G342091	蚌埠高新技术产业开发区	2010.11	674	汽车零部件、装备制造、电子信息
278	G342092	马鞍山慈湖高新技术产业开发区	2012.08	1120	新材料、节能环保、化工
279	G342093	铜陵狮子山高新技术产业开发区	2017.02	255	光电光伏、装备制造、铜材加工
280	G352021	福州高新技术产业开发区	1991.03	550	电子信息、光机电、新材料

序号	代码	开发区名称	批准时间	核准面积/hm²	主导产业
281	G352022	厦门火炬高技术产业开发区	1991.03	1375	电子信息、半导体及集成电路、软件
282	G352094	莆田高新技术产业开发区	2012.08	1105	电子信息、机械
283	G352095	三明高新技术产业开发区	2015.02	1278	机械装备、林产加工、纺织轻工
284	G352096	泉州高新技术产业开发区	2010.11	807.12	电子信息、纺织鞋服、机械汽配
285	G352097	漳州高新技术产业开发区	2013.12	329	电子信息、装备制造、生物医药
286	G352098	龙岩高新技术产业开发区	2015.02	200	机械、专用车、环境科技
287	G362023	南昌高新技术产业开发区	1992.11	680	生物医药、电子信息、新材料
288	G362099	景德镇高新技术产业开发区	2010.11	1500	航空、家电、化工
289	G362100	新余高新技术产业开发区	2010.11	1333.3	新能源、钢铁装备、新材料
290	G362101	鹰潭高新技术产业开发区	2012.08	1113.3	铜基新材料、绿色水工、智能终端
291	G362102	赣州高新技术产业开发区	2015.09	200	钨新材料、稀土、食品
292	G362103	吉安高新技术产业开发区	2015.09	231	电子信息、精密机械、绿色食品
293	G362104	抚州高新技术产业开发区	2015.02	1333.33	汽车及零部件、生物制药、电子信息
294	G372024	济南高新技术产业开发区	1991.03	1590	电子信息、生物医药、智能装备
295	G372025	青岛高新技术产业开发区	1992.11	1975	软件信息、医药、智能制造
296	G372026	淄博高新技术产业开发区	1992.11	704	新材料、生物医药、装备制造
297	G372105	枣庄高新技术产业开发区	2015.02	761	新信息、新能源、新医药
298	G372106	黄河三角洲农业高新技术产业示范区	2015.10	296	农业生物、食品、农业服务
299	G372107	烟台高新技术产业开发区	2010.09	1464.77	信息技术、汽车零部件、海洋生物及制药
300	G372027	潍坊高新技术产业开发区	1992.11	860	动力装备、声学光学、生命健康
301	G372108	济宁高新技术产业开发区	2010.09	960	工程机械、生物制药、新材料
302	G372109	泰安高新技术产业开发区	2012.08	1375.75	输变电设备、矿山装备、汽车及零部件
303	G372028	威海火炬高技术产业开发区	1991.03	1510	医疗器械、医药、电子信息、新材料
304	G372110	莱芜高新技术产业开发区	2015.09	653	汽车及零部件、电子信息、新材料
305	G372111	临沂高新技术产业开发区	2011.06	1137	电子信息、装备制造、新材料
306	G372112	德州高新技术产业开发区	2015.09	689	生物、机械、新材料
307	G412029	郑州高新技术产业开发区	1991.03	1132	电子信息、装备制造
308	G412030	洛阳高新技术产业开发区	1992.11	547.9	装备制造、新材料、高技术服务

序号	代码	开发区名称	批准时间	核准面积/hm²	主导产业
309	G412113	平顶山高新技术产业开发区	2015.02	410	机电装备、新材料
310	G412114	安阳高新技术产业开发区	2010.09	526	装备制造、电子信息、生物医药
311	G412115	新乡高新技术产业开发区	2012.08	400	电子电器、生物医药、装备制造
312	G412116	焦作高新技术产业开发区	2015.09	715	装备制造、新材料、电子信息
313	G412117	南阳高新技术产业开发区	2010.09	920	装备制造、新材料、光电
314	G422031	武汉东湖新技术开发区	1991.03	2400	光电子信息、生物、装备制造
315	G422032	襄阳高新技术产业开发区	1992.11	750	汽车、装备制造、新能源、新材料
316	G422118	宜昌高新技术产业开发区	2010.11	620	新材料、先进制造、精细化工
317	G422119	荆门高新技术产业开发区	2013.12	2302	再生资源利用、环保、装备制造、生物
318	G422120	孝感高新技术产业开发区	2012.08	1300	光机电、先进制造、纸制品、盐化工
319	G422121	黄冈高新技术产业开发区	2017.02	1095	装备制造、食品饮料、生物医药
320	G422122	咸宁高新技术产业开发区	2017.02	668	食品饮料、先进制造、新材料
321	G422123	随州高新技术产业开发区	2015.09	413	汽车及零部件、农产品深加工、电子信息
322	G422124	仙桃高新技术产业开发区	2015.09	509	新材料、生物医药、电子信息
323	G432033	长沙高新技术产业开发区	1991.03	1733.5	装备制造、电子信息、新材料
324	G432034	株洲高新技术产业开发区	1992.11	858	轨道交通装备、汽车、生物医药
325	G432125	湘潭高新技术产业开发区	2009.03	1170.28	新能源装备、钢材加工、智能装备
326	G432126	衡阳高新技术产业开发区	2012.08	600	电子信息、电气机械器材、通用设备
327	G432127	常德高新技术产业开发区	2017.02	378	设备制造、非金属矿制品
328	G432128	益阳高新技术产业开发区	2011.06	1978	电子信息、装备制造、新材料
329	G432129	郴州高新技术产业开发区	2015.02	479	有色金属精深加工、电子信息、装备制造
330	G442035	广州高新技术产业开发区	1991.03	3734	电子信息、生物医药、新材料
331	G442036	深圳市高新技术产业园区	1991.03	1150	电子信息、光机电一体化、生物医药
332	G442037	珠海高新技术产业开发区	1992.11	980	电子信息、生物医药、光机电一体化技术
333	G442130	汕头高新技术产业开发区	2017.02	300.05	印刷包装、化工塑料、食品
334	G442038	佛山高新技术产业开发区	1992.11	1000	装备制造、智能家电、汽车零部件
335	G442131	江门高新技术产业开发区	2010.11	1221	机电、电子、化工

序号	代码	开发区名称	批准时间	核准面积/hm²	主导产业
336	G442132	肇庆高新技术产业开发区	2010.09	2252.04	新材料、电子信息、装备制造
337	G442039	惠州仲恺高新技术产业开发区	1992.11	706	移动互联网、平板显示、新能源
338	G442133	源城高新技术产业开发区	2015.02	919.8	电子信息、机械、光伏
339	G442134	清远高新技术产业开发区	2015.09	1911	机械装备、新材料、电子信息
340	G442135	东莞松山湖高新技术产业开发区	2010.09	1000	电子信息、生物技术、新能源
341	G442040	中山火炬高新技术产业开发区	1991.03	1710	电子信息、生物医药、装备制造
342	G452041	南宁高新技术产业开发区	1992.11	850	电子信息、生命健康、智能制造
343	G452136	柳州高新技术产业开发区	2010.09	110	汽车、装备制造、新材料
344	G452042	桂林高新技术产业开发区	1991.03	1207	电子信息、生物医药
345	G452137	北海高新技术产业开发区	2015.02	120.34	电子信息、海洋生物、软件服务
346	G462043	海口高新技术产业开发区	1991.03	277	医药、汽车及零部件、食品
347	G502044	重庆高新技术产业开发区	1991.03	2000	汽摩、电子及通信设备、新材料
348	G502138	璧山高新技术产业开发区	2015.09	140	装备制造、互联网
349	G512045	成都高新技术产业开发区	1991.03	2150	信息技术、装备制造、生物
350	G512139	自贡高新技术产业开发区	2011.06	824.5	节能环保、装备制造、新材料
351	G512140	攀枝花钒钛高新技术产业开发区	2015.09	301	钒钛钢铁、化工、有色金属加工
352	G512141	泸州高新技术产业开发区	2015.02	462.91	装备制造、新能源、新材料、医药
353	G512142	德阳高新技术产业开发区	2015.09	786	通用航空、医药、食品
354	G512046	绵阳高新技术产业开发区	1992.11	579.9	电子信息、汽车及零部件、新材料
355	G512143	内江高新技术产业开发区	2017.02	557.89	医药、装备制造、新材料
356	G512144	乐山高新技术产业开发区	2012.08	406	新能源装备、电子信息、生物医药
357	G522047	贵阳高新技术产业开发区	1992.11	533	装备制造、电子信息、生物医药
358	G522145	安顺高新技术产业开发区	2017.02	422	装备制造、医药、航空机械
359	G532048	昆明高新技术产业开发区	1992.11	900	生物医药、新材料、装备制造
360	G532146	玉溪高新技术产业开发区	2012.08	1312	装备制造
361	G612049	西安高新技术产业开发区	1991.03	2235	半导体、智能终端、装备制造
362	G612050	宝鸡高新技术产业开发区	1992.11	577	先进制造、新材料、电子信息
363	G612147	咸阳高新技术产业开发区	2012.08	2037.45	电子信息、生物制药、合成材料
364	G612051	杨凌农业高新技术产业示范区	1997.07	2212	绿色食品、生物医药、涉农装备
365	G612148	渭南高新技术产业开发区	2010.09	1423.09	精细化工、装备制造、新能源、新材料

序号	代码	开发区名称	批准时间	核准面积/hm²	主导产业
366	G612149	榆林高新技术产业开发区	2012.08	1320	煤化工
367	G612150	安康高新技术产业开发区	2015.09	213	富硒食品、生物医药、新材料
368	G622052	兰州高新技术产业开发区	1991.03	1496	生物医药、电子信息、新材料、新能源
369	G622151	白银高新技术产业开发区	2010.09	805.05	精细化工、有色金属、生物医药
370	G632152	青海高新技术产业开发区	2010.11	403	装备制造、中藏医药、食品
371	G642153	银川高新技术产业开发区	2010.11	106.7	羊绒及亚麻纺织、食品、再生资源循环利用
372	G642154	石嘴山高新技术产业开发区	2013.12	890	新材料、装备制造、纺织
373	G652053	乌鲁木齐高新技术产业开发区	1992.11	980	新材料、电子信息、生物医药
374	G652155	昌吉高新技术产业开发区	2010.09	1125.7	装备制造、生物科技、新材料
375	G652156	新疆生产建设兵团石河子高新技术产业开发区	2013.12	25.96	信息技术、通用航空、节能环保
		（三）海关特殊监管区域（共135家）			
376	G113001	北京天竺综合保税区	2008.07	594.4	航空贸易、医药贸易、文化贸易
377	G123002	天津港保税区	1991.05	500	临港加工、国际贸易、物流
378	G123003	天津出口加工区	2000.04	254	装备制造、家具、冶金
379	G123004	天津保税物流园区	2004.08	46	仓储物流
380	G123005	天津东疆保税港区	2006.08	1000	交通运输、批发零售、租赁
381	G123006	天津滨海新区综合保税区	2008.03	159.9	民用航空、物流
382	G133007	石家庄综合保税区	2014.09	286	高端制造、物流、国际贸易
383	G133008	曹妃甸综合保税区	2012.07	459	国际贸易、国际物流、出口加工
384	G133009	河北秦皇岛出口加工区	2002.06	250	服装加工、金属加工、保税物流
385	G133010	廊坊综合保税区	2018.01	50	物流、光机电一体化、精密机械
386	G143011	太原武宿综合保税区	2012.08	294	加工贸易、保税物流、保税服务
387	G153012	内蒙古呼和浩特出口加工区	2002.06	221	光伏、光通讯
388	G153013	内蒙古鄂尔多斯综合保税区	2017.02	121	在建
389	G153014	满洲里综合保税区	2015.03	144	物流、保税仓储、保税加工
390	G213015	沈阳综合保税区	2011.09	619.82	物流、加工
391	G213016	大连保税区	1992.05	125	国际贸易、加工贸易、物流仓储
392	G213017	辽宁大连出口加工区	2000.04	295	加工贸易、半导体
393	G213018	大连大窑湾保税港区	2006.08	688	物流仓储
394	G213019	营口综合保税区	2017.12	185	在建

续表

序号	代码	开发区名称	批准时间	核准面积/hm²	主导产业
395	G223020	长春兴隆综合保税区	2011.12	489	高端制造、物流、保税展示
396	G223021	吉林珲春出口加工区	2000.04	244	木制品加工、建材、水产品加工
397	G233022	哈尔滨综合保税区	2016.03	329	在建
398	G233023	黑龙江绥芬河综合保税区	2009.04	180	进出口贸易、进出口加工、物流仓储
399	G313024	上海漕河泾出口加工区	1992.08	300	电子信息、物流、维修检测
400	G313025	上海嘉定出口加工区	2005.06	300	制造、物流、汽车及零部件
401	G313026	上海外高桥保税区	1990.06	1103	出口加工、物流仓储、保税商品展示交易
402	G313027	上海金桥出口加工区南区	2001.09	280	新能源汽车、工业互联网、机器人
403	G313028	上海外高桥保税物流园区	2003.12	103	物流、贸易
404	G313029	洋山保税港区	2005.07	1416	物流、贸易、装备制造
405	G313030	上海浦东机场综合保税区	2009.11	359	物流、贸易
406	G313031	上海松江出口加工区及B区	2000.04 2002.12	596	电子信息、仓储物流、贸易
407	G313032	上海青浦出口加工区	2003.03	300	电子信息、新材料、装备制造
408	G313033	上海闵行出口加工区	2003.03	300	物流、电子信息、装备制造
409	G323034	南京综合保税区龙潭片及江宁片	2012.09	503	物流、保税展示交易、电子信息
410	G323035	无锡高新区综合保税区	2012.04	349.7	集成电路、电子、精密设备
411	G323036	江阴综合保税区	2016.01	360	在建
412	G323037	徐州综合保税区	2017.12	190	在建
413	G323038	江苏常州综合保税区	2015.01	166	精密机械、新能源、新材料
414	G323039	江苏武进综合保税区	2015.01	115	电子信息、新光源、新材料
415	G323040	苏州高新技术产业开发区综合保税区	2010.08	351	电子信息、物流配送、电商
416	G323041	苏州工业园综合保税区	2006.12	528	电子、机械、新材料、贸易物流
417	G323042	吴中综合保税区	2015.01	300	加工贸易、保税物流
418	G323043	江苏吴江综合保税区	2015.01	100	电子信息、精密机械、保税物流
419	G323044	江苏常熟综合保税区A区、B区	2015.01	94	保税加工、保税物流
420	G323045	张家港保税港区保税区	2008.11	410	精细化工、新材料、商贸物流
421	G323046	昆山综合保税区	2009.12	586	电子信息、光电、精密机械
422	G323047	太仓港综合保税区	2013.05	207	物流贸易
423	G323048	南通综合保税区	2013.01	529	生物医药、电子信息、精密机械

续表

序号	代码	开发区名称	批准时间	核准面积/hm²	主导产业
424	G323049	江苏连云港出口加工区	2003.03	297	机电、食品、家具
425	G323050	淮安综合保税区	2012.07	492	电子信息、高档色纺、商贸物流
426	G323051	盐城综合保税区	2012.06	228	汽车零部件、光电、电子
427	G323052	扬州综合保税区	2016.01	220	新光源、新能源、保税物流
428	G323053	镇江综合保税区	2015.01	253	电子信息、新材料、保税物流
429	G323054	泰州综合保税区	2015.05	176	装备制造、电子信息、汽车零配件
430	G333055	浙江杭州出口加工区	2000.04	292	电子信息、汽车配件、跨境电商
431	G333056	宁波保税区	1992.11	230	贸易、电子信息、加工制造
432	G333057	浙江宁波出口加工区	2002.06	300	信息家电、集成电路、精密机械
433	G333058	宁波梅山保税港区	2008.02	770	国际贸易服务、出口加工、保税仓储
434	G333059	浙江慈溪出口加工区	2005.06	70	跨境电商、保税仓储、智能家电
435	G333060	嘉兴综合保税区	2015.01	298	电子信息、制冷剂、轴承
436	G333061	金义综合保税区	2015.01	179	在建
437	G333062	舟山港综合保税区	2012.09	585	批发和零售、租赁和商务服务、交通运输
438	G343063	合肥综合保税区	2014.03	260	电子信息、装备制造、新材料
439	G343064	安徽合肥出口加工区	2010.07	142	电子信息
440	G343065	芜湖综合保税区	2015.09	217	电子电器、汽车零部件
441	G343066	马鞍山综合保税区	2016.08	200.1	在建
442	G353067	福建福州保税区	1992.11	60	仓储物流、国际贸易、先进制造
443	G353068	福建福州出口加工区	2005.06	114	保税物流、出口加工、跨境电商
444	G353069	福州保税港区	2010.05	926	整车进口、保税仓储、先进制造
445	G353070	厦门海沧保税港区	2008.06	950.92	航运物流、保税物流、加工制造
446	G353071	厦门象屿保税区	1992.10	60	物流贸易
447	G353072	厦门象屿保税物流园区	2004.08	26	仓储物流
448	G353073	福建泉州综合保税区	2016.01	204.72	金属加工、航空维修、新材料
449	G363074	南昌综合保税区	2016.02	200	电子通信、商贸物流、生物医药
450	G363075	江西九江出口加工区	2005.06	281	电子电器
451	G363076	江西赣州综合保税区	2014.01	400	在建
452	G363077	江西井冈山出口加工区	2011.03	48	电子信息、精密机械、生物制药
453	G373078	济南综合保税区	2012.05	522	电子信息、国际物流贸易、跨境电商

序号	代码	开发区名称	批准时间	核准面积/hm²	主导产业
454	G373079	山东青岛西海岸出口加工区	2006.05	200	电子信息、纺织、机械装备
455	G373080	青岛前湾保税港区	2008.09	912	物流、仓储、转口贸易
456	G373081	山东青岛出口加工区	2003.03	280	电子信息、精密机械、新材料
457	G373082	东营综合保税区	2015.05	310	在建
458	G373083	烟台保税港区	2009.09	621	电子信息、物流
459	G373084	潍坊综合保税区	2011.01	517	电子信息、机械、新材料
460	G373085	威海综合保税区	2016.05	229	物流、先进制造、电子信息
461	G373086	临沂综合保税区	2014.08	370	新材料、装备制造、国际物流贸易
462	G413087	郑州经开综合保税区	2016.12	320.4	电子信息、跨境贸易、电商
463	G413088	郑州新郑综合保税区	2010.10	507.3	电子信息
464	G413089	南阳卧龙综合保税区	2014.11	303	电子信息、装备制造、保税物流
465	G423090	武汉东湖综合保税区	2011.08	541	加工贸易、跨境电商、保税物流
466	G423091	武汉新港空港综合保税区	2016.03	405	仓储、物流
467	G423092	湖北武汉出口加工区	2000.04	130	电子电器、汽车零部件、生物医药
468	G433093	长沙黄花综合保税区	2016.05	199	保税加工、国际贸易、物流
469	G433094	湘潭综合保税区	2013.09	312	保税加工、国际贸易、物流
470	G433095	衡阳综合保税区	2012.10	257	电子信息
471	G433096	岳阳城陵矶综合保税区	2014.07	298	进口产品加工、电子主板
472	G433097	郴州综合保税区	2016.12	106.61	有色金属加工、电子信息、装备制造
473	G443098	广州白云机场综合保税区	2010.07	294.3	仓储物流
474	G443099	广州保税区	1992.05	140	国际贸易、保税物流、出口加工
475	G443100	广州出口加工区	2000.04	94.74	汽车、物流
476	G443101	广州保税物流园区	2007.12	50.7	保税物流
477	G443102	广州南沙保税港区	2008.10	499	航运物流、保税展示
478	G443103	广东福田保税区	1991.05	135	电子信息、物流、国际贸易
479	G443104	深圳前海湾保税港区	2008.10	371.21	物流、金融、信息服务
480	G443105	深圳盐田综合保税区	2014.01	217	物流、黄金珠宝、电子信息
481	G443106	广东深圳出口加工区	2000.04	300	电子信息、家电
482	G443107	广东珠海保税区	1996.11	300	航天航空、电子信息
483	G443108	珠澳跨境工业区	2003.12	29	保税物流、仓储
484	G443109	汕头经济特区保税区	1993.01	225	包装材料、柴油发电机、电子材料
485	G453110	南宁综合保税区	2015.09	237	加工贸易、跨境电商、保税物流

序号	代码	开发区名称	批准时间	核准面积/hm²	主导产业
486	G453111	广西北海出口加工区	2003.03	329.6	电子信息、精密机械、生物制药
487	G453112	广西钦州保税港区	2008.05	881	仓储物流、转口贸易
488	G453113	广西凭祥综合保税区	2008.12	101	国际中转、保税加工
489	G463114	海南洋浦保税港区	2007.09	225.84	冷链物流、粮食加工、游艇
490	G463115	海口综合保税区	2008.12	193	加工制造、融资租赁、国际商品展示展销
491	G503116	重庆西永综合保税区	2010.02	832	计算机、电子
492	G503117	重庆两路寸滩保税港区	2008.11	837	加工制造、商贸、物流
493	G503118	重庆江津综合保税区	2017.01	221	保税加工、保税物流、保税服务
494	G513119	成都高新综合保税区及双流园区	2010.10 2012.01	868	信息技术、装备制造
495	G513120	四川绵阳出口加工区	2005.06	13.73	电子元器件
496	G523121	贵阳综合保税区	2013.09	301	国际贸易
497	G523122	贵州遵义综合保税区	2017.07	111	在建
498	G523123	贵安综合保税区	2015.01	220	保税加工、保税物流仓储、保税贸易
499	G533124	昆明综合保税区	2016.02	200	保税加工、保税物流、保税服务
500	G533125	红河综合保税区	2013.12	329	电子信息、装备制造、新能源、新材料
501	G613126	西安综合保税区	2011.02	467	转口贸易、物流、展览展示
502	G613127	陕西西安出口加工区	2002.06	280	航空、精密机械、电子信息、装备制造
503	G613128	西安高新综合保税区	2012.09	364	电子信息、国际物流、保税维修
504	G613129	西安航空基地综合保税区	2018.01	150	在建
505	G623130	兰州新区综合保税区	2014.07	286	进出口贸易、生产加工、跨境电商
506	G643131	银川综合保税区	2012.09	400	物流服务、加工贸易
507	G653132	乌鲁木齐综合保税区	2015.07	241	在建
508	G653133	阿拉山口综合保税区	2011.05	560.8	农副产品加工、油气加工、木材加工
509	G653134	喀什综合保税区	2014.09	356	在建
510	G653135	中哈霍尔果斯国际边境合作中心中方配套区	2006.03	973	仓储物流、进口资源加工制造、电子
（四）边境/跨境经济合作区（共19家）					
511	G155001	满洲里边境经济合作区	1992.09	640	木材加工、仓储物流、商贸

序号	代码	开发区名称	批准时间	核准面积/hm²	主导产业
512	G155002	二连浩特边境经济合作区	1993.06	100	进出口贸易、木材加工、矿产品加工
513	G215003	丹东边境经济合作区	1992.07	630	汽车及零部件、仪器仪表
514	G225004	珲春边境经济合作区	1992.03	500	纺织服装、木制品、能源矿产
515	G225015	和龙边境经济合作区	2015.03	76	进口资源加工、边境贸易、旅游
516	G235005	绥芬河边境经济合作区	1992.03	500	边境贸易、服装、木材加工
517	G235006	黑河边境经济合作区	1992.03	763	边境贸易、木材加工、轻工产品加工
518	G455008	东兴边境经济合作区	1992.09	407	边贸、旅游、加工制造
519	G455007	凭祥边境经济合作区	1992.09	720	木材加工、农副产品加工、边贸物流
520	G535016	临沧边境经济合作区	2013.09	347	商贸物流、进出口加工、农产品加工
521	G535011	河口边境经济合作区	1992.09	402	边境贸易、边境旅游、口岸物流
522	G535017	中国老挝磨憨—磨丁经济合作区	2016.03	483	物流、商贸会展、农产品加工
523	G535010	畹町边境经济合作区	1992.09	500	仓储物流、加工制造、商贸
524	G535009	瑞丽边境经济合作区	1992.12	600	边境贸易、农副产品加工、边境旅游
525	G655012	博乐边境经济合作区	1992.12	783	纺织服装、石材集控、建材
526	G655013	伊宁边境经济合作区	1992.12	650	生物、煤电煤化工、农副产品加工
527	G655018	中哈霍尔果斯国际边境合作中心	2006.03	343	商贸、跨境电商、会展
528	G655014	塔城边境经济合作区	1992.12	650	商贸、物流、进出口加工、旅游文化
529	G655019	吉木乃边境经济合作区	2011.09	1439	能源、资源进出口加工、装备组装制造
（五）其他类型开发区（共23家）					
530	G156020	满洲里中俄互市贸易区	1992.04	20.96	轻工、民间贸易
531	G216034	中德（沈阳）高端装备制造产业园	2015.12	3553	智能制造、装备制造、汽车
532	G216022	沈阳海峡两岸科技工业园	1995.09	500	计算机及软件、汽车及零部件、环保
533	G216001	大连金石滩国家旅游度假区	1992.10	1360	滨海运动、娱乐、文化旅游
534	G236021	中俄东宁—波尔塔夫卡互市贸易区	1992.09	275.4	民间贸易、木材加工、轻工产品加工

序号	代码	开发区名称	批准时间	核准面积/hm²	主导产业
535	G316033	上海陆家嘴金融贸易区	1990.06	3178	金融、航运、商务、文化旅游
536	G316002	上海佘山国家旅游度假区	1995.06	6408	旅游休闲、商业服务、文化创意
537	G326024	南京海峡两岸科技工业园	1995.09	500	智能制造、科技服务、生命健康
538	G326003	无锡太湖国家旅游度假区	1992.10	1350	文化旅游、生物医药、机械
539	G326004	苏州太湖国家旅游度假区	1992.10	1120	文化旅游
540	G336005	杭州之江国家旅游度假区	1992.10	988	休闲旅游、信息技术、文化创意
541	G356030	福州台商投资区	1989.05	1326	鞋、饲料、钢铁制品
542	G356025	福州元洪投资区	1992.05	1000	粮油食品、能源精化、纺织化纤
543	G356029	厦门杏林台商投资开发区	1989.05	2521	机械装备、纺织服装、电子
544	G356031	厦门集美台商投资开发区	1992.12	685	机械装备、纺织服装、电子
545	G356007	湄洲岛国家旅游度假区	1992.10	1350	旅游、交通运输
546	G356006	武夷山国家旅游度假区	1992.10	1200	旅游服务
547	G376008	青岛石老人国家旅游度假区	1992.10	1080	旅游、度假、金融、服务
548	G456010	北海银滩国家旅游度假区	1992.10	1200	旅游、度假
549	G466011	三亚亚龙湾国家旅游度假区	1992.10	1860	滨海休闲、度假旅游、康体
550	G536012	昆明滇池国家旅游度假区	1992.10	1000	观光、体育训练、度假旅游
551	G656035	喀什经济开发区（含新疆生产建设兵团片区）	2011.09	5000	文化、金融、新能源、纺织服装
552	G656036	霍尔果斯经济开发区（含新疆生产建设兵团片区）	2011.09	7300	商贸仓储物流、优势资源精深加工、生物医药

二、省（自治区、直辖市）人民政府批准设立的开发区（共1991家）

北京市（共16家）

1	S117001	北京石龙经济开发区	1992.01	144.35	智能制造、医药、节能环保
2	S117002	北京良乡经济开发区	2000.12	239.76	生物制药、新材料、机械
3	S119003	北京房山工业园区	2006.03	241.43	互联网金融、智能装备、新材料
4	S117004	北京通州经济开发区	2006.06	2075.13	科技研发、商务服务
5	S117005	北京永乐经济开发区	1992.09	438.89	机械、精密仪器、食品
6	S119006	北京临空经济核心区	2006.06	2381.72	航空、商务服务
7	S119007	北京顺义科技创新产业功能区	2000.12	1400.72	汽车及零部件、电子信息
8	S119008	北京昌平小汤山工业园区	2006.03	121.19	节能环保、新能源、新材料
9	S117009	北京采育经济开发区	2006.03	128.3	新能源汽车、汽车零部件
10	S117010	北京大兴经济开发区	2000.12	413.47	文化创意
11	S117013	北京雁栖经济开发区	2006.06	1072.69	交通设备、装备制造、科技研发

续表

序号	代码	开发区名称	批准时间	核准面积/hm²	主导产业
12	S117011	北京兴谷经济开发区	2006.06	972	汽车零部件、食品
13	S119012	北京马坊工业园区	2006.08	249.08	汽车零部件、环保
14	S117014	北京密云经济开发区	2000.12	352.68	装备制造、节能环保、生物医药
15	S117015	北京延庆经济开发区	1992.08	303.57	医药、新材料、园艺、体育休闲
16	S117016	北京八达岭经济开发区	2000.12	480.87	新能源、节能环保
天津市（共21家）					
17	S129003	天津军粮城工业园区	2006.04	181.82	科技研发、新材料、商务商贸
18	S129008	天津中北工业园区	2006.04	300.75	汽车零部件、电子、机械
19	S127004	天津津南经济开发区	1992.07	687.51	电子信息、汽车零部件
20	S129005	天津八里台工业园区	2006.04	613.1	电子信息、智能化产品、机械
21	S129006	天津海河工业区	2006.04	320.47	装备制造、电子信息
22	S129026	天津滨海民营经济成长示范基地	2009.07	782.3	钢铁、石油钻采
23	S129010	天津双口工业园区	2006.04	429.97	自行车零部件、木器、电子
24	S129017	天津京滨工业园	2009.08	945.78	电子信息、新材料、智能制造
25	S127018	天津武清福源经济开发区	2006.04	300.54	电子、机械加工、建材
26	S127019	天津宝坻经济开发区	2006.04	703.92	装备制造、节能环保、新能源、新材料
27	S129020	天津宝坻九园工业园区	2006.04	669.9	新能源、新材料、装备制造、医疗器械
28	S129001	天津空港经济区	2002.10	2275.1	先进制造
29	S129012	天津开发区现代产业区	1996.10	807.35	石化、装备制造、医药
30	S127014	天津大港经济开发区	1992.07	601.5	轻工机械、自行车、金属压延
31	S129015	天津大港石化产业园区	2003.01	200	精细化工、医药
32	S127021	天津宁河经济开发区	2006.04	773.41	金属制品、包装、机械
33	S129022	天津潘庄工业区	2006.04	150	高端制造、汽车零部件、食品
34	S127024	天津静海经济开发区	2006.04	1175.75	自行车、电动车、汽车零部件
35	S129027	天津大邱庄工业区	2009.08	690.84	黑色金属冶炼压延加工、金属制品
36	S127025	天津蓟州区经济开发区	1992.06	668.08	机械、建材、食品
37	S129028	天津专用汽车产业园	2009.08	1366.13	装备制造、新材料
河北省（共138家）					
38	S137046	河北石家庄长安国际服务外包经济开发区	2012.02	243.63	环保、大数据、动漫创意
39	S139047	河北石家庄矿区工业园	2011.07	595.14	特钢冶炼、通用零部件、装备制造

序号	代码	开发区名称	批准时间	核准面积/hm²	主导产业
40	S137003	河北鹿泉经济开发区	1992.11	1395.86	电子信息、物流、食品
41	S137048	河北井陉经济开发区	2012.10	345.59	煤炭加工、建材、成品油储运集散
42	S138049	河北正定高新技术产业开发区	2011.07	2695.98	新能源汽车、装备制造、生物医药
43	S137050	河北行唐经济开发区	2011.07	533.47	装备制造、节能环保、绿色农产品加工
44	S137051	河北灵寿经济开发区	2012.10	583.72	服装纺织、机械、建材
45	S137052	河北高邑经济开发区	2012.10	580.65	陶瓷、纺织
46	S137053	河北深泽经济开发区	2011.05	898.82	化工、医药、装备制造
47	S137054	河北赞皇经济开发区	2011.07	508.08	建材、食品机械、循环化工
48	S137055	河北无极经济开发区	2011.07	611.23	皮革、化工、装备制造
49	S137056	河北平山西柏坡经济开发区	2011.07	591.96	装备制造、电力、钢铁
50	S137057	河北元氏经济开发区	2012.10	530.45	化工、机械、轻工
51	S137058	河北赵县经济开发区	2011.05	708.09	生物医药、机械、服装纺织
52	S137001	河北辛集经济开发区	2006.08	484.18	皮革、机械、食品、医药
53	S137059	河北晋州经济开发区	2011.07	874.01	化工、纺织、装备制造
54	S137060	河北新乐经济开发区	2011.05	1167.61	生物医药、装备制造、食品加工
55	S137061	河北唐山古冶经济开发区	2011.05	1400.48	钢铁、焦化、水泥
56	S138062	河北唐山开平高新技术产业开发区	2012.12	1383.09	装备制造、钢铁加工、物流
57	S137011	河北丰南经济开发区	2000.06	4511.29	钢铁及压延、装备制造、食品
58	S137063	河北丰润经济开发区	2011.07	1331.69	轨道交通装备、装备制造、钢铁
59	S137012	河北唐山南堡经济开发区	1995.12	2314.24	海洋化工
60	S137014	河北滦县经济开发区	2003.07	2343.57	食品加工、钢材、装备制造
61	S137015	河北唐山海港经济开发区	1993.06	3285.33	煤化工、农副产品加工、电力
62	S137064	河北迁西经济开发区	2011.05	849.04	钢铁及加工
63	S137016	河北玉田经济开发区	1994.08	1493.34	装备制造、钢铁加工、新能源
64	S137065	河北遵化经济开发区	2011.05	843.65	装备制造、食品、建材
65	S138066	河北迁安高新技术产业开发区	2013.01	2138.26	装备制造、生物制药、电子信息
66	S137067	河北迁安经济开发区	2011.05	2892.97	钢铁、冶金、装备制造、煤化工
67	S137017	河北唐山芦台经济开发区	2003.07	1030.35	自行车零配件、采暖散热器、家具
68	S137009	河北北戴河经济开发区	1995.01	266.18	金属制品、专用设备、电子设备
69	S137068	河北抚宁经济开发区	2012.10	792.22	智能制造、食品、生物、新能源

序号	代码	开发区名称	批准时间	核准面积/hm²	主导产业
70	S137069	河北青龙经济开发区	2011.02	636	金属压延、装备制造
71	S137013	河北昌黎经济开发区	2006.05	916.43	机械、钢铁、食品
72	S139043	河北邯郸工业园区	1992.11	791.53	装备制造、建材、医药
73	S137070	河北邯郸马头经济开发区	2011.07	1857.18	装备制造、电力、新材料
74	S137071	河北邯郸峰峰经济开发区	2014.11	414.41	煤化工、钢铁、陶瓷
75	S137072	河北肥乡经济开发区	2011.07	452.42	装备制造、服装纺织
76	S139045	河北永年工业园区	1992.11	354.18	特钢、装备制造、新材料
77	S137073	河北临漳经济开发区	2014.11	547.39	农副产品加工、新材料、装备制造
78	S137074	河北成安经济开发区	2011.05	492.22	金属管件、板材、装备制造
79	S137075	河北大名经济开发区	2011.05	387.1	食品、装备制造、包装
80	S137044	河北涉县经济开发区	2000.09	616.34	电力、装备制造、食品
81	S137076	河北磁县经济开发区	2012.10	310	煤化工、装备制造、新材料
82	S137077	河北邱县经济开发区	2011.07	880.6	纺织、装备制造、食品
83	S137078	河北鸡泽经济开发区	2011.07	459.24	铸造、装备制造、纺织
84	S137079	河北广平经济开发区	2011.05	347.72	建材、装备制造、食品
85	S137080	河北馆陶经济开发区	2011.07	264.2	盐化工、精细化工、装备制造
86	S137081	河北魏县经济开发区	2011.07	530	装备制造、木材加工、再生资源利用
87	S137082	河北曲周经济开发区	2011.05	563.25	装备制造、食品、自行车
88	S139042	河北武安工业园区	1992.11	460.99	新能源、新材料、装备制造
89	S137083	河北邢台经济开发区	1994.06	1860.17	先进制造、新能源
90	S137084	河北邢台县旭阳经济开发区	2011.05	575.31	精细化工、新材料、生物化工、再生资源利用
91	S137085	河北临城经济开发区	2011.07	167.75	通用设备、医药、非金属矿物
92	S139086	河北内丘工业园区	2011.07	421.06	装备制造、精细化工、食品
93	S137087	河北柏乡经济开发区	2012.04	364.01	服装纺织、造纸、机械
94	S138088	河北邢台滏阳高新技术产业开发区	2011.02	691.47	食品、装备制造、钢制品
95	S137089	河北任县经济开发区	2011.07	298.01	橡塑制品、机械、商贸物流
96	S137090	河北南和经济开发区	2011.07	211.93	装备制造、农副产品加工、大宗物流
97	S137091	河北巨鹿经济开发区	2011.07	398.15	装备制造、新能源、医药
98	S137092	河北新河经济开发区	2012.04	390.55	生物医药、装备制造、新能源

序号	代码	开发区名称	批准时间	核准面积/hm²	主导产业
99	S137093	河北广宗经济开发区	2012.04	538.12	自行车、装备制造、农副产品加工
100	S138094	河北平乡高新技术产业开发区	2011.02	439.24	自行车及零部件
101	S138095	河北威县高新技术产业开发区	2011.02	723.62	装备制造、电子信息、农副产品加工
102	S137040	河北清河经济开发区	2003.06	859.38	羊绒、战略合金、新能源汽车及零部件
103	S139096	河北临西轴承工业园区	2011.07	648.36	轴承、装备制造、食品
104	S137097	河北南宫经济开发区	2011.05	374.21	装备制造、食品、医药
105	S137098	河北沙河经济开发区	2011.07	1334.57	玻璃及深加工、装备制造、新材料
106	S137099	河北保定经济开发区	2011.05	1812.91	汽车及零部件
107	S137100	河北满城经济开发区	2014.11	794.69	造纸及纸制品、机械、汽车
108	S137101	河北徐水经济开发区	2012.07	1404.74	汽车及零部件、新能源、机电设备
109	S137102	河北涞水经济开发区	2011.07	297.36	电子信息、新能源汽车、航天航空
110	S137103	河北阜平经济开发区	2013.07	608.93	新材料、装备制造、农产品加工
111	S137104	河北定兴金台经济开发区	2011.05	1127.34	食品加工、汽车及零部件、装备制造
112	S137105	河北唐县经济开发区	2012.07	437.09	机械、建材、食品
113	S137106	河北高阳经济开发区	2011.05	1028.8	纺织、医药、电子设备
114	S137107	河北涞源经济开发区	2012.07	368.59	装备制造、新材料、生物医药
115	S137108	河北望都经济开发区	2012.10	220.36	食品、机电、医疗、建材
116	S137109	河北顺平经济开发区	2011.07	158.98	装备制造、食品、建材
117	S137110	河北博野经济开发区	2012.10	529.93	橡胶机带、机械、新材料
118	S138028	河北涿州高新技术产业开发区	1992.07	1325.01	新材料、电子信息技术、汽车及零部件
119	S137111	河北定州经济开发区	2011.05	1066.42	装备制造、生物医药
120	S139112	河北安国现代中药工业园区	2011.07	589.26	中药、食品
121	S137029	河北高碑店经济开发区	1996.01	649.85	汽车、建材、新能源
122	S137005	河北张家口经济开发区	2000.09	216.64	新能源、智能制造
123	S137006	河北宣化经济开发区	1992.11	696.95	汽车、智能制造、生物制药
124	S137113	河北张家口下花园经济开发区	2014.11	732.62	装备制造、新能源、新材料
125	S138114	河北张家口高新技术产业开发区	2012.08	1009.65	装备制造、生物技术
126	S137115	河北张北经济开发区	2011.07	699.28	食品、装备制造、云计算

序号	代码	开发区名称	批准时间	核准面积/hm²	主导产业
127	S137116	河北沽源经济开发区	2012.10	249.07	云计算、农副产品加工、商贸物流
128	S137117	河北蔚县经济开发区	2011.07	246.14	生物科技、装备制造、食品
129	S137118	河北怀安经济开发区	2011.07	332.75	装备制造、汽车及零部件、应急产品
130	S137007	河北沙城经济开发区	2006.03	388.19	特种玻璃、信息技术、装备制造
131	S137119	河北涿鹿经济开发区	2010.11	596.04	电子信息、装备制造
132	S137120	河北赤城经济开发区	2011.03	96.3	先进制造、节能环保
133	S137121	河北承德双滦经济开发区	2011.07	1802.05	黑色金属采冶压延加工、炼焦
134	S138122	河北承德县高新技术产业开发区	2011.05	1003.9	装备制造、新材料、食品
135	S137123	河北兴隆经济开发区	2012.07	317.16	钢延产品、农副产品加工、医药化工
136	S138124	河北滦平高新技术产业开发区	2012.11	380.96	食品、医药、装备制造
137	S137125	河北隆化经济开发区	2012.10	605.89	装备制造、食品、建材
138	S137126	河北丰宁经济开发区	2012.07	738.62	新能源装备、节能环保、新材料
139	S137127	河北宽城经济开发区	2011.05	415.77	冶金、装备制造、新材料
140	S137128	河北围场经济开发区	2014.11	306.35	食品、药品、矿产品加工
141	S137129	河北平泉经济开发区	2012.10	461.69	矿山冶金、新能源、化工
142	S137030	河北沧州经济开发区	1992.07	995.7	汽车及零部件、管道装备、生物医药
143	S138130	河北沧州高新技术产业开发区	2011.01	1044.77	智能装备、节能环保、新材料
144	S137131	河北青县经济开发区	2011.05	1068.96	装备制造、食品、汽车零部件
145	S137132	河北东光经济开发区	2011.05	440.77	包装机械、精细化工、包装、装备制造
146	S137133	河北海兴经济开发区	2012.07	1221.68	精细化工、装备制造、汽车零部件
147	S137134	河北盐山经济开发区	2011.05	1133.01	管道装备、机械、机床
148	S137135	河北肃宁经济开发区	2011.05	458.45	毛皮加工、装备制造、印刷
149	S137136	河北南皮经济开发区	2011.07	590.84	机电、玻璃器皿、纺织
150	S137034	河北吴桥经济开发区	1993.01	711	装备制造、橡胶制品、汽车零部件
151	S137137	河北献县经济开发区	2011.07	341.67	装备制造、食品饮品、新能源
152	S137138	河北孟村经济开发区	2011.05	643.82	装备制造
153	S137139	河北泊头经济开发区	2011.05	1074.52	装备制造、铸造、汽车模具
154	S137031	河北任丘经济开发区	1995.12	609.04	新材料、新能源、节能环保、装备制造

序号	代码	开发区名称	批准时间	核准面积/hm²	主导产业
155	S137032	河北黄骅经济开发区	1992.07	465.78	汽车、专用设备、金属制品
156	S138140	河北廊坊高新技术产业开发区	2011.06	1516.55	新材料、节能环保、电子信息
157	S138021	河北京南·固安高新技术产业开发区	2006.03	1091.25	显示、航空航天、生物医药
158	S137022	河北永清经济开发区	2006.03	1049.22	装备制造、新材料
159	S137023	河北香河经济开发区	1993.01	1543.41	高端制造、食品、医药
160	S137024	河北大城经济开发区	2006.03	432.69	机械装备、新能源车、气雾剂
161	S137025	河北文安经济开发区	2006.03	935.28	新能源、装备制造、家具
162	S138026	河北大厂高新技术产业开发区	2006.03	1639.29	装备制造、食品饮料
163	S137019	河北霸州经济开发区	1996.09	1630.27	装备制造、金属玻璃家具
164	S137141	河北三河经济开发区	2011.03	524.08	节能环保、装备制造、新材料
165	S138035	河北衡水高新技术产业开发区	2000.09	4032.7	新材料、装备制造、食品
166	S138036	河北冀州高新技术产业开发区	2003.01	579.94	采暖铸造、复合材料、化工医药
167	S137037	河北枣强经济开发区	2006.03	699.51	复合材料、燃气设备、中央空调
168	S137142	河北武邑经济开发区	2011.05	638.56	金属制品、橡胶制品
169	S137143	河北武强经济开发区	2011.07	481.4	装备制造、乐器、食品
170	S137144	河北饶阳经济开发区	2011.02	424.36	机械、服装
171	S138145	河北安平高新技术产业开发区	2011.02	736.15	丝网产品、汽车零部件
172	S137146	河北故城经济开发区	2010.11	577.78	新能源、新材料、装备制造
173	S138038	河北景县高新技术产业开发区	2006.03	1605.36	新材料、橡塑制品、机械配件
174	S137147	河北阜城经济开发区	2011.07	402.52	装备制造、服装纺织、农副产品加工
175	S137148	河北深州经济开发区	2011.02	997.36	农副产品加工、装备制造、家居
山西省（共20家）					
176	S149001	太原工业园区	1997.11	899.65	装备制造、新材料、商贸物流
177	S149002	太原不锈钢产业园区	2006.04	1143.77	不锈钢加工、装备制造、商贸物流
178	S147003	山西清徐经济开发区	2003.01	838.87	化工新材料、仓储物流、装备制造
179	S147007	山西阳泉经济开发区	1996.01	383.2	装备制造、化工、商贸服务
180	S147014	山西壶关经济开发区	2006.04	217.63	钢铁加工、新材料
181	S147005	山西朔州经济开发区	1996.01	1010.36	煤炭、煤机维修、铁合金冶炼
182	S149011	山西榆次工业园区	2006.04	198.56	装备制造、冶金制品、农副产品加工
183	S147012	山西祁县经济开发区	2006.04	61.21	玻璃、食品、装备制造

序号	代码	开发区名称	批准时间	核准面积/hm²	主导产业
184	S147018	山西运城经济开发区	1997.04	3081.2	装备制造、轻工、食品
185	S149019	山西运城盐湖工业园区	2006.08	147.91	生物制药、新材料、装备制造
186	S147021	山西绛县经济开发区	1997.12	321.7	装备制造、煤化工、食品
187	S147020	山西风陵渡经济开发区	1992.11	413.75	生物制药、能源、精细化工
188	S147006	山西忻州经济开发区	1996.10	400	电力、装备制造、食品
189	S147023	原平经济技术开发区	2016.01	459.89	装备制造、钢结构
190	S147015	山西临汾经济开发区	1997.07	710.46	装备制造、塑料编织、新能源
191	S147016	山西侯马经济开发区	1997.07	374.51	机电、医药、电商
192	S147009	山西文水经济开发区	2006.04	231.3	化工、机械、煤化工
193	S147022	山西交城经济开发区	2006.09	572.68	煤化工、机械、新材料
194	S147008	山西孝义经济开发区	2006.04	524.76	煤炭、化工、建材、耐火材料
195	S147024	汾阳杏花村经济技术开发区	2016.05	989.47	酿酒
内蒙古自治区（共69家）					
196	S159001	呼和浩特鸿盛工业园区	2006.04	121.49	电子信息、云计算、服装
197	S159002	呼和浩特金海工业园区	2006.08	96	羊绒、食品
198	S159003	呼和浩特裕隆工业园区	2006.04	200	食品、服装纺织、生物科技
199	S157004	呼和浩特金桥经济开发区	2001.12	899.26	石化、光伏材料、新材料
200	S157006	内蒙古托—清经济开发区	2006.06	1028.95	电力、生物、冶金
201	S157007	内蒙古和林格尔经济开发区	2000.12	1030.19	食品、新材料、生物医药
202	S157008	内蒙古武川经济开发区	2006.05	214.21	有机肥、水泥建材、铁合金
203	S159009	包头铝业产业园区	2006.04	2776.44	铝加工
204	S159040	包头金属深加工园区	2011.08	654.26	钢铁、稀土、不锈钢
205	S159041	包头装备制造产业园区	2011.04	2796.11	重车装备、工程机械装备、新能源装备
206	S159012	包头石拐工业园区	2006.05	491.61	金属冶炼压延加工、煤炭开采洗选
207	S159011	内蒙古包头九原工业园区	2006.04	1191.43	化工、黑色金属冶炼压延加工、有色金属
208	S159042	包头市土右旗新型工业园区	2007.06	2424.26	电力能源、光伏光电、化工
209	S159043	包头金山工业园区	2012.06	1130.1	金属加工、新能源、装备制造
210	S159044	包头达茂巴润工业园区	2012.12	935.45	铁精粉加工
211	S157038	乌海经济开发区	1998.08	4328.08	煤焦化工、氯碱化工、精细化工
212	S158023	内蒙古赤峰高新技术产业开发	2002.12	2144.78	冶金、医药、化工、装备制造

序号	代码	开发区名称	批准时间	核准面积/hm²	主导产业
213	S158045	元宝山高新技术产业开发区	2010.12	949.68	农畜产品加工、有色金属加工、装备制造
214	S157024	内蒙古赤峰松山经济开发区	1992.10	134.01	装备制造、电子信息、建材
215	S159046	巴林左旗工业园区	2010.09	588.01	有色金属冶炼、农畜产品加工、建材
216	S159047	巴林右旗工业园区	2012.02	1133.47	煤电化工、建材、轻工
217	S159026	内蒙古林西工业园区	2006.04	77.71	冶金、农畜产品加工、化工
218	S159048	克什克腾循环经济工业园区	2016.02	835.03	煤化工、有色金属冶炼、装备制造
219	S159049	赤峰玉龙工业园区	2012.02	549.8	农畜产品加工、有色金属、机械加工
220	S157050	喀喇沁经济开发区	2011.11	817.69	商贸物流、医药健康、建材
221	S157025	内蒙古宁城经济开发区	2006.05	167.21	食品、机械、建材
222	S157021	内蒙古通辽经济技术开发区	2001.09	1000	装备制造、农畜产品加工、能源原材料
223	S159051	科左后旗自主创新承接产业转移示范园区	2012.12	3916.53	农畜产品加工、医药、有色金属、煤化工
224	S159052	开鲁工业园区	2011.11	1217	玉米生物科技、装备制造、农畜产品加工
225	S159053	扎鲁特工业园区	2011.11	1179.67	煤炭加工、铝、农畜产品加工
226	S159022	内蒙古霍林郭勒工业园区	2006.04	4902.78	能源、冶金、化工
227	S157030	达拉特经济开发区	2001.03	125.94	煤电铝、化工、建材、物流
228	S157033	内蒙古准格尔经济开发区	1999.10	318.81	陶瓷、高岭土、煤炭、农副产品加工
229	S159054	鄂尔多斯大路工业园区	2005.01	2957.6	煤化工、煤电铝
230	S157031	内蒙古鄂尔多斯上海庙经济开发区	2001.12	540.45	煤炭、煤电、煤化工
231	S157034	内蒙古鄂托克经济开发区	2001.04	1183.44	煤电、化工、冶金、新材料
232	S159055	独贵塔拉工业园区	2014.08	945.32	煤化工、精细化工、新能源
233	S157032	内蒙古鄂尔多斯苏里格经济开发区	2001.07	1424.04	煤化工、精细化工、清洁能源
234	S157056	蒙苏经济开发区	2014.08	1309.16	装备制造、新材料、电子信息
235	S157013	内蒙古呼伦贝尔经济开发区	2002.09	1000	冶炼、装备制造、建材
236	S159057	内蒙古扎赉诺尔工业园区	2012.12	1217.64	能源、化工、冶炼
237	S159015	内蒙古阿荣旗工业园区	2006.04	450.94	建材、化工、农畜产品加工、机械装备

序号	代码	开发区名称	批准时间	核准面积/hm²	主导产业
238	S159017	内蒙古莫力达瓦工业园区	2006.04	398.19	农畜产品加工、石材加工、饮料酿酒
239	S159058	呼伦贝尔鄂伦春自治旗工业园区	2012.06	486.4	农畜产品加工、建材
240	S157059	呼伦贝尔市巴彦托海经济技术开发区	2002.07	387.98	煤电联产、煤化工、新材料
241	S159018	内蒙古陈巴尔虎旗工业园区	2006.04	216.82	能源、化工
242	S159019	内蒙古满洲里工业园区	2003.07	1022.88	木材加工
243	S159016	内蒙古呼伦贝尔岭东工业园区	2003.07	660.03	农畜林产品加工、建材、木材加工
244	S159060	额尔古纳自治区级边境经济合作区	2014.03	482.54	进出口加工、乳制品、啤酒
245	S157061	呼伦贝尔市根河兴安经济开发区	2009.05	264.93	有色金属采选、木材加工、食品
246	S159062	五原工业园区	2014.07	688.61	农畜产品加工、机械、物流
247	S159036	内蒙古磴口工业园区	2006.04	113.95	电力、农畜产品加工、化工
248	S159063	巴彦淖尔市甘其毛都口岸加工园区	2011.12	1701.03	煤化工、金属冶炼、非金属加工
249	S159064	乌拉特后旗循环经济工业园区	2012.05	2309.97	有色金属冶炼加工、硫化工、煤化工
250	S159037	内蒙古杭后工业园区	2006.04	295.35	农畜产品加工、煤化工、金属冶炼
251	S159028	内蒙古察哈尔工业园区	2006.04	656.13	农畜产品加工、装备制造、新能源、新材料
252	S157065	卓资经济技术开发区	2012.04	479.34	氯碱化工、天然气、仓储物流
253	S159066	丰镇市高科技氟化学工业园区	2014.08	1342.01	电力、氟化工、冶金
254	S157020	乌兰浩特经济技术开发区	2003.03	472.12	农畜产品加工、制药
255	S159067	科右前旗工业园区	2011.09	647.72	农畜林产品加工、装备制造、建材
256	S159068	突泉循环经济工业园区	2012.12	701.6	农畜林产品、建材、服装
257	S157027	锡林郭勒经济开发区	2001.12	421.13	煤炭加工、清洁能源、生物制药
258	S159069	乌里雅斯太工业园区	2007.04	3295.54	煤炭加工、石油、有色金属采选冶炼
259	S159070	锡林郭勒盟白音华工业园区	2012.04	4545	煤炭、有色金属采选冶炼、电力
260	S159071	黄旗工业园区	2014.07	364.49	石材加工
261	S159072	上都工业园区	2012.07	312.6	有色金属冶炼、电力、建材
262	S159073	内蒙古多伦工业园区	2012.12	316.31	煤化工、矿产品加工、建材

序号	代码	开发区名称	批准时间	核准面积/hm²	主导产业
263	S158039	内蒙古阿拉善高新技术产业开发区	2002.01	1000.23	盐化工、煤化工、精细化工
264	S157074	策克口岸经济开发区	2012.05	1533.55	煤化工
辽宁省（共62家）					
265	S217005	沈阳浑河民族经济开发区	2006.05	106.84	电子信息、工业研发设计
266	S219043	沈阳金融商贸开发区	2002.01	574.7	金融
267	S217007	沈阳—欧盟经济开发区	2006.05	380.02	汽车及零部件、电子电器
268	S217044	沈阳首府经济开发区	2013.10	998.91	包装印刷、金融、互联网
269	S217004	沈阳雪松经济开发区	2006.05	388.64	金属材料、电力电器、汽车零部件
270	S217001	沈阳道义经济开发区	2002.01	240.11	食品、医药、装备制造
271	S217045	沈阳永安经济开发区	2013.10	626.04	装备制造、家具、金属加工
272	S219010	沈阳近海经济区	2006.05	40.6	卡车及特种车、装备制造、新材料
273	S217009	辽宁康平经济开发区	2006.05	250.75	塑料制品、服装纺织、农副产品加工
274	S217008	辽宁法库经济开发区	2006.05	325.3	陶瓷
275	S217006	辽宁新民经济开发区	2006.05	346.73	造纸、医药、食品、包装印刷
276	S217026	大连炮台经济开发区	2002.10	236.61	食品、铸造机械、建材
277	S217029	大连金州经济开发区	2002.10	490.61	汽车电子、装备制造、纺织服装
278	S217031	大连普兰店经济开发区	2002.10	267.69	汽车零部件、电力设备器材、装备制造
279	S219046	大连瓦房店轴承产业园区	2013.08	402.42	轴承、机床、风电
280	S219047	大连花园口经济区	2006.01	1000.02	新材料、新能源、生物医药
281	S219048	大连循环产业经济区	2009.05	1009.65	装备制造、木材家居、再生资源利用
282	S217021	辽宁鞍山经济开发区	1993.03	727.88	钢铁加工、装备制造、精细化工
283	S217049	鞍山立山经济开发区	2014.08	381.04	装备制造、钢铁加工、化工、建材
284	S217050	鞍山台安经济开发区	2011.01	384.65	化工、造纸、建材
285	S219051	鞍山大洋河临港产业区	2012.07	164.12	高分子材料
286	S217022	辽宁海城经济开发区	2002.01	420.14	装备制造、服装纺织、箱包
287	S217023	辽宁鞍山腾鳌经济开发区	1995.08	230.74	新材料、装备制造
288	S217016	抚顺胜利经济开发区	1993.03	701.76	食品、机械、油母页岩加工
289	S218052	抚顺高新技术产业开发区	2010.04	802.66	石化、精细化工、化工制品
290	S217017	抚顺经济开发区	1993.03	1378.94	智能装备、印刷

序号	代码	开发区名称	批准时间	核准面积/hm²	主导产业
291	S217053	本溪桥北经济开发区	2012.09	609.7	钢材加工
292	S217054	本溪太子河经济开发区	2012.09	354.64	汽车零部件
293	S217055	辽宁五女山经济开发区	2012.09	473.06	中药、食品、新材料
294	S217024	辽宁丹东东港经济开发区	1994.10	1533.91	机电设备及零部件、食品、再生资源利用
295	S217025	辽宁丹东前阳经济开发区	1994.10	552.78	服装纺织、食品、机械
296	S217056	黑山庞河经济开发区	2012.10	442	农副产品加工、装备制造
297	S217057	锦州七里河经济开发区	2012.10	284.76	机电装备、食品
298	S217038	辽宁锦州沟帮子经济开发区	2006.05	464.42	农副产品加工、装备制造
299	S219058	辽宁营口沿海产业基地	2011.07	489.65	装备制造、新材料、电子信息
300	S219059	营口仙人岛能源化工区	2006.09	224.99	石化、港口物流
301	S217033	营口南楼经济开发区	2002.10	296.69	有色金属加工、建材、机械
302	S217034	营口大石桥经济开发区	2004.10	253.86	有色金属加工、装备制造
303	S219060	阜新皮革产业开发区	2009.04	251.54	皮革
304	S219061	辽宁阜新氟产业开发区	2012.08	179.48	化工
305	S219062	阜新市林产品产业基地	2010.08	368.02	林木产品加工、装备制造
306	S217020	辽宁辽阳经济开发区	2002.01	336.28	汽车零部件、装备制造
307	S219063	辽宁盘锦精细化工产业园区	2013.08	890.54	精细化工
308	S218064	盘锦高新技术产业开发区	2013.11	672.58	石化、石油装备、电子信息
309	S219065	大洼临港经济区	2013.11	110.06	装备制造、物流
310	S219066	辽宁北方新材料产业园	2013.08	231.01	石化、新材料、装备制造
311	S218067	铁岭高新技术产业开发区	2010.04	725.08	装备制造、新材料、农副产品加工
312	S217068	铁岭市调兵山经济开发区	2012.09	572.89	新能源、农产品加工、特色装备
313	S217069	铁岭市开原经济开发区	2012.09	791.74	装备制造、建材、食品、包装
314	S217011	辽宁朝阳经济开发区	1994.08	301.53	电子、装备制造、金属新材料
315	S218070	朝阳高新技术产业开发区	2011.12	1188.28	新能源电器、装备制造、包装
316	S217071	朝阳柳城经济开发区	2016.04	208.92	有色金属加工、精细化工、装备制造
317	S217072	朝阳建平经济开发区	2016.04	403	冶金材料、建材、新材料
318	S217073	朝阳喀左经济开发区	2016.04	282.87	冶金铸锻、装备制造、建材
319	S217012	辽宁北票经济开发区	2002.09	422.43	农产品加工、冶金、轻工
320	S217074	朝阳凌源经济开发区	2016.04	201.64	汽车及零部件、钢铁加工、玻璃制品

序号	代码	开发区名称	批准时间	核准面积/hm²	主导产业
321	S217041	辽宁葫芦岛杨家杖子经济开发区	2006.08	451.63	机械、矿山采选冶炼
322	S218039	辽宁葫芦岛高新技术产业开发区	2003.01	934.15	精细化工、机械、电子信息
323	S217040	辽宁葫芦岛经济开发区	2003.01	1241.77	装备制造、石化
324	S218075	绥中高新技术产业开发区	2008.04	196.49	装备制造、电子信息、生物医药
325	S217042	辽宁葫芦岛八家子经济开发区	2006.08	73.63	有色金属制品加工、炸药及火工产品
326	S219076	兴城滨海经济区	2008.07	944.97	高性能复合材料、泳装
吉林省（共48家）					
327	S227001	长春宽城经济开发区	2001.09	3536.17	汽车、装备制造、农产品加工
328	S227002	长春朝阳经济开发区	2002.11	310.11	汽车、建材、农产品加工
329	S227005	长春绿园经济开发区	2003.06	730.93	轨道交通设备
330	S227006	长春双阳经济开发区	2003.06	105.81	装备制造、生物医药、新材料
331	S227007	长春九台经济开发区	2003.07	501.58	装备制造、生物医药
332	S227008	长春榆树经济开发区	2003.07	528.49	农副食品、生物医药、生物化工
333	S227009	吉林德惠经济开发区	1992.08	394.22	农副产品加工、食品
334	S227012	吉林龙潭经济开发区	1998.12	904.56	化工、汽车及零部件
335	S229036	吉林化学工业循环经济示范区	2008.10	3030.48	化工
336	S227013	吉林船营经济开发区	2002.11	426.07	装备制造、木器加工、食品
337	S227014	吉林丰满经济开发区	2003.06	398.86	专用设备、食品、医药
338	S227018	吉林永吉经济开发区	1998.04	239.8	汽车零部件、装备制造、新材料
339	S229016	吉林蛟河天岗石材产业园区	2003.06	216.98	石材加工、工艺品
340	S227015	吉林桦甸经济开发区	2002.11	309.47	医药、食品、新材料、新能源
341	S227037	舒兰经济开发区	2005.09	1620.55	农副食品、专用设备、非金属矿物制品
342	S227017	吉林磐石经济开发区	2002.11	554.07	医药、有色金属加工、机械
343	S227020	吉林四平经济开发区	1998.12	174	通用设备、汽车及零部件、医药
344	S227038	吉林梨树经济开发区	2012.01	664.19	食品、农畜产品加工、物流
345	S227039	伊通满族自治县经济开发区	2005.09	733.66	石油开采、汽车零部件、建材
346	S227021	吉林公主岭经济开发区	2002.11	549.45	汽车零部件、非金属矿制品
347	S227040	吉林双辽经济开发区	2005.10	893.6	玻璃建材、能源
348	S227022	吉林辽源经济开发区	2001.12	534.59	装备制造、医药、纺织

续表

序号	代码	开发区名称	批准时间	核准面积/hm²	主导产业
349	S229041	辽源清洁能源产业开发区	2005.11	304.81	新能源、汽车零部件、装备制造
350	S227042	东丰经济开发区	2011.10	477.61	黑色金属冶炼压延、食品、纺织
351	S227043	东辽经济开发区	2005.11	529.32	通用设备、专用设备、农副食品
352	S227044	吉林二道江经济开发区	2012.06	456.48	黑色金属冶炼压延加工、医药、金属制品
353	S227045	通化聚鑫经济开发区	2005.11	303.41	医药、有色金属矿采选、食品
354	S227046	吉林辉南经济开发区	2012.01	520.2	医药、黑色金属冶炼压延加工、食品
355	S229047	柳河工业集中区	2005.07	640.71	医药、食品
356	S227024	吉林梅河口经济开发区	2002.02	247.16	医药、食品、金属制品
357	S227025	吉林集安经济开发区	1993.11	214.09	医药、采矿、食品
358	S227026	吉林白山经济开发区	2002.11	608.05	医药、矿产品开发、能源
359	S227048	江源工业经济开发区	2005.09	245.58	矿产品开发、建材、电力
360	S229049	吉林抚松工业园区	2012.01	1077.61	木制品加工、医药
361	S227028	吉林靖宇经济开发区	2002.05	54.63	食品、医药
362	S227029	吉林长白经济开发区	1992.10	127.14	硅藻土、食品、医药
363	S227027	吉林临江经济开发区	1992.11	47.59	林产品加工、医药、新材料
364	S229050	扶余工业集中区	2005.11	800	建材、农畜产品加工
365	S227030	吉林白城经济开发区	1998.02	399.17	汽车零部件、医药、电力
366	S227051	吉林镇赉经济开发区	2012.06	1311.66	农副产品加工、能源、医药
367	S227052	吉林通榆经济开发区	2012.01	1169.04	装备制造、农畜产品加工、食品
368	S227053	洮南经济开发区	2005.12	619.68	农副产品加工、医药化工、机械
369	S227031	吉林大安经济开发区	1993.11	329.5	农副产品加工、专业设备
370	S227033	吉林图们经济开发区	1995.01	110	电子、非金属矿物制品、医药
371	S227034	吉林敦化经济开发区	1994.06	311.2	木制品加工、食品、医药
372	S229054	龙井工业集中区	2005.12	478.49	医药、农副产品加工
373	S229055	汪清工业集中区	2005.11	308.75	食品、木竹加工、非金属矿物制品
374	S227056	吉林安图经济开发区	2012.01	200.68	食品、矿产品加工、木制品加工
黑龙江省（共74家）					
375	S239030	哈尔滨香坊工业新区	2005.10	1200.9	机械、进出口加工、产品组装
376	S237003	黑龙江阿城经济开发区	2002.09	961.24	建材、食品、医药
377	S237002	黑龙江双城经济开发区	1992.08	379.58	食品、机械
378	S237005	黑龙江依兰经济开发区	2001.12	265.54	建材、食品、医药、装备制造

序号	代码	开发区名称	批准时间	核准面积/hm²	主导产业
379	S237009	黑龙江方正经济开发区	2006.03	130.97	食品、木材加工、建材
380	S237031	黑龙江巴彦经济开发区	2015.06	366.64	农畜产品加工、木材加工
381	S239032	哈尔滨木兰工业园区	2013.05	106.96	农副产品加工
382	S237033	黑龙江通河经济开发区	2010.12	334.98	农副产品加工、矿物制品、木材加工
383	S237034	黑龙江延寿经济开发区	2016.06	294.84	食品、纺织、医药
384	S237008	黑龙江尚志经济开发区	2006.03	522.31	食品、木制品加工、医药
385	S237035	黑龙江牛家经济开发区	2014.01	613.55	医药、食品、机械、木制品加工
386	S239036	齐齐哈尔铁锋区鹤城科技产业园区	2007.04	1026.44	轨道交通设备、建材、木制品加工
387	S237011	黑龙江富拉尔基经济开发区	2001.05	416.77	装备制造、农副产品加工、建材
388	S237037	黑龙江龙江经济开发区	2012.02	200	农产品加工、乳制品加工
389	S237038	黑龙江依安经济开发区	2016.06	381.84	陶瓷、食品、生物
390	S239039	泰来工业示范基地	2011.10	272.41	农副产品加工、食品、建材
391	S239040	甘南县工业示范基地	2005.05	515.4	乳制品加工、农畜产品加工
392	S237041	黑龙江富裕经济开发区	2015.06	213.38	乳制品加工、农产品加工、酿酒
393	S239042	克山县马铃薯产业园区	2013.12	213.06	农产品加工、乳制品加工
394	S239043	克东工业园区	2013.08	210.57	乳制品加工、家具、食品
395	S239044	拜泉工业示范基地	2013.08	215.48	农产品加工、食品
396	S237045	黑龙江讷河经济开发区	2016.06	115.46	畜产品加工、农产品加工
397	S237046	黑龙江鸡西经济开发区	2013.12	142.24	煤化工、石墨加工、医药
398	S239047	鸡东煤电化循环经济示范基地	2012.12	63.36	电力、化工
399	S237048	黑龙江虎林经济开发区	2014.02	304.89	生物制药、食品、木材加工
400	S237021	黑龙江密山经济开发区	1992.06	48.46	食品、建材
401	S237022	黑龙江北大荒经济开发区	1992.08	446.17	农副食品
402	S237049	黑龙江鹤岗经济开发区	2014.02	521.3	煤化工、食品、石墨加工
403	S237015	黑龙江宝泉岭经济开发区	1993.07	260.03	仓储物流、农畜产品加工、医药
404	S237050	黑龙江绥滨经济开发区	2011.10	92.82	农副产品加工
405	S239051	友谊农产品深加工园区	2013.02	391.3	农产品加工、食品、物流
406	S237052	黑龙江宝清经济开发区	2013.12	716.85	农副产品加工、电力、煤化工
407	S237053	黑龙江肇州经济开发区	2013.12	381.17	食品、生物科技
408	S239054	肇源工业园区	2013.04	391.66	食品、粮食加工、物流

序号	代码	开发区名称	批准时间	核准面积/hm²	主导产业
409	S239055	大庆德力戈尔工业园区	2012.11	390.93	畜产品加工、农副产品加工、新能源
410	S239056	伊春市南岔新能源产业园	2013.08	214.95	农副食品加工、电力、木材加工
411	S237057	黑龙江西林经济开发区	2016.06	610.78	钢铁、建材、化工
412	S237058	黑龙江伊春经济开发区	2016.03	540	林产品加工、医药、电力
413	S239059	嘉荫工业示范基地	2013.12	151.35	木制品加工
414	S237060	黑龙江铁力经济开发区	2016.05	637	矿产品加工、新材料、新能源、食品
415	S238061	佳木斯高新技术产业开发区	2010.05	2675.12	装备制造、食品、新材料
416	S237016	黑龙江佳木斯经济开发区	1992.01	169.28	农副食品、金属制品、纺织
417	S237062	黑龙江桦南经济开发区	2014.03	254.34	食品、建材、能源装备
418	S239063	桦川工业示范基地	2010.03	150.57	农产品加工、机械、食品
419	S239064	汤原县工业园区	2015.12	501.03	农副产品加工、建材、精细化工
420	S237017	黑龙江同江经济开发区	1992.09	415.33	农产品加工、食品、进口资源加工
421	S237018	黑龙江建三江经济开发区	2001.09	670.04	食品
422	S239065	抚远中俄沿边开放示范区	2010.09	14.06	农副产品加工、木材加工、建材
423	S237020	黑龙江七台河经济开发区	2006.05	97.97	农副产品加工、建材、电气机械器材
424	S239066	勃利工业园区	2014.11	528.14	食品、电力、煤化工
425	S237067	黑龙江阳明经济开发区	2013.02	113.71	生物科技、食品、新材料
426	S238068	牡丹江高新技术产业开发区	2006.08	1346.08	机电一体化、电子信息、医药
427	S237026	黑龙江林口经济开发区	2006.03	100	化工、电子、新材料
428	S239069	宁安工业示范基地	2011.01	457.15	食品、建材、物流
429	S237025	黑龙江穆棱经济开发区	2006.08	734.09	木材加工、食品
430	S237027	黑龙江东宁经济开发区	2002.06	210.01	食品、机电、轻纺
431	S237013	黑龙江九三经济开发区	2001.09	527.68	食品
432	S237012	黑龙江逊克经济开发区	1992.05	158.1	矿产品加工、木材加工、电力
433	S239070	孙吴工业示范基地	2016.04	154.73	食品、乳制品加工
434	S237071	黑龙江北安经济开发区	2015.03	422.99	食品、装备制造、木制品加工
435	S239072	五大连池矿泉工业园区	2013.09	103.82	矿泉产品、农副产品加工
436	S237073	黑龙江望奎经济开发区	2014.05	400	农副食品、医药、电力
437	S239074	兰西工业示范基地	2011.08	137	纺织
438	S237075	黑龙江青冈经济开发区	2014.05	193.55	机械、食品、农畜产品加工

序号	代码	开发区名称	批准时间	核准面积/hm²	主导产业
439	S237076	庆安经济开发区	2011.08	256.67	食品、医药、木材加工
440	S239077	明水工业示范基地	2012.09	123.3	医药、化工、新能源
441	S237078	黑龙江绥棱经济开发区	2016.06	122.17	木材加工、食品、纺织服装
442	S237079	黑龙江安达经济开发区	2014.01	738.05	化工、食品、非金属矿物制品
443	S237029	黑龙江肇东经济开发区	2006.03	752.94	农副产品加工、生物制药、新材料
444	S237080	黑龙江海伦经济开发区	2015.06	234.29	食品、纺织服装、机械
445	S239081	呼玛工业示范基地	2009.12	128.78	食品、农副产品加工
446	S239082	塔河工业示范基地	2013.11	112.97	林木产品加工、食品、林下资源加工
447	S239083	漠河工业示范基地	2013.11	180.81	林下资源加工
448	S237084	黑龙江加格达奇经济开发区	2016.06	214.01	食品、林下资源加工、建材
上海市（共39家）					
449	S318027	张江高新区黄浦园	2014.06	528.53	软件、信息技术
450	S318028	张江高新区徐汇园	2011.11	832.79	软件、信息服务、生物医药
451	S318029	张江高新区长宁园	2011.11	986.22	软件、信息服务
452	S319001	上海市北工业园区	1996.09	129.7	软件、信息技术、检验检测
453	S318030	张江高新区静安园	2014.06	213.15	文化创意
454	S318031	张江高新区闸北园	2011.11	1373.68	软件、信息服务
455	S318002	上海未来岛高新技术产业园区	2001.11	96.95	电气、先进制造、电子
456	S319003	上海新杨工业园区	2006.03	92.36	新材料、环保
457	S318032	张江高新区普陀园	2012.12	911.82	软件、信息服务
458	S318033	张江高新区虹口园	2011.11	802.27	软件、信息服务
459	S318034	张江高新区杨浦园	2011.11	2304.96	软件、信息服务、节能环保
460	S319013	上海莘庄工业园区	2006.08	1640.54	微电子、机械、新材料
461	S318035	张江高新区闵行园	2011.11	2154.48	高端制造、新能源、新能源汽车
462	S319004	上海宝山工业园区	2006.08	2328.65	金属制品、专用设备、电气机械器材
463	S319005	上海月杨工业园区	2006.08	767.71	机械、汽车零部件、钢铁延伸加工
464	S319011	上海嘉定工业园区	2006.08	5275.69	汽车零配件、机械、电子
465	S319012	上海嘉定汽车产业园区	2006.08	1888.58	汽车零配件、机械、电子
466	S318036	张江高新区嘉定园	2011.11	2079.63	软件、信息服务、新能源汽车
467	S319019	上海浦东康桥工业园区	1994.08	2219.38	电子信息、汽车零配件、医疗

序号	代码	开发区名称	批准时间	核准面积/hm²	主导产业
468	S319020	上海南汇工业园区	2006.03	820	船舶、汽车、新能源
469	S319008	上海浦东合庆工业园区	2006.03	451.56	信息技术、装备制造、新材料
470	S319009	上海浦东空港工业园区	2006.08	770.22	电子、机械、航空
471	S318037	张江高新区金桥园	2011.11	1753.33	软件、信息服务、高端制造
472	S318038	张江高新区核心园	2011.11	3317.27	软件、信息服务、生物医药
473	S319023	上海金山工业园区	2006.08	2538.93	新材料、机电、食品
474	S319024	上海枫泾工业园区	2006.08	871.28	新能源汽车、装备制造、新材料
475	S319025	上海朱泾工业园区	2006.08	247.33	机械、新材料、纺织服装
476	S318039	张江高新区金山园	2012.12	875.48	新材料、生物医药、装备制造
477	S317018	上海松江经济开发区	2008.08	324.84	电子信息、机械、建材
478	S319015	上海青浦工业园区	2003.04	4042.87	精密机械、电子信息、印刷
479	S319016	上海西郊工业园区	2006.08	1642.56	电子、汽车摩托车零部件、机械
480	S318040	张江高新区青浦园	2011.11	57.13	高端制造、生物医药、新材料
481	S319010	上海星火工业园区	1984.10	740.24	新材料、生物医药
482	S317021	上海奉贤经济开发区	2006.08	1822.82	输配电设备、电子电器、机械
483	S319022	上海奉城工业园区	2006.03	161.83	机械、电子、金属制品
484	S318041	张江高新区奉贤园	2012.12	254.08	装备制造、生物医药
485	S319006	上海崇明工业园区	1996.02	749.9	非金属矿物制品、金属制品、通用设备
486	S319007	上海富盛工业园区	2006.08	40	光电子、机械、船舶制造配套
487	S318042	张江高新区崇明园	2012.12	3313.82	软件、信息服务、高端制造
江苏省（共103家）					
488	S329110	南京徐庄软件园	2017.08	332.85	软件信息、医疗健康
489	S328001	南京白下高新技术产业园区	2006.08	108.96	智能交通、云计算
490	S327111	江苏南京生态科技岛经济开发区	2012.09	639.13	信息服务、环保
491	S327002	南京浦口经济开发区	1993.12	818.21	集成电路、新能源汽车、新材料
492	S327007	南京雨花经济开发区	2006.04	464.45	软件、信息服务
493	S327008	南京江宁滨江经济开发区	2006.04	552.93	装备制造、轨道交通、智能电网
494	S329004	南京化学工业园区	1993.12	985.91	化工、钢铁、热电
495	S327005	南京六合经济开发区	1993.11	822.45	节能环保、装备制造
496	S327010	江苏溧水经济开发区	1993.11	1045.83	机械电子、汽车、食品、医药
497	S328112	江苏省南京白马高新技术产业开发区	2016.06	306.14	农业装备

序号	代码	开发区名称	批准时间	核准面积/hm²	主导产业
498	S327003	江苏高淳经济开发区	1995.10	365.66	装备制造、新材料、医疗健康
499	S328113	江苏省高淳高新技术产业开发区	2016.05	345.08	新材料、装备制造、医疗健康
500	S327013	江苏无锡惠山经济开发区	2002.02	424.86	汽车、通用设备、专用设备
501	S327011	江苏无锡蠡园经济开发区	1993.12	246.32	通用设备、电子、电气器械
502	S327012	江苏无锡经济开发区	2006.05	265.93	机械设备、专用设备、汽车零部件及配件
503	S327015	江苏无锡空港经济开发区	2015.07	419.87	临空制造、集成电路、航空物流
504	S327017	江苏江阴临港经济开发区	2006.08	251.95	机械、冶金、化工
505	S329019	江苏宜兴陶瓷产业园区	1993.12	275.77	机电、无机非金属、冶金
506	S329021	江苏徐州工业园区	2006.04	397.9	机械、化工、家具
507	S327114	江苏徐州泉山经济开发区	2012.03	584.99	道路运输、专用设备
508	S327115	江苏铜山经济开发区	2016.06	341.24	冶金、工程机械配件、建材
509	S327027	江苏丰县经济开发区	1995.10	420.76	盐煤化工、食品加工、机械装备
510	S327026	江苏沛县经济开发区	2006.04	450	铝加工、农产品加工、纺织
511	S327025	江苏睢宁经济开发区	2006.04	300.88	白色家电、皮革皮具、纺织
512	S327116	江苏徐州空港经济开发区	2016.06	160.78	物流、装备制造、新材料
513	S327023	江苏新沂经济开发区	2006.04	521.94	新材料、精细化工、冶金金属压延
514	S328117	江苏省锡沂高新技术产业开发区	2016.05	171.55	新材料、装备制造、电子信息
515	S327022	江苏邳州经济开发区	2006.05	660.55	化工、木制品、装备制造
516	S328118	江苏省邳州高新技术产业开发区	2016.05	415.99	智能制造、节能环保、新材料
517	S327029	江苏常州天宁经济开发区	2006.08	1029	纺织服装、机械、新材料
518	S327028	江苏常州钟楼经济开发区	2006.08	800.18	精密机械、新材料、电子信息
519	S327031	江苏常州滨江经济开发区	2006.04	300.02	新材料、装备制造、汽车及零部件
520	S327030	江苏常州经济开发区	1993.12	500.03	装备制造、新材料、新能源
521	S327033	江苏武进经济开发区	1997.07	288.18	机械装备、电气机械器材、冶炼
522	S327034	江苏金坛经济开发区	1993.11	430.27	装备制造、化工新材料、光伏
523	S327035	江苏溧阳经济开发区	1993.11	231.26	金属制品、机械加工、新材料
524	S328119	江苏省中关村高新技术产业开发区	2016.05	130.51	智能电网设备、装备制造、新能源
525	S328120	江苏省相城高新技术产业开发区	2016.05	226.34	新材料、生物医药、装备制造

序号	代码	开发区名称	批准时间	核准面积/hm²	主导产业
526	S328040	江苏省汾湖高新技术产业开发区	2012.08	173.88	通用设备、电气机械器材、通信设备
527	S328121	江苏省张家港高新技术产业开发区	2015.11	227.07	机械电子装备、新能源、新材料
528	S327042	江苏昆山花桥经济开发区	2006.08	209.58	服务外包、总部经济、物流
529	S328122	江苏省太仓高新技术产业开发区	2012.06	345.79	精密机械、汽车零部件、电子信息
530	S327047	江苏南通崇川经济开发区	1997.05	342.63	通用专用设备、电子、化纤
531	S327048	江苏南通港闸经济开发区	1993.12	1098.22	电力、交通运输设备
532	S328123	江苏省南通市北高新技术产业开发区	2015.11	423.1	通用装备、海工船舶
533	S327124	江苏南通通州湾经济开发区	2016.06	759.28	新材料、装备制造、机械
534	S328125	江苏省海安高新技术产业开发区	2012.08	563.53	装备制造、新材料、新能源
535	S327054	江苏如东经济开发区	1993.11	476.51	装备制造、安全防护用品、农副食品
536	S327126	江苏如东洋口港经济开发区	2016.05	910.01	能源、石化
537	S327051	江苏启东经济开发区	1993.11	800.32	新能源、海工装备、生物医药
538	S327127	江苏启东吕四港经济开发区	2012.03	573.22	农副产品加工、电力、热力
539	S328128	江苏省如皋高新技术产业开发区	2012.06	513.91	光电信息、装备制造、软件
540	S329050	江苏海门工业园区	2006.08	188.98	纺织、金属制品、仪器仪表
541	S327057	江苏连云经济开发区	2006.04	100.25	金属冶炼加工、化工
542	S327058	江苏海州经济开发区	2006.04	198.03	医药、装备制造、新材料
543	S327059	赣榆经济开发区	1993.12	200.19	新能源、新材料、生物医药
544	S327061	江苏东海经济开发区	1995.10	238.52	硅材料、机械、农副产品深加工
545	S328129	江苏省东海高新技术产业开发区	2015.11	99.22	硅材料、农副产品精深加工、建材
546	S327060	江苏灌云经济开发区	2006.04	192.3	装备制造、纺织鞋帽、食品加工
547	S329130	灌南工业园区	2005.08	375.68	金属精加工、装备制造、光电
548	S329062	江苏连云港化工产业园区	2006.05	263.58	化工、钢铁、船舶
549	S327065	江苏淮安经济开发区	2006.04	244.61	机械、电子、纺织
550	S329064	江苏淮安工业园区	1995.10	425.55	新材料、节能环保、电子信息
551	S327131	江苏淮安清河经济开发区	2016.05	201.93	软件、光伏、光电、食品
552	S327069	江苏洪泽经济开发区	2006.04	250.01	机械电子、纺织、新能源、新材料

序号	代码	开发区名称	批准时间	核准面积/hm²	主导产业
553	S327070	江苏涟水经济开发区	2006.04	250	纺织服装、医药医疗、机械装备
554	S327068	江苏盱眙经济开发区	2006.04	250	新能源、新材料、装备制造
555	S327067	江苏金湖经济开发区	2006.04	250.44	装备制造、自动控制系统、新能源
556	S328132	江苏省盐城环保高新技术产业开发区	2016.05	390	环保设备、新材料、环保服务
557	S328133	江苏省盐南高新技术产业开发区	2015.11	299.84	软件、信息技术、装备制造
558	S327075	江苏大丰经济开发区	1997.07	343.86	新能源设备、汽车零配件、通用设备
559	S327134	江苏大丰港经济开发区	2012.11	760	新能源、新材料、海洋生物
560	S327079	江苏响水经济开发区	1997.07	268.99	纺织服装、机械电子、建材
561	S327078	江苏滨海经济开发区	2006.04	174.75	纺织、机械、化工
562	S327077	江苏阜宁经济开发区	2002.04	186.4	风电装备、光电光伏、机械加工
563	S327076	江苏射阳经济开发区	1993.12	391.74	航空装备、大数据、智能制造
564	S327080	江苏建湖经济开发区	2006.04	398.08	节能环保、装备制造、电子信息
565	S328135	江苏省建湖高新技术产业开发区	2015.11	390	石油机械、汽车及零部件、通用航空
566	S327074	江苏东台经济开发区	2006.04	385.96	新材料、机械装备、电子信息
567	S328136	江苏省杭集高新技术产业开发区	2016.05	466.03	新材料、智能装备、洗漱用品
568	S327137	江苏扬州广陵经济开发区	2012.06	706.69	汽车零部件、液压机械装备、船舶重工
569	S327081	江苏扬州维扬经济开发区	2006.04	400.28	汽车、通用设备、电气机械器材
570	S327086	江苏江都经济开发区	1993.11	328.21	机械电子、特钢、船舶、汽车及零配件
571	S327088	江苏宝应经济开发区	1993.11	485.16	智能电网、泵阀管件、汽车配件
572	S329084	江苏扬州化学工业园区	2006.05	112.2	石化化工、精细化工
573	S327085	江苏仪征经济开发区	1993.11	338.55	汽车零部件、船舶
574	S327087	江苏高邮经济开发区	1993.11	459.13	纺织服装、电器、机械
575	S329089	江苏镇江京口工业园区	2006.04	398.71	新材料、新能源、木材加工、粮油加工
576	S327091	江苏丹徒经济开发区	1993.12	447.52	装备制造、新材料、能源电力设备
577	S327092	江苏丹阳经济开发区	1993.11	580.27	森工、五金、眼镜
578	S328138	江苏省丹阳高新技术产业开发区	2016.05	370.5	医疗器械、电子信息、汽车及零部件

序号	代码	开发区名称	批准时间	核准面积/hm²	主导产业
579	S328139	江苏省扬中高新技术产业开发区	2015.11	274.26	光伏、能源装备、电器设备
580	S327095	江苏句容经济开发区	1993.12	475.69	光电子、交通运输设备、服装
581	S329096	江苏泰州海陵工业园区	2006.04	120.77	光电子器件、机械、纺织服装
582	S327098	江苏泰州港经济开发区	2006.04	230.1	农副食品加工、医药、装备制造
583	S327102	江苏姜堰经济开发区	1993.11	447.2	机械、化工、纺织
584	S327103	江苏兴化经济开发区	1993.11	238.13	食品、机械、新材料
585	S329100	江苏江阴—靖江工业园区	2003.06	290.99	造船、炼钢、钢结构
586	S327101	江苏泰兴经济开发区	1993.11	283.16	精细化工、新材料、医药
587	S327140	江苏泰兴黄桥经济开发区	2016.06	181.01	装备制造、新能源、新材料
588	S327105	江苏宿城经济开发区	2006.04	300.03	纺织服装、绿色建材、智能电网
589	S327108	江苏泗洪经济开发区	2006.04	272.36	电子信息、膜材料、机械
590	S327109	江苏泗阳经济开发区	2006.05	300	纺织服装、食品、能源光电
浙江省（共82家）					
591	S339004	杭州江东工业园区	2006.03	330	新材料、机械、电子
592	S337002	杭州钱江经济开发区	2006.03	333.92	装备制造、医药健康、节能环保
593	S337006	浙江临安经济开发区	2001.09	611.81	装备制造、新材料、新能源、信息技术
594	S337009	浙江桐庐经济开发区	1994.08	496.62	节能环保、生物医药、机械
595	S337008	浙江淳安经济开发区	1992.06	421	电气机械器材、纺织、酿酒
596	S337007	浙江建德经济开发区	2002.05	374.38	化工、橡胶及塑料制品、酒饮料
597	S339014	宁波望春工业园区	2006.08	619.39	电子信息、新能源、新材料
598	S337012	浙江镇海经济开发区	1994.08	515.46	通用设备、精细化工
599	S339013	宁波鄞州工业园区	2006.03	409.94	电气机械、仪器仪表、粉末冶金
600	S337016	浙江奉化经济开发区	1993.11	452.94	通用设备、纺织服装、通信
601	S337019	浙江象山经济开发区	1994.08	563.97	纺织服装、汽车、电气机械器材
602	S337020	浙江宁海经济开发区	1994.08	1459.72	文具、五金机械、汽车零部件
603	S337017	浙江余姚经济开发区	1993.11	585.57	电气机械器材、通信、有色金属冶炼压延加工
604	S339018	浙江余姚工业园区	2002.01	422.37	服装、装备制造、家用电器
605	S337104	浙江慈溪滨海经济开发区	2014.08	800	电气机械器材、化纤、有色金属冶炼压延加工
606	S339021	浙江温州鹿城轻工产业园区	2006.03	664.99	装备制造、电子信息
607	S339022	浙江温州滨海工业园区	2000.04	1706.12	装备制造、鞋服

序号	代码	开发区名称	批准时间	核准面积/hm²	主导产业
608	S337024	浙江瓯海经济开发区	1994.08	704.53	服装、鞋革、仪器仪表
609	S339029	浙江永嘉工业园区	2006.08	37.46	泵阀、鞋服、新材料
610	S337028	浙江平阳经济开发区	1994.08	546.59	机械电子、皮革服装、化工
611	S339030	浙江苍南工业园区	2006.03	241.05	仪器仪表、机械电子、印刷包装
612	S337027	浙江瑞安经济开发区	1994.08	553.66	机械电子、高分子材料、汽摩配件
613	S337025	浙江乐清经济开发区	1993.11	448.27	电气机械器材、热力、有色金属冶炼压延加工
614	S339026	浙江乐清工业园区	2006.08	44.26	电子元件、汽车配件、机械
615	S339032	浙江嘉兴工业园区	2006.03	779.99	信息技术、装备制造
616	S337040	浙江海盐经济开发区	2002.09	1118.01	装备制造、新材料、电子电器
617	S337036	浙江海宁经济开发区	1997.12	582.66	纺织、皮革、机械装备、新能源
618	S339037	浙江海宁经编产业园区	2006.08	402.92	经编针织
619	S337035	乍浦经济开发区	1993.02	547	化工、紧固件、不锈钢
620	S337038	桐乡经济开发区	1993.11	722.86	化纤、纺织、非金属矿物制品
621	S339039	浙江桐乡濮院针织产业园区	2006.08	435.88	针织服装、机械
622	S337043	浙江吴兴经济开发区	2015.12	1429.04	新材料、装备制造、纺织
623	S337044	浙江南浔经济开发区	1993.11	476.17	通用设备、木材加工及木制品、电气机械
624	S339047	浙江德清工业园区	2006.08	349.09	建材、装备制造、食品
625	S337048	浙江安吉经济开发区	1994.08	442.12	家具、竹木制品、电气机械
626	S339056	浙江绍兴滨海工业园区	2006.03	976.81	纺织、医药化工、金属机械
627	S337052	浙江上虞经济开发区	1993.11	1649.69	电机汽配、照明、纺织服装
628	S338058	新昌高新技术产业园区	2001.12	447.14	装备制造、生物医药、文化
629	S339059	浙江新昌工业园区	2006.08	117.09	生物医药、管型塑材、轴承
630	S337053	浙江诸暨经济开发区	1994.08	1409.64	机械、纺织、环保设备
631	S339054	浙江诸暨珍珠产业园区	2006.08	88	珍珠加工
632	S337055	浙江嵊州经济开发区	1994.08	1249.33	服装、机械电机、电器厨具
633	S337060	浙江金西经济开发区	2006.03	568.65	通用设备、纺织、化工
634	S337062	浙江金义都市经济开发区	2014.07	800	装备制造、纺织服装、塑料制品
635	S337071	浙江武义经济开发区	1993.11	224.46	五金机械、汽摩配件、文旅休闲用品
636	S337069	浙江浦江经济开发区	1994.08	342.08	五金机械、水晶加工、纺织
637	S339070	浙江磐安工业园区	2006.08	67.43	塑料、汽车摩托车零配件、轻工产品

序号	代码	开发区名称	批准时间	核准面积/hm²	主导产业
638	S337065	浙江兰溪经济开发区	1993.11	624.35	纺织、医药、有色金属冶炼压延加工
639	S339067	浙江义乌工业园区	2006.08	487.06	纺织服装、工艺品
640	S337063	浙江东阳经济开发区	1994.08	979.96	纺织服装、化学品、塑料制品
641	S339064	浙江东阳横店电子产业园区	2006.08	585.17	磁性材料、电子产品、红木家具
642	S338105	永康现代农业装备高新技术产业园区	2013.02	586.29	五金制品、农业装备及零部件
643	S337068	浙江永康经济开发区	2002.08	743.45	五金制品、汽车、新能源汽车及零部件
644	S337073	浙江衢江经济开发区	1993.11	680.58	特种纸、装备制造、农副产品加工
645	S339076	浙江常山工业园区	2006.03	650	纺织、建材、轴承
646	S339077	浙江开化工业园区	2006.03	111.58	新材料、新能源、食品
647	S339078	浙江龙游工业园区	2006.03	658.52	特种纸、装备制造、家具
648	S337075	浙江江山经济开发区	1994.08	1065.77	电气机械器材、化工、纺织服装
649	S337079	浙江舟山经济开发区	1992.08	250.05	船舶修造、化纤、机械
650	S339080	浙江定海工业园区	2006.03	356.52	船舶、机械、粮油加工
651	S337081	浙江普陀经济开发区	1993.11	9353.87	船舶、水产品加工、电力
652	S337082	浙江岱山经济开发区	1994.08	99.66	交通运输设备、通用设备、农副食品
653	S337083	浙江台州经济开发区	1997.01	1285.81	电力、电气机械器材、橡胶
654	S337085	浙江黄岩经济开发区	1994.08	764.16	橡胶、塑料制品、专用设备
655	S339086	浙江路桥工业园区	2006.03	304.89	汽车摩托车零配件、金属制品、模塑
656	S337090	浙江三门经济开发区	2006.08	1000	塑料、橡胶制品、电机
657	S339091	天台工业园区	2006.03	125	汽车零部件、机械、橡胶塑料制品
658	S337092	浙江仙居经济开发区	2006.03	120.32	医药、橡塑、工艺美术品
659	S337088	浙江温岭经济开发区	1994.08	416.31	装备制造、汽车摩托车配件、金属制品
660	S339089	浙江温岭工业园区	2006.08	218.43	通用设备、汽车摩托车配件、制鞋
661	S337087	浙江临海经济开发区	1993.11	1886.15	休闲用品、汽车摩托车配件、建材
662	S339084	浙江台州化学原料药产业园区	2006.03	394.1	医药化工、机电、汽车摩托车配件
663	S337093	浙江玉环经济开发区	1993.01	328.28	汽车、金属制品、仪器仪表
664	S339095	浙江丽水工业园区	2006.08	40.49	鞋服、电气机械、通用设备
665	S337098	浙江青田经济开发区	1993.11	520.08	鞋服、通用设备

续表

序号	代码	开发区名称	批准时间	核准面积/hm²	主导产业
666	S337097	浙江缙云经济开发区	2006.03	501.04	五金机械、电子电器、建材
667	S339102	浙江遂昌工业园区	2006.03	127.08	金属制品、竹木制品
668	S339101	浙江松阳工业园区	2006.03	222.23	塑料制品、黑色金属冶炼压延加工、茶产品
669	S339103	浙江云和工业园区	2006.03	200.24	木制玩具、轴承及压延铸造
670	S339100	浙江庆元工业园区	2006.08	26.48	竹木制品、农副产品加工、文具
671	S337099	浙江景宁经济开发区	1994.08	101.64	农副食品、竹制品
672	S337096	浙江龙泉经济开发区	2006.08	825.67	五金、汽车零配件、农林产品加工
安徽省（共96家）					
673	S348001	合肥新站高新技术产业开发区	2006.04	886.16	电子信息、装备制造、新能源
674	S347002	合肥庐阳经济开发区	2006.02	370.46	钢材、包装、机械
675	S347003	合肥蜀山经济开发区	2006.04	675.05	电商、电力电气
676	S347004	合肥包河经济开发区	2006.02	1596.68	汽车、新能源汽车、智能机械
677	S347005	安徽长丰双凤经济开发区	2006.02	2050.01	食品、农副产品加工、汽车
678	S347006	安徽肥东经济开发区	2006.04	1216.91	食品、农副产品加工、装备制造
679	S349007	安徽肥西桃花工业园区	2006.02	1339.5	汽车及配套、家电及配套、智能装备
680	S347054	安徽庐江经济开发区	2006.02	514.1	机械、汽车零配件、电子
681	S347052	合肥巢湖经济开发区	1995.08	335.01	医药、食品、燃气轮机
682	S347053	安徽居巢经济开发区	2010.08	607.27	食品、农副产品加工、机械电子
683	S347059	安徽芜湖鸠江经济开发区	2006.02	1389.33	汽车零部件、装备制造、电子电器
684	S347055	安徽无为经济开发区	2006.02	1002.15	装备制造、电子信息、新材料
685	S347060	安徽芜湖长江大桥经济开发区	2001.12	439.68	装备制造、新材料、节能环保
686	S347062	安徽芜湖三山经济开发区	2006.02	1372.98	装备制造、物流、电子电器
687	S347061	安徽新芜经济开发区	2006.02	844.55	装备制造、汽车零部件、电子电器
688	S349086	安徽繁昌工业园区	2006.08	600.29	装备制造、汽车零配件、食品、医药
689	S349063	安徽南陵工业园区	2006.02	785.01	装备制造、纺织服装、电子信息
690	S347019	安徽蚌埠经济开发区	2006.04	320.21	硅基新材料、电子信息
691	S349021	安徽蚌埠工业园区	2006.02	265.46	新能源汽车、汽车零配件、电子电器
692	S347022	安徽怀远经济开发区	2006.02	173.48	电子信息、装备制造、汽车零配件
693	S347023	安徽五河经济开发区	2006.02	1241.36	纺织服装、机械、农产品加工

序号	代码	开发区名称	批准时间	核准面积/hm²	主导产业
694	S347024	安徽固镇经济开发区	2006.02	800	生物化工、农副产品加工、装备制造
695	S347034	安徽凤台经济开发区	2006.02	760.52	煤化工、矿山机械、建材
696	S348033	安徽淮南高新技术产业开发区	2014.09	564.2	装备制造、数据信息、生物医药
697	S349087	安徽淮南现代煤化工产业园	2010.12	1070.97	煤气化工、煤制天然气、精细化工
698	S347088	安徽淮南毛集经济开发区	2010.02	158.3	农副产品加工、先进制造
699	S349089	安徽寿县新桥国际产业园	2011.01	2294.49	机械、农副产品加工、仓储物流
700	S347090	安徽马鞍山雨山经济开发区	2010.10	470.12	装备制造、节能环保、电子信息
701	S348091	安徽博望高新技术产业开发区	2011.12	389.51	机床刃模具、机械配件、特种合金新材料
702	S347051	安徽当涂经济开发区	2006.04	391.69	新材料、家电、食品、医药
703	S349056	安徽含山工业园区	2006.02	215.09	机械、环保设备
704	S347057	安徽和县经济开发区	2006.02	697.53	通用设备、电气机械器材、汽车零配件
705	S347092	安徽淮北杜集经济开发区	2006.09	818.03	矿业装备
706	S347008	安徽淮北经济开发区	1996.02	3144.45	电子信息、装备制造、生物医药
707	S347093	安徽淮北凤凰山经济开发区	2009.05	1530.29	粮油加工、肉制品加工、饮料
708	S347009	安徽濉溪经济开发区	1998.09	1004.2	新材料、新能源、装备制造、有色金属
709	S347071	安徽铜陵金桥经济开发区	2006.02	1087.17	新材料、装备制造、电子信息
710	S347070	安徽铜陵大桥经济开发区	2006.04	415.88	物流、铜材拆解加工、工贸服务
711	S347080	安徽枞阳经济开发区	2006.02	436.55	机械、新材料、纺织服装
712	S347094	安庆临港经济开发区	2010.12	368.46	轻工、纺织、机械
713	S348076	安徽安庆高新技术产业开发区	2013.12	958.8	化工、新材料、机械
714	S347077	安徽安庆长江大桥经济开发区	2002.07	841.25	食品、机械、纺织服装
715	S347079	安徽怀宁经济开发区	1998.11	712.7	机械电子、轻工纺织、新材料
716	S347081	安徽潜山经济开发区	2002.11	1015.48	医药化工、机械机电、农副产品加工
717	S347082	安徽太湖经济开发区	2006.02	360.13	装备制造、轻工纺织、新材料
718	S347083	安徽宿松经济开发区	2006.02	591.98	纺织服装、农副产品加工、电子信息
719	S347084	安徽望江经济开发区	2006.02	712.22	纺织服装、农产品加工
720	S347095	安徽岳西经济开发区	2006.08	239.82	汽车零配件、轻纺、农副产品加工
721	S347096	安徽黄山经济开发区	2006.07	959.76	机械电子、纺织服装、新材料

序号	代码	开发区名称	批准时间	核准面积/hm²	主导产业
722	S349097	安徽黄山工业园区	2006.09	166.43	有色金属冶炼压延加工、生物医药
723	S347098	安徽徽州经济开发区	2008.11	598.69	机械电子、纺织服装、农副产品加工
724	S347085	安徽歙县经济开发区	2006.05	354.84	机械电子、汽车摩托车零配件、新材料
725	S347099	安徽休宁经济开发区	2006.09	109.97	电子信息、汽车零配件、食品
726	S347100	安徽黟县经济开发区	2006.09	141.75	农副产品加工、纺织、机电
727	S347101	安徽祁门经济开发区	2006.08	193.39	电子电器、食品、林产品加工
728	S349102	苏滁现代产业园	2012.08	3449.55	装备制造、新材料、电子信息
729	S347103	安徽来安汊河经济开发区	2009.01	606.37	汽车零配件、机械电子、商贸物流
730	S347038	安徽全椒经济开发区	2006.02	299.71	机械、电子、服装
731	S349104	安徽定远盐化工业园	2010.12	1344.07	盐化工、精细化工、新材料
732	S347040	安徽凤阳经济开发区	2006.02	677.89	玻璃制品、食品
733	S347036	安徽天长经济开发区	2006.02	889.06	机械、电子、纺织
734	S347037	安徽明光经济开发区	2006.02	731.97	机械、电子、新材料
735	S347025	安徽阜阳经济开发区	2006.02	830	医药、农产品加工、机械
736	S347105	安徽颍东经济开发区	2008.12	827.49	农副产品加工、机械、煤基新材料
737	S347026	安徽颍泉经济开发区	2006.02	1214.21	轻工纺织、机械电子、家具
738	S347028	安徽临泉经济开发区	2006.02	1206.46	机械电子、化工、皮革
739	S347029	安徽太和经济开发区	2006.04	1026.59	医药化工、轻工纺织、农副产品加工
740	S347030	安徽阜南经济开发区	2006.02	637.31	林木产品加工、纺织服装、机械电子
741	S347031	安徽颍上经济开发区	2006.02	849.63	轻纺、食品、机械电子、新能源
742	S348027	安徽阜阳界首高新技术产业开发区	2006.02	510.04	循环经济、食品、生物医药
743	S347015	安徽宿州经济开发区	2001.07	2537.3	生化医药、鞋服、新材料、新能源
744	S347106	安徽砀山经济开发区	2006.09	798.63	轻工、机械电子、商贸物流
745	S347016	安徽萧县经济开发区	2006.02	340.69	建材、机械、合成革
746	S347017	安徽灵璧经济开发区	2006.02	535.66	服装、机械、农副产品加工
747	S347018	安徽泗县经济开发区	2006.08	962.39	机械电子、纺织服装、农产品加工
748	S347042	安徽裕安经济开发区	2006.02	462.26	机械装备、汽车零配件、轻工纺织
749	S347044	安徽叶集经济开发区	2002.08	453.35	木竹产品加工、家具、建材

序号	代码	开发区名称	批准时间	核准面积/hm²	主导产业
750	S347045	安徽霍邱经济开发区	2006.04	1112.34	铁矿加工、循环经济、机械
751	S347046	安徽舒城经济开发区	2006.02	710	汽车摩托车零配件、婴童用品、建材
752	S349047	金寨现代产业园区	2012.07	142	机械、农副产品加工、电子信息
753	S347048	安徽霍山经济开发区	2006.04	1019.91	农副产品加工、电光源、新材料
754	S347010	安徽亳州经济开发区	1993.04	1200.24	医药、农产品加工、中药材
755	S347011	安徽谯城经济开发区	2006.04	1682.12	中医药、机械电子、农副产品加工
756	S347012	安徽涡阳经济开发区	2006.02	462.26	建材、机械、食品
757	S347013	安徽蒙城经济开发区	2006.02	1272.67	汽车及零配件、农副产品加工、轻纺织造
758	S347014	安徽利辛经济开发区	2006.02	662.38	农副产品加工、服饰、丝网纱门
759	S348073	安徽池州高新技术产业开发区	2006.02	797.18	电子信息、装备制造、新材料
760	S347074	安徽东至经济开发区	2006.02	434.64	基础化工、精细化工、石化
761	S347107	池州大渡口经济开发区	2008.06	323.76	轻纺、农副产品加工、机械
762	S347108	安徽青阳经济开发区	2006.08	800.42	机电装备、非金属新材料
763	S347065	安徽宣州经济开发区	2006.02	910.15	机械装备、纺织服装、精细化工
764	S347109	安徽郎溪经济开发区	2006.08	908.88	装备制造、轻工纺织、电力电子
765	S347067	安徽广德经济开发区	2006.02	1455.03	机械、信息电子、新材料
766	S347110	安徽泾县经济开发区	2006.09	364.12	机电、矿产品、农副产品加工
767	S347111	安徽绩溪经济开发区	2006.09	88.45	纺织、机械、食品
768	S347112	安徽旌德经济开发区	2006.09	160.61	建材、机电、农副产品加工
福建省（共67家）					
769	S358001	福州高新技术产业园区	2006.08	67.37	软硬件产品
770	S359006	福建福州金山工业园区	2006.03	722.97	电子、服装、医药
771	S357001	福州福兴经济开发区	1998.03	541.97	金属制品、印刷、电子
772	S357009	福建长乐经济开发区	2006.04	267.99	化纤、棉纺、经编针织
773	S359002	福建闽侯青口汽车工业园区	1998.03	883.44	汽车、机械、电子
774	S357005	福建连江经济开发区	2006.03	226.45	船舶修造、鞋服、机电
775	S357003	福建罗源湾经济开发区	1998.03	393.47	冶金、建材、食品
776	S357007	福建福清江阴经济开发区	2006.03	762.88	化工、新材料、医药
777	S357008	福建福清龙田经济开发区	1999.05	117.45	水产品加工、精细化工、五金
778	S359039	福建厦门同安工业园区	2006.03	345.33	食品、医药、皮革、机械
779	S359038	福建厦门翔安工业园区	2006.03	146.63	印刷包装、轻工纺织、电子

序号	代码	开发区名称	批准时间	核准面积/hm²	主导产业
780	S357024	福建莆田华林经济开发区	2006.03	645.9	鞋服、电子、食品
781	S357025	福建荔城经济开发区	2006.03	336.63	纺织鞋服、建材、食品
782	S357027	福建莆田湄洲湾北岸经济开发区	1996.02	1061.78	化纤、石化、钢铁
783	S357023	福建仙游经济开发区	2006.03	393	纺织、鞋服、机械、石化
784	S357018	福建梅列经济开发区	2006.03	282.56	冶金及金属压延、装备制造
785	S357021	福建三元经济开发区	2006.03	211.45	机械、氟化工、食品
786	S357066	福建明溪经济开发区	2011.08	115.21	新材料、生物、医药
787	S357067	福建清流经济开发区	2012.08	221.75	电子、轻工、水泥
788	S357016	福建宁化华侨经济开发区	1999.08	218.72	纺织服装、金属制品、食品
789	S357068	福建大田经济开发区	2012.06	307.25	轻纺面料
790	S357022	福建尤溪经济开发区	2006.03	202.94	林产品加工、纺织、农产品加工
791	S357019	福建将乐经济开发区	2006.08	750.44	金属新材料、机械、生物医药
792	S359020	福建泰宁工业园区	2006.03	105.26	酿酒、饮料、织纺服装
793	S357069	福建建宁经济开发区	2011.08	268.49	造纸、生物质能源、非金属矿
794	S357028	福建洛江经济开发区	2006.03	1436.7	机械装备、纺织鞋服、工艺制品
795	S359070	福建泉港石化工业园区	2012.03	1916.57	石化
796	S357031	福建惠安经济开发区	2006.03	933.54	纺织鞋服、装备制造、纸品印刷
797	S359032	福建惠安惠东工业园区	2006.08	329.32	鞋服箱包、纸制品、建材
798	S357035	福建安溪经济开发区	2006.04	826.22	茶产品加工、藤铁工艺品、建材
799	S359036	福建永春工业园区	1993.08	39.96	轻纺鞋服、机械、橡胶
800	S359033	福建德化陶瓷产业园区	2006.03	113.34	陶瓷、商业物流、包装
801	S357029	福建晋江经济开发区	2006.03	984.27	鞋服、食品、纸制品
802	S357034	福建南安经济开发区	2006.04	324.57	水暖厨卫、消防器材、日用品
803	S357049	福建漳州金峰经济开发区	1998.12	815.11	金属压延、装备制造
804	S357040	福建漳州蓝田经济开发区	2006.03	994.45	食品、印刷包装、家具
805	S357043	福建云霄常山经济开发区	2006.03	126.46	食品、机械、化工、光电子
806	S357045	福建漳州古雷港经济开发区	2006.04	865.86	机械、化工、光电子、新能源
807	S359046	福建诏安工业园区	1992.08	147.13	食品、电子机械、纺织服装
808	S357047	福建长泰经济开发区	1998.03	500	体育用品、光电照明、机械
809	S359044	福建平和工业园区	2006.03	96.12	陶瓷、新材料、再生资源利用
810	S357071	福建华安经济开发区	2010.12	525.05	装备制造、食品、建材

续表

序号	代码	开发区名称	批准时间	核准面积/hm²	主导产业
811	S357041	福建龙海经济开发区	2006.03	524	电子信息、食品、汽车电子
812	S359011	福建南平工业园区	2006.03	265.76	机电装备、纺织服装、林产化工
813	S357010	福建闽北经济开发区	1992.06	268.75	机电、新能源、新材料、生物医药
814	S359072	福建顺昌工业园区	2015.09	120.61	光机电、食品、生物
815	S359012	福建浦城工业园区	2006.03	113.33	生物制药、轻工轻纺、食品
816	S359013	福建光泽工业园区	2006.03	125.3	食品、箱包、工艺品
817	S357073	福建松溪经济开发区	2012.07	206.84	竹木加工、机械电子、纺织服装
818	S357074	福建政和经济开发区	2012.06	175.24	机电、食品、竹制品加工
819	S357014	福建邵武经济开发区	2006.08	85.2	林产品加工、纺织服装、机械电子
820	S359015	福建建瓯工业园区	2006.08	65.52	机械、林产品加工、农副产品加工
821	S359053	福建龙州工业园区	2006.03	79.45	环保设备、机械
822	S359050	福建永定工业园区	2006.08	473.76	光电信息、生物医药、新材料
823	S359051	福建上杭工业园区	2006.08	90	金属制品、光电、轻纺
824	S359054	福建武平工业园区	2006.08	87.01	不锈钢、农林产品加工、机械
825	S359055	福建连城工业园区	2006.03	136.88	电子机械、生物制药、新材料
826	S359052	福建漳平工业园区	2006.03	86.04	轻纺、机械、竹木加工
827	S357064	福建宁德三都澳经济开发区	1998.03	11.98	港口物流、水产加工、新能源
828	S357075	福建霞浦经济开发区	2014.01	323.48	纺织服装、金属制品、电子电器
829	S359063	福建古田工业园区	2006.03	45.13	食用菌加工
830	S359061	福建屏南工业园区	2006.03	69.25	化工、竹木加工、食品
831	S359062	福建寿宁工业园区	2006.03	81.33	木竹品加工、电机电器、金属制品
832	S359065	福建周宁工业园区	1995.12	26.01	铸造
833	S357076	福建柘荣经济开发区	2013.10	90.58	医药、轻工
834	S357059	福建福安经济开发区	1998.03	270.6	电机电器、金属制品
835	S359060	福建福鼎工业园区	2006.03	68.54	塑料制品、通用机械、食品
		江西省（共78家）			
836	S369001	南昌昌南工业园区	2006.03	191.05	汽车零部件、医药、服装
837	S369002	南昌昌东工业区	2006.03	500	服装、电子信息、电商
838	S369005	江西新建长堎工业园区	1997.11	1186.3	装备制造、食品、医药
839	S369006	江西安义工业园区	2006.03	260.03	建材、纺织服装、精细化工
840	S369089	江西进贤产业园	2016.02	1027.06	医疗器械、装备制造、电子信息
841	S369021	江西景德镇陶瓷工业园区	2006.03	646.41	陶瓷制品

序号	代码	开发区名称	批准时间	核准面积/hm²	主导产业
842	S369020	江西乐平工业园区	2006.03	321.37	精细化工
843	S369090	江西萍乡湘东产业园	2016.02	438.27	工业陶瓷
844	S369023	江西莲花工业园区	2006.03	166.7	特种材料、建材、矿产
845	S369024	江西芦溪工业园区	2006.03	88.35	电子陶瓷、机械、建材
846	S369010	江西九江沙城工业园区	2006.03	927.08	轻工、新材料、装备制造、电子电器
847	S369011	江西武宁工业园区	2006.05	215.93	绿色光电、矿产品加工、生物医药
848	S369012	江西修水工业园区	2006.03	133.88	矿产品加工、机械电子、食品
849	S367013	江西永修云山经济开发区	2006.05	228.68	有机硅、建材、电子
850	S369014	江西德安工业园区	2006.03	133	轻纺、电子电器、汽车零配件
851	S369016	江西都昌工业园区	2006.03	194.37	服装鞋帽、机械、农产品加工
852	S368017	江西湖口高新技术产业园区	2006.05	2005.2	冶金、材料、化工、能源
853	S369018	江西彭泽工业园区	2006.03	1380.66	石化、机械
854	S367009	江西瑞昌经济开发区	2006.03	1895.84	船舶、新材料、有色金属加工
855	S368008	江西九江共青城高新技术产业园区	1992.05	293.13	纺织服装、电子信息、新能源
856	S369015	江西庐山工业园区	2006.03	233.26	石材、文体用品、汽车配件
857	S369026	江西分宜工业园区	2006.03	152.1	新材料、光电信息、机械装备
858	S369029	江西余江工业园区	2006.03	122.61	铜材加工、眼镜、雕刻
859	S367028	江西贵溪经济开发区	2006.03	1672.06	铜材加工、照明、化工
860	S367030	江西赣州章贡经济开发区	2006.03	949.21	生物制药、装备制造、有色金属
861	S367033	江西赣州南康经济开发区	2006.03	921.62	家具、有色金属、电子信息
862	S369035	江西信丰工业园区	2006.03	645.21	电子信息、食品、医药
863	S369036	江西大余工业园区	2006.03	200	有色金属、新材料、电子信息
864	S369037	江西上犹工业园区	2006.07	66.77	新材料、精密模具、数控机床
865	S369091	江西崇义产业园	2016.05	147.66	矿产品深加工、食品、竹木加工
866	S369038	江西安远工业园区	2006.07	464.13	电子、农产品加工、矿产品加工
867	S369040	江西定南工业园区	2006.03	332.48	电子、稀土
868	S369041	江西全南工业园区	2006.03	146.62	矿产品加工、机械电子、新材料
869	S369042	江西宁都工业园区	2006.03	490.33	轻纺服装、食品、矿产品加工
870	S369043	江西于都工业园区	2006.03	1037.21	服装、机械电子、照明
871	S367044	江西兴国经济开发区	2006.03	557.2	机电、食品、建材
872	S369045	江西会昌工业园区	2006.03	367.06	氟化工、生物制药、食品

序号	代码	开发区名称	批准时间	核准面积/hm²	主导产业
873	S369092	江西寻乌产业园	2016.05	450	稀土、建材、食品
874	S369093	江西石城产业园	2016.03	324.91	矿产品加工、轻纺、机械电子
875	S369066	江西吉州工业园区	2006.03	804.26	电子通信、装备制造
876	S367067	江西吉安河东经济开发区	2006.03	316.77	电子信息、冶金、建材
877	S369070	江西吉水工业园区	2006.03	707.9	食品、林产品加工、化工
878	S369071	江西峡江工业园区	2006.03	206.87	金属制品、生物医药、造纸
879	S369072	江西新干工业园区	2006.03	1189.85	机械、化工、轻工
880	S369073	江西永丰工业园区	2006.03	462.44	循环经济、石材、生物医药
881	S369074	江西泰和工业园区	2006.03	363.29	电子信息、机械、食品
882	S369075	江西遂川工业园区	2006.03	567.29	林产品加工、电子信息、轻纺
883	S369076	江西万安工业园区	2006.03	456.45	电子信息、生物医药、有色金属加工
884	S369077	江西安福工业园区	2006.03	582.71	液压机电、食品、电子信息
885	S369078	江西永新工业园区	2006.03	435.71	皮制品、铜制品、纺织
886	S369050	江西奉新工业园区	2006.03	909.71	纺织服装、新材料、竹木加工
887	S369051	江西万载工业园区	2006.03	107.34	食品、环保、电子
888	S369052	江西上高工业园区	2006.03	250.6	食品、制鞋、机电
889	S369053	江西宜丰工业园区	2006.03	299.98	新能源、食品、建材
890	S369054	江西靖安工业园区	2006.07	66.63	竹木加工、有色金属、照明
891	S369094	江西丰城循环经济产业园	2016.02	331.6	再生资源综合利用
892	S368047	江西宜春丰城高新技术产业园区	2006.03	428.29	装备制造、医药、新材料
893	S369048	江西樟树工业园区	2006.03	289.14	医药、食品、家具
894	S369049	江西高安工业园区	2006.03	465.06	建材、光电、机电
895	S369079	江西抚北工业园区	2006.03	309.77	有色金属加工、非金属矿物制品、化工
896	S367087	江西东乡经济开发区	1992.08	350.33	纺织、金属制品、生物制药
897	S369081	江西南城工业园区	2006.03	294.76	机械、食品、中医药、电子
898	S369082	江西黎川工业园区	2006.03	261.72	陶瓷制品、合成革、制鞋
899	S369083	江西南丰工业园区	2006.03	140.58	食品、酿酒、饮料、生物医药
900	S369084	江西崇仁工业园区	2006.03	415.61	机械、生物医药、有色金属加工
901	S369085	江西宜黄工业园区	2006.03	100	塑料制品、汽车零配件、造纸及纸制品

序号	代码	开发区名称	批准时间	核准面积/hm²	主导产业
902	S369086	江西金溪工业园区	2006.03	260.48	化工、食品、纺织
903	S369088	江西广昌工业园区	2006.03	300	电子信息、食品、机械
904	S368057	江西上饶高新技术产业园区	2006.05	282.47	金属新材料、电子信息、卷烟
905	S367058	江西玉山经济开发区	2006.03	533.33	有色金属加工、建材、机电
906	S369059	江西铅山工业园区	2006.03	705.71	有色金属加工、化工
907	S367060	江西横峰经济开发区	2006.03	199.35	有色金属加工、机械
908	S368061	江西弋阳高新技术产业园区	2006.03	590.96	有色金属加工、生物医药、机械电子
909	S368062	江西余干高新技术产业园区	2006.03	90.74	电力能源、有色金属加工、建材
910	S369063	江西鄱阳工业园区	2006.03	84.94	五金、纺织服装、粮食加工
911	S368064	江西万年高新技术产业园区	2006.03	982.42	机械电子、食品、纺织服装
912	S369065	江西婺源工业园区	2006.03	96.08	旅游商品、鞋服家纺、家具
913	S367055	江西德兴经济开发区	1992.08	384.28	黄金及加工、有色金属加工、精细化工

山东省（共136家）

序号	代码	开发区名称	批准时间	核准面积/hm²	主导产业
914	S379003	济南槐荫工业园区	2006.03	199.2	智能制造、小家电、新材料
915	S379004	济南新材料产业园区	2006.03	464.53	通用设备、化工
916	S377002	济南临港经济开发区	1993.03	261.79	机械设备、医药、物流
917	S377001	济南经济开发区	1999.06	1189.82	装备制造、食品、电子
918	S379008	山东平阴工业园区	2006.03	383.48	装备制造、新能源、高性能功能材料
919	S377006	山东济北经济开发区	2003.06	586.26	食品饮料、机械装备、电子信息
920	S377007	山东商河经济开发区	2006.03	432.72	农副食品、纺织、非金属矿物制品
921	S377012	山东胶南经济开发区	1992.12	671.1	海洋经济、健康食品、机械电气
922	S377013	青岛临港经济开发区	2006.08	366.23	电子、生物制药、船舶修造
923	S377009	青岛环海经济开发区	1995.01	298.99	电子电器、机械、轨道交通设备
924	S379010	青岛城阳工业园区	2006.03	485	轨道交通设备、橡胶、化工
925	S377014	山东即墨经济开发区	1992.12	505.02	纺织服装、新材料、新能源、电子机械
926	S378015	山东即墨高新技术产业园区	2001.01	161.36	通用航空、生物医药、电子信息
927	S377011	山东平度经济开发区	2006.03	764.6	食品饮料、机械装备、新能源、新材料
928	S377016	山东莱西经济开发区	1992.12	216.67	机械、农副产品加工、汽车及零配件

序号	代码	开发区名称	批准时间	核准面积/hm²	主导产业
929	S377018	山东淄川经济开发区	1992.12	389.99	汽车、装备制造、医药、新材料
930	S377021	山东张店经济开发区	2006.03	242.75	机械、新材料
931	S377019	山东博山经济开发区	1992.12	147.82	机电、汽车零配件、新材料
932	S377018	山东临淄经济开发区	1992.12	196.91	装备制造、新材料、生物制药
933	S379024	山东齐鲁化学工业园区	2003.04	816.97	石化、精细化工、化工新材料
934	S377020	山东淄博经济开发区	1992.12	575.64	装备制造、建材、新材料
935	S377022	山东周村经济开发区	1992.12	399.09	专用机械设备、纺织服装、新材料
936	S377025	山东桓台经济开发区	1992.12	179.78	石油炼化、精细化工、装备制造
937	S379026	山东桓台东岳氟硅材料产业园区	2006.08	256.15	氟硅材料、精细化工、装备制造
938	S377027	山东高青经济开发区	2006.03	445.28	食品、医药、新材料、纺织服装
939	S377028	山东沂源经济开发区	2006.03	295.08	医药、新材料、食品
940	S377031	山东枣庄经济开发区	1992.12	692.35	纺织服装、装备制造、医药、医疗器械
941	S377030	山东薛城经济开发区	2006.03	276.26	煤化工、机械、食品
942	S377032	山东峄城经济开发区	2006.03	365.79	纺织服装、建材陶瓷、橡胶轮胎
943	S377034	山东台儿庄经济开发区	2006.03	396.55	机械、纺织、化工
944	S377033	山东山亭经济开发区	2006.03	288.78	纺织印染、建材、机械、食品
945	S377035	山东滕州经济开发区	1992.12	599.73	智能制造、化工新材料、汽车零配件
946	S378036	东营高新技术产业开发区	2006.03	590.15	石化、石油装备、精密铸造
947	S377041	山东河口经济开发区	2006.03	499.05	石化、节能型材、石油装备
948	S377156	东营港经济开发区	2006.04	1649.56	石化、精细化工、盐化工
949	S377039	山东垦利经济开发区	1995.12	511.64	石油装备、精细化工、汽车及零配件
950	S377040	山东利津经济开发区	2006.03	400.36	石化、装备制造、纺织
951	S377038	山东广饶经济开发区	1994.12	726.5	石化、汽车零配件、纺织
952	S377042	山东牟平经济开发区	1992.12	125.08	机械、电子信息、农产品加工
953	S377043	山东烟台莱山经济开发区	2003.07	768.51	装备制造、食品、医药
954	S377051	山东龙口经济开发区	1992.12	86.12	能源、化工、物流
955	S378052	山东龙口高新技术产业园区	2006.08	368.39	汽车零配件、有色金属加工、农副产品加工
956	S377048	山东莱阳经济开发区	1992.12	177.83	汽车及零配件、生物、新材料

序号	代码	开发区名称	批准时间	核准面积/hm²	主导产业
957	S377046	山东莱州经济开发区	1992.12	554.83	汽车零配件、纺织服装、塑料制品
958	S379047	山东莱州工业园区	2006.08	263.2	黄金开采加工、生物育种
959	S377053	山东蓬莱经济开发区	1992.12	494.5	海洋装备、汽车及零部件、物流
960	S377049	山东栖霞经济开发区	1992.12	85.14	建材、机械、精细化工
961	S377045	山东海阳经济开发区	1992.12	50	纺织服装、机械、电子信息
962	S377056	山东潍城经济开发区	1993.10	353.4	节能环保、物流、装备制造
963	S378057	山东潍坊凤凰山高新技术产业园区	1994.11	799.99	机械装备、电子信息、农副产品加工
964	S377054	山东潍坊经济开发区	1994.05	873.84	新材料、食品、装备制造
965	S377055	山东潍坊奎文经济开发区	2006.03	481.61	智能制造、物流、汽车服务
966	S377066	山东临朐经济开发区	1993.03	267.34	有色金属加工、装备制造、食品
967	S377067	山东昌乐经济开发区	1992.12	974.61	装备制造、造纸、印刷包装
968	S377063	山东青州经济开发区	1992.12	192.48	装备制造、节能环保、生物材料
969	S377064	山东诸城经济开发区	1992.12	159.29	机械、食品、纺织服务
970	S377060	山东寿光经济开发区	1992.12	651.25	海洋化工、装备制造、造纸
971	S377062	山东安丘经济开发区	1992.12	400.78	食品、机械装备、石化
972	S377061	山东高密经济开发区	1992.12	592.3	机械、纺织服装、制鞋
973	S377065	山东昌邑经济开发区	1992.12	69.89	化工、机械、纺织
974	S377070	山东任城经济开发区	1992.12	449.34	汽车、食品、商贸物流
975	S377072	山东兖州经济开发区	1992.12	600.87	机械设备、化纤、食品
976	S379073	山东兖州工业园区	2006.08	343.89	造纸、橡胶、装备制造
977	S377078	山东微山经济开发区	2006.04	288.14	新能源、新材料、食品
978	S377079	山东鱼台经济开发区	2006.03	266.69	机械、水处理、农副产品加工
979	S377080	山东金乡经济开发区	2006.04	300.39	机械、输配电、轻工、食品
980	S377069	山东济宁经济开发区	1992.12	300	能源、装备制造、光伏材料
981	S377081	山东嘉祥经济开发区	2006.03	300	生物制药、精细化工、食品
982	S377082	山东汶上经济开发区	2006.03	397.43	纺织服装、工程机械、机电
983	S377077	山东泗水经济开发区	2006.03	279.02	制药、包装、机械
984	S377076	山东梁山经济开发区	1992.01	152.96	印刷、机械、纺织
985	S377071	山东曲阜经济开发区	1992.12	373.33	电气机械器材、专用设备、汽车零配件
986	S377074	山东邹城经济开发区	1992.12	92.41	装备制造、新材料

序号	代码	开发区名称	批准时间	核准面积/hm²	主导产业
987	S379075	山东邹城工业园区	2006.08	327.7	精细化工、新材料、生物医药
988	S377085	山东泰山经济开发区	2006.03	288.52	输变电、纺织服装、机械
989	S377083	山东岱岳经济开发区	2006.03	387.31	装备制造、新材料、建材
990	S377088	山东宁阳经济开发区	2006.03	369.16	生物化工、装备制造、汽车零配件
991	S377089	山东东平经济开发区	2006.03	330.52	化工、纸制品、装备制造
992	S377086	山东新泰经济开发区	1992.12	399.41	机械装备、电工电气
993	S378087	山东肥城高新技术产业园区	1995.08	490.09	机械、纺织、化工、节能环保
994	S377093	山东文登经济开发区	1992.12	679.94	汽车零配件、机电、海洋装备
995	S379094	山东文登工业园区	2006.08	400	装备制造、新材料、生物医药
996	S377091	山东荣成经济开发区	1992.12	678.07	装备制造、食品、生物科技
997	S379092	山东荣成工业园区	2006.08	132.22	农副食品、交通运输设备、海洋生物
998	S377095	山东乳山经济开发区	1992.12	600.2	机械、食品、生物技术、新材料
999	S378097	山东日照高新技术产业开发区	2006.03	400.01	装备制造、电子信息、食品
1000	S377098	山东岚山经济开发区	1994.12	100	钢铁、石化、木材
1001	S377099	山东日照市北经济开发区	2006.03	100.01	汽车、机械、装备制造
1002	S377100	山东莒县经济开发区	2006.03	299.75	装备制造、精细化工、新能源、新材料
1003	S379102	山东莱芜工业园区	2006.03	290.4	汽车零配件、橡胶轮胎、精细化工
1004	S377103	山东莱芜钢城经济开发区	2006.03	349.92	装备制造、电子信息
1005	S377107	临沂兰山经济开发区	2006.04	366.76	机械、食品、板材
1006	S377105	临沂河东经济开发区	2006.03	392.29	食品、五金、机械
1007	S377110	山东沂南经济开发区	2006.03	329.52	食品、化学原料、交通运输设备
1008	S377114	山东郯城经济开发区	2006.03	360.38	化工、造纸、医药
1009	S377108	山东沂水经济开发区	2006.03	300	机械电子、能源、高分子、食品
1010	S377109	山东兰陵经济开发区	2006.03	231.69	食品、矿产建设、机械
1011	S377112	山东费县经济开发区	2006.03	246.22	木业家具、新材料、生物医药
1012	S377116	山东平邑经济开发区	2006.03	395.28	机械、生物医药、建材
1013	S377113	山东莒南经济开发区	2006.03	282.35	农副产品加工、生物工程
1014	S377115	山东蒙阴经济开发区	2006.03	348.5	机械、纺织、食品
1015	S377111	山东临沭经济开发区	2006.03	353.36	化工、装备制造、食品
1016	S377117	山东德州运河经济开发区	2006.03	332.05	化工、能源、机械
1017	S377127	山东陵城区经济开发区	2006.03	392.44	新能源、机械、新材料

序号	代码	开发区名称	批准时间	核准面积/hm²	主导产业
1018	S377122	山东宁津经济开发区	2006.03	348.76	电梯、健身器材、家具
1019	S377125	山东庆云经济开发区	2006.03	400	精细化工、农副食品、装备制造
1020	S377124	山东临邑经济开发区	2006.03	350.4	化工、生物医药、机械电子
1021	S377121	山东齐河经济开发区	2002.03	701.03	冶金装备、化工、食品
1022	S377128	山东平原经济开发区	2006.03	310	新材料、化工、机械
1023	S377123	山东夏津经济开发区	2006.03	375.81	纺织、装备制造、食品
1024	S377126	山东武城经济开发区	2006.03	240.22	汽车及零配件、新材料、新能源
1025	S377120	山东乐陵经济开发区	2006.03	400	五金、装备制造、体育器材
1026	S378157	聊城高新技术产业开发区	2008.01	312.97	化工、新材料、高端制造
1027	S377134	山东阳谷祥光经济开发区	2006.04	380.81	铜及铜制品加工、食品、塑料化工
1028	S377137	山东聊城鲁西经济开发区	2006.03	297.12	农副产品加工、机械、精细化工
1029	S377132	山东茌平经济开发区	2006.04	401.09	铝及铝加工、热电、密度板
1030	S377136	山东东阿经济开发区	2006.03	311.04	医药、钢球、食品
1031	S377135	山东冠县经济开发区	2006.03	370.38	钢板、纺织服装、农副产品加工
1032	S377133	山东高唐经济开发区	2006.03	312.56	造纸及纸制品、纺织服装、交通运输设备
1033	S377131	山东临清经济开发区	2006.03	210.12	有色金属加工、纺织、机械
1034	S378158	滨州高新技术产业开发区	2008.01	1867.33	生物医药、装备制造、纺织
1035	S377145	山东沾化经济开发区	2006.03	389.03	化工、食品、医药、金属材料
1036	S377143	山东惠民经济开发区	2006.03	82	装备制造、铝制品加工、生物医药
1037	S377142	山东阳信经济开发区	2006.03	136.59	油气化工、家纺、地毯纺织、畜产品加工
1038	S379144	山东无棣工业园区	2006.03	186.59	化工、轻工、机械
1039	S377141	山东博兴经济开发区	2002.02	515.99	化工、板材、粮油
1040	S377146	山东菏泽经济开发区	1992.12	783.68	新能源、新材料、生物医药、机电设备
1041	S378147	菏泽高新技术产业开发区	2006.03	400	医药、机械、电子、新材料
1042	S379153	山东定陶工业园区	2006.03	299.82	农副产品加工、生物医药、机电
1043	S379149	山东曹县工业园区	2006.03	299.9	农副产品加工、能源化工、生物医药
1044	S379154	山东单县工业园区	2006.03	400	农产品加工、机械、循环经济
1045	S379148	山东成武工业园区	2006.03	397.27	机电、农副产品加工、医疗器械
1046	S379151	山东巨野工业园区	2006.03	297.68	煤电化工、建材、木材产品

序号	代码	开发区名称	批准时间	核准面积/hm²	主导产业
1047	S379152	山东郓城工业园区	2006.03	351.95	纺织、机械、包装
1048	S379150	山东鄄城工业园区	2006.03	399.93	纺织、医药化工、农副产品加工
1049	S379155	山东东明工业园区	2006.03	297.6	建材、家居
河南省（共131家）					
1050	S419024	郑州马寨产业集聚区	2010.12	891.5	食品、装备制造
1051	S418025	郑州金水高新技术产业开发区	2016.06	760.46	信息技术、生物医药
1052	S417001	河南惠济经济开发区	1994.01	542	食品、汽车、文化创意
1053	S419026	郑州中牟汽车产业集聚区	2016.04	820.23	汽车及零配件
1054	S419027	巩义市产业集聚区	2010.12	872.33	装备制造、铝加工
1055	S419028	新郑市新港产业集聚区	2010.12	1147.2	粮油储运加工、电子
1056	S419029	登封市产业集聚区	2010.12	356.35	铝加工、装备制造、新材料
1057	S419030	汴东产业集聚区	2010.12	446.38	机械设备
1058	S419031	开封市精细化工产业集聚区	2010.12	476.81	精细化工、新材料
1059	S419032	开封黄龙产业集聚区	2010.12	365.07	农产品加工、物流
1060	S419033	杞县产业集聚区	2010.12	1189.31	农副产品加工、新材料、新能源
1061	S419034	通许县产业集聚区	2010.12	886.31	机电、农副产品加工
1062	S419035	尉氏县产业集聚区	2010.12	703.15	纺织、农副产品加工
1063	S419036	兰考县产业集聚区	2010.12	1206.55	机械、农副产品加工
1064	S419003	河南洛阳工业园区	2003.04	1314.48	装备制造、新材料、生物
1065	S419037	洛阳市石化产业集聚区	2010.12	1296.67	石化、新能源
1066	S419038	孟津县华阳产业集聚区	2010.12	683.14	装备制造、新材料
1067	S419039	新安县产业集聚区	2010.04	1412.41	铝加工、新材料、仓储物流
1068	S419040	栾川县产业集聚区	2010.12	148.41	旅游商品、轻工产品
1069	S419041	嵩县产业集聚区	2010.12	292.29	矿产品加工、生物医药
1070	S419042	汝阳县产业集聚区	2010.12	278.98	建材、特种金属材料、新材料
1071	S419043	宜阳县产业集聚区	2010.12	901.19	装备制造、食品
1072	S419044	洛宁县产业集聚区	2010.12	539.81	轻工、有色金属加工
1073	S419045	伊川县产业集聚区	2010.12	900.53	铝及铝制品加工、新能源
1074	S419046	偃师市产业集聚区	2010.12	437.76	机械、新材料
1075	S419047	平顶山平新产业集聚区	2010.12	976.57	装备制造
1076	S419048	平顶山市石龙产业集聚区	2010.12	415.62	精细化工
1077	S418049	宝丰高新技术产业开发区	2012.02	253.95	光电、装备制造、物流

序号	代码	开发区名称	批准时间	核准面积/hm²	主导产业
1078	S419050	叶县产业集聚区	2010.03	601.78	精制盐、物流、机械
1079	S419051	鲁山县产业集聚区	2010.12	470.25	非金属矿物制品、轻纺
1080	S417052	郏县经济技术开发区	2015.02	632.51	装备制造、医药、物流
1081	S419053	舞钢市产业集聚区	2010.03	307.85	装备制造、钢铁
1082	S419054	汝州市产业集聚区	2010.12	1049.86	机械、环保建材
1083	S419055	安阳市纺织产业集聚区	2010.12	817.86	纺织、装备制造
1084	S419056	安阳市产业集聚区	2010.04	446.55	装备制造、新材料
1085	S419057	安阳县产业集聚区	2010.04	939.13	钢铁及加工、装备制造
1086	S419058	汤阴县产业集聚区	2010.04	352.93	食品、医药
1087	S419059	滑县产业集聚区	2010.04	1020.53	食品、装备制造
1088	S419060	内黄县产业集聚区	2010.12	745.19	机械、陶瓷
1089	S419061	鹤壁市宝山循环经济产业集聚区	2010.04	842.87	化工、建材
1090	S419062	浚县产业集聚区	2010.04	418.73	食品、家居用品
1091	S419063	鹤淇产业集聚区	2010.04	275.06	装备制造、食品加工
1092	S419064	新乡电源产业集聚区	2010.12	633.5	电池
1093	S417008	河南新乡经济开发区	2002.11	842.11	化工、医药、机械
1094	S419065	获嘉县产业集聚区	2010.12	731.96	煤化工、装备制造
1095	S419066	原阳县产业集聚区	2010.12	802.92	农副产品加工、汽车零部件
1096	S419067	延津县产业集聚区	2010.12	1061.86	食品、机械、化工
1097	S419068	封丘县产业集聚区	2010.12	664.54	食品、纺织服装
1098	S419069	长垣县产业集聚区	2010.12	1668.25	机械、物流、汽车
1099	S419070	卫辉市产业集聚区	2010.04	1041.39	食品、建材
1100	S419071	辉县市产业集聚区	2010.12	363.63	装备制造、汽车及零配件
1101	S419072	焦作市工业产业集聚区	2010.12	1904.85	化工、汽车零配件、铝及铝加工
1102	S419073	修武县产业集聚区	2010.03	594.53	装备制造、食品、农副产品加工
1103	S419074	博爱县产业集聚区	2010.03	569.24	汽车零配件、装备制造
1104	S417075	武陟经济技术开发区	2015.02	1556	装备制造、生物医药、造纸
1105	S419076	温县产业集聚区	2010.12	471.27	农副产品加工、装备制造、仓储物流
1106	S417077	沁阳经济技术开发区	2015.02	445.31	能源化工、有色金属及加工、新能源

序号	代码	开发区名称	批准时间	核准面积/hm²	主导产业
1107	S418078	孟州高新技术产业开发区	2012.02	901.85	装备制造、化工、皮毛加工
1108	S419014	河南濮阳工业园区	2006.04	165.89	玻璃制品、精细化工、农副产品加工
1109	S419079	清丰县产业集聚区	2010.03	647	食品、家具
1110	S419080	南乐县产业集聚区	2010.04	494.6	食品、装备制造、生物
1111	S419081	范县产业集聚区	2010.04	734.35	精细化工、有色金属加工
1112	S419082	台前县产业集聚区	2010.04	430.85	羽绒制品加工、化工
1113	S419083	濮阳县产业集聚区	2010.03	507.88	光电子、医用新材料
1114	S418084	许昌高新技术产业开发区	2012.11	1101.68	装备制造、食品
1115	S419085	鄢陵县产业集聚区	2010.04	575.05	纺织、箱包、装备制造
1116	S419086	襄城县产业集聚区	2010.04	539.67	鞋服、卫生用品
1117	S419087	禹州市产业集聚区	2010.12	831.21	装备制造、医药
1118	S417088	长葛经济技术开发区	2015.02	1299.6	机械装备、食品、生物医药
1119	S419089	漯河市沙澧产业集聚区	2010.04	701	商贸物流、生物医药
1120	S419090	舞阳县产业集聚区	2010.04	1125.09	盐化工
1121	S417091	临颍经济技术开发区	2015.02	1324.2	食品、装备制造
1122	S417004	河南三门峡经济开发区	1995.03	550.83	农副产品加工、机械、医药
1123	S418092	三门峡高新技术产业开发区	2012.02	1760.26	有色金属加工、装备制造、新能源
1124	S419093	渑池县产业集聚区	2010.12	340.18	铝及铝加工、家电
1125	S419094	卢氏县产业集聚区	2010.04	142.18	金属制品、农副产品加工、医药
1126	S419095	义马市煤化工产业集聚区	2010.12	589.49	煤化工、新材料
1127	S419096	灵宝市产业集聚区	2010.04	1237.93	有色金属采冶、农副产品加工
1128	S417097	南阳新能源经济技术开发区	2015.02	1907.95	新能源、装备制造、农副产品加工
1129	S419098	南召县产业集聚区	2010.12	531.63	柞蚕、中药材加工、非金属材料
1130	S419099	方城县产业集聚区	2010.04	778.02	新能源、机械
1131	S418100	宛西高新技术产业开发区	2012.11	744.14	装备制造、新材料
1132	S419101	镇平县产业集聚区	2010.12	1183.39	针织、机电
1133	S419102	内乡县产业集聚区	2010.04	723.55	机械、建材
1134	S419103	淅川县产业集聚区	2010.03	1243.63	食品、中医药、机械
1135	S419104	社旗县产业集聚区	2010.04	479.32	食品、机械
1136	S419105	唐河县产业集聚区	2010.03	1133.95	装备电子、农副产品加工
1137	S419106	新野县产业集聚区	2010.04	862	纺织服装、光电电子

序号	代码	开发区名称	批准时间	核准面积/hm²	主导产业
1138	S419107	桐柏县产业集聚区	2010.12	691.92	机械、农副产品加工
1139	S419108	邓州市产业集聚区	2010.04	306.44	食品、纺织服装
1140	S417016	河南商丘经济开发区	1995.03	888.14	新能源电动车、电子、环保装备
1141	S419109	商丘市睢阳产业集聚区	2010.04	833.62	纺织服装、化工
1142	S418110	民权高新技术产业开发区	2012.02	1153.91	装备制造、食品
1143	S419111	睢县产业集聚区	2010.04	800.79	纺织服装、电子信息
1144	S419112	宁陵县产业集聚区	2010.04	725.07	化工、家居用品
1145	S418113	柘城高新技术产业开发区	2012.11	1324.04	金刚石及超硬材料、医药
1146	S419114	虞城县产业集聚区	2010.05	857.66	五金电子、纺织服装
1147	S419115	夏邑县产业集聚区	2010.04	1143.85	纺织服装、农副产品加工
1148	S417116	永城经济技术开发区	2015.02	935.94	煤化工、铝加工、装备制造
1149	S419117	信阳金牛物流产业集聚区	2010.05	302.91	物流、食品
1150	S418118	信阳高新技术产业开发区	2012.11	1099.74	电子信息、装备制造
1151	S419119	罗山县产业集聚区	2010.05	788.56	农副产品加工、机械
1152	S419120	光山县官渡河产业集聚区	2010.12	500.23	农副产品加工、服装
1153	S419121	新县产业集聚区	2010.05	346.58	医药、农副产品加工
1154	S419122	商城县产业集聚区	2010.12	376.28	食品、装备制造
1155	S419123	固始县产业集聚区	2012.12	815.63	装备制造、食品
1156	S417021	河南潢川经济开发区	1997.11	531.42	食品、医药、物流
1157	S419124	淮滨县产业集聚区	2010.04	507.37	轻纺、食品
1158	S419125	息县产业集聚区	2010.04	548.6	农副产品加工
1159	S417022	河南周口经济开发区	1997.11	294.23	农副产品加工、装备制造
1160	S419126	扶沟县产业集聚区	2010.12	679.37	机械、纺织、制鞋
1161	S417127	西华经济技术开发区	2015.02	439.45	电子科技、食品、鞋服
1162	S419128	商水县产业集聚区	2010.12	1081.62	纺织服装、食品加工
1163	S419129	沈丘县产业集聚区	2010.12	820.1	农副产品加工、机械
1164	S419130	郸城县产业集聚区	2010.12	759.54	食品
1165	S419131	淮阳县产业集聚区	2010.12	982.58	塑料制品、食品
1166	S419132	太康县产业集聚区	2010.12	745.44	装备制造、纺织服装
1167	S419133	鹿邑县产业集聚区	2010.12	967.09	食品、纺织服装
1168	S419134	项城市产业集聚区	2010.12	969.96	食品、医药
1169	S417023	河南驻马店经济开发区	1994.03	254.77	电子信息、非金属矿物制品

序号	代码	开发区名称	批准时间	核准面积/hm²	主导产业
1170	S419135	西平县产业集聚区	2010.12	946.72	农副产品加工、装备制造
1171	S419136	上蔡县产业集聚区	2010.12	599.69	农副产品加工、纺织、制鞋
1172	S419137	平舆县产业集聚区	2010.12	949.66	皮革皮具、电子信息
1173	S419138	正阳县产业集聚区	2010.12	822.13	农副产品加工、机械铸造
1174	S419139	确山县产业集聚区	2010.12	465.01	生物科技、建材
1175	S419140	泌阳县产业集聚区	2010.12	572.6	农副产品加工、电子电器
1176	S419141	汝南县产业集聚区	2010.12	636.03	装备制造、建材
1177	S419142	遂平县产业集聚区	2010.04	864.43	装备制造、农副产品加工
1178	S419143	新蔡县产业集聚区	2010.12	645.46	纺织服装、食品、医药
1179	S417144	济源虎岭经济技术开发区	2015.02	814.57	精细化工、装备制造、电子信息
1180	S419145	济源市玉川产业集聚区	2010.12	383.67	能源、有色金属加工
		湖北省（共84家）			
1181	S427002	武汉江岸经济开发区	2006.08	198.95	出版、文化创意
1182	S427003	武汉江汉经济开发区	2006.08	70.58	信息技术
1183	S427004	武汉汉阳经济开发区	2006.08	56.73	工业服务、电商、健康服务
1184	S427005	武汉硚口经济开发区	2006.08	52.28	食品、医药、汽车零配件
1185	S427006	武汉武昌经济开发区	2006.08	50.01	智能制造、工业研发设计、装备制造
1186	S427007	武汉青山经济开发区	2006.08	50.16	智能制造、工业研发设计、装备制造
1187	S427008	武汉洪山经济开发区	2006.03	21.94	电力电气、光机电一体化
1188	S427009	武汉汉南经济开发区	2006.03	224	汽车及零部件、新能源、新材料
1189	S427010	武汉蔡甸经济开发区	2006.03	952.44	智能装备、电子信息、新能源汽车及零部件
1190	S427011	武汉江夏经济开发区	2006.03	1293.52	汽车及零部件、装备制造、光电子信息
1191	S427012	武汉盘龙城经济开发区	2006.03	1450.45	电商、智能制造、纺织服装
1192	S427013	武汉阳逻经济开发区	2006.04	1652.43	电力设备、纺织、钢铁加工
1193	S429090	湖北西塞山工业园区	2008.08	740.13	特钢加工、生物医药
1194	S427055	湖北阳新经济开发区	2006.08	42.31	汽车零部件、轻工纺织、建材
1195	S428054	黄石大冶湖高新技术产业园区	1995.01	744.18	生命健康、装备制造、新材料
1196	S427017	湖北郧阳经济开发区	2006.08	65.36	汽车零部件、农产品加工
1197	S429020	湖北郧西工业园区	2006.08	73.05	农副产品加工、建材、机械

序号	代码	开发区名称	批准时间	核准面积/hm²	主导产业
1198	S427091	湖北竹山经济开发区	2008.06	104.19	玉石加工、农产品加工、绿色能源
1199	S429021	湖北竹溪工业园区	2006.08	66.67	生物医药、农产品加工、电子
1200	S429019	湖北房县工业园区	2006.08	22.89	生物医药、食品饮料、纺织
1201	S427018	湖北丹江口经济开发区	2006.08	53	汽车零部件、食品、生物医药
1202	S427067	湖北西陵经济开发区	2006.08	475.01	日化产品
1203	S429071	湖北伍家岗工业园区	2006.04	368.68	光电、装备制造、生物制品
1204	S429092	湖北点军工业园区	2008.02	101.28	电子材料、电子装备
1205	S427070	湖北夷陵经济开发区	2006.03	276.69	食品、医药、机械电子、建材
1206	S429078	湖北远安工业园区	2006.03	67.82	精细磷化工、农产品加工、生物医药
1207	S427093	湖北兴山经济开发区	2009.09	209.93	磷硅化工、新材料、石材建材
1208	S427077	湖北秭归经济开发区	2006.03	178.74	食品、光机电、纺织服装
1209	S427075	湖北长阳经济开发区	2006.05	167	农副产品加工、机械、建材
1210	S429076	湖北五峰工业园区	2006.03	250.76	化工、食品
1211	S428072	宜都高新技术产业园区	2004.07	663.14	精细化工、装备制造、新能源、新材料
1212	S427073	湖北当阳经济开发区	1997.09	624.99	建材、食品、化工
1213	S427074	湖北枝江经济开发区	1994.08	725.22	化工、食品、纺织
1214	S427094	湖北襄城经济开发区	2008.06	772.74	能源、化工
1215	S427024	湖北樊城经济开发区	2006.03	414.53	化纤纺织、板材加工、农产品精深加工
1216	S427023	湖北襄州经济开发区	1996.12	257.31	纺织服装、装备制造、汽车零部件
1217	S427029	湖北南漳经济开发区	2006.03	157.24	建材、磷化工、机械
1218	S427028	湖北谷城经济开发区	2006.03	755.55	再生资源利用、汽车零部件
1219	S427095	湖北保康经济开发区	2008.06	106.45	精细磷化工、农林特产品加工、新能源
1220	S427027	湖北老河口经济开发区	2006.08	36.84	农副产品加工、机械、再生资源利用
1221	S427025	湖北枣阳经济开发区	2006.03	577.89	纺织服装、汽车零部件、钢铁产品
1222	S427026	湖北宜城经济开发区	2006.03	132.45	农产品加工、汽车零部件、纺织服装
1223	S427052	湖北鄂州花湖经济开发区	2000.07	370.91	装备制造
1224	S429096	湖北东宝工业园区	2008.02	521.49	森工、电子信息
1225	S427032	湖北京山经济开发区	1992.08	400	装备制造、农产品加工、建筑建材

序号	代码	开发区名称	批准时间	核准面积/hm²	主导产业
1226	S427033	湖北沙洋经济开发区	2006.03	420.34	农副产品加工、建材、精细化工
1227	S427031	湖北钟祥经济开发区	1996.11	407.34	农产品加工、装备制造、生物医药
1228	S427039	湖北孝昌经济开发区	1996.10	595.46	机械电子、生物医药、新材料
1229	S427041	湖北大悟经济开发区	2006.03	744.72	包装印刷、纺织服装、农产品加工
1230	S427038	湖北安陆经济开发区	1995.05	481.72	农产品加工、机械电子、纺织服装
1231	S427036	湖北汉川经济开发区	1996.08	438.94	食品、印刷包装、纺织服装
1232	S428061	荆州高新技术产业园区	1992.08	2139.66	农产品精深加工、装备制造、生物技术
1233	S427062	湖北公安经济开发区	1991.07	22.39	轻纺、食品、机械电子
1234	S427065	湖北监利经济开发区	2006.03	248.75	农产品加工、纺织服装、医药
1235	S427097	湖北江陵经济开发区	2008.02	400.98	轻纺食品、机械电子、精细化工
1236	S427063	湖北石首经济开发区	2001.05	159.58	精细化工、木业森工、汽车零部件
1237	S427064	湖北洪湖经济开发区	1996.12	784.32	农产品加工、纺织服装、医药化工
1238	S427066	湖北松滋经济开发区	2006.03	110.08	农副产品加工、纺织服装、机械电子
1239	S427043	湖北黄州火车站经济开发区	2006.03	273.73	基础化工、精细化工、医药化工
1240	S427050	湖北团风经济开发区	2006.03	644.18	钢结构、农产品加工
1241	S428049	红安高新技术产业园区	2006.03	211.28	食品饮料、建材
1242	S427098	湖北罗田经济开发区	2008.06	460.24	农副产品加工、家具、建材
1243	S427099	湖北英山经济开发区	2008.06	285.45	农副产品加工、中医药、汽车配件
1244	S427048	湖北浠水经济开发区	2006.03	416.87	农副产品加工、汽车零配件、设备制造
1245	S429047	湖北蕲春李时珍医药工业园区	2006.03	321.05	中医药、纺织服装、光电子
1246	S427044	湖北黄梅经济开发区	1992.01	527.43	纺织服装、生物医药、农产品加工
1247	S427045	湖北麻城经济开发区	1994.08	350.85	汽车零部件、冶金机械、电子电器
1248	S427046	湖北武穴经济开发区	1999.10	280.04	医药化工、机械、食品
1249	S427059	湖北嘉鱼经济开发区	2006.03	204.84	纺织、森工建材、医药
1250	S427058	湖北通城经济开发区	2006.08	30.51	磨具、电子信息、陶瓷
1251	S429100	湖北崇阳工业园区	2008.02	500	钒加工、生物科技、智能装备
1252	S427101	湖北通山经济开发区	2008.06	376.83	冶金建材、机械、石材
1253	S427057	湖北赤壁经济开发区	2006.06	384.55	电力能源、机械电子、食品
1254	S427085	湖北恩施经济开发区	1992.10	344.5	富硒农产品加工、建材
1255	S427086	湖北利川经济开发区	2006.08	306.82	富硒农产品加工、中药制药

序号	代码	开发区名称	批准时间	核准面积/hm²	主导产业
1256	S429102	湖北建始工业园区	2008.08	289.62	清洁能源、建材、农产品加工
1257	S427103	湖北巴东经济开发区	2008.06	148.23	农副产品加工
1258	S429089	湖北宣恩工业园区	2006.08	40	农副产品加工、厨具、五金
1259	S429104	湖北咸丰工业园区	2008.08	188.06	建材、食品
1260	S427088	湖北来凤经济开发区	2001.12	211.54	食品、民族特色工艺品
1261	S427087	湖北鹤峰经济开发区	2006.08	12.17	生物制药、农产品加工、建材
1262	S428084	潜江高新技术产业园区	2012.12	402.19	石油化工、光电子信息、新能源、新材料
1263	S427083	湖北天门经济开发区	2011.07	751.23	纺织服装、生物医药、机电
1264	S429105	湖北神农架林区盘水生态产业园区	2012.12	126.65	酿酒、中药材、农林产品
湖南省（共109家）					
1265	S437001	长沙天心经济开发区	2002.01	443.98	电气机械、商贸服务、新能源
1266	S437007	湖南长沙暮云经济开发区	2006.04	315.78	汽车零部件、农副食品、建材
1267	S439074	长沙岳麓工业集中区	2012.11	573.51	检验检测、生物医药、电子信息
1268	S437002	长沙金霞经济开发区	1994.03	2545.53	医药
1269	S437003	长沙雨花经济开发区	2002.07	997.21	新能源汽车及零部件、机器人、智能装备
1270	S439075	长沙临空产业集聚区	2012.11	535.91	工程机械、汽车零部件、印刷
1271	S438076	宁乡高新技术产业园区	2012.11	1530.44	新材料、装备制造、节能环保
1272	S438077	浏阳高新技术产业开发区	2012.11	778.28	通用设备、汽车零部件
1273	S439078	荷塘工业集中区	2012.12	324.82	轨道交通装备、生物医药、复合新材料
1274	S437019	株洲经济开发区	1994.03	475.92	轨道交通设备、电子信息、服装
1275	S437018	湖南株洲渌口经济开发区	1994.03	263.95	有色金属冶炼加工、通用设备、电气机械
1276	S439079	攸县工业集中区	2012.11	575.64	生物医药、食品、轻工机械
1277	S437017	湖南茶陵经济开发区	1994.03	638.51	建筑建材、电子电器、纺织
1278	S439080	炎陵工业集中区	2012.11	386.97	有色金属冶炼加工、纺织、农林产品加工
1279	S437016	湖南醴陵经济开发区	2003.06	445.32	陶瓷、交通装备、新材料
1280	S437021	湖南湘潭岳塘经济开发区	2006.04	389.05	商贸物流、仓储、电商
1281	S437023	湖南湘潭天易经济开发区	1994.03	957.05	食品、装备制造
1282	S437022	湖南湘乡经济开发区	2002.10	728.3	机械装备、电子电器、皮革

续表

序号	代码	开发区名称	批准时间	核准面积/hm²	主导产业
1283	S438081	韶山高新技术产业开发区	2012.04	450	装备制造、节能环保、医药
1284	S439082	衡山工业集中区	2014.07	182.79	专用设备、医药
1285	S437009	湖南衡阳松木经济开发区	2006.04	777.34	盐卤化工及精细化工、新材料、新能源
1286	S438013	湖南衡阳西渡高新技术产业园区	1994.03	743.28	医药、智能机器、非金属矿物制品
1287	S439083	衡南工业集中区	2012.11	454.22	电子、装备制造、文化、家居
1288	S437014	湖南衡山经济开发区	1992.11	315.41	机械零部件、非金属矿物制品
1289	S437015	湖南衡东经济开发区	1994.03	416.73	有色金属冶炼加工、电气机械、化工
1290	S437012	湖南祁东经济开发区	2000.01	240	农副食品、新材料、机械
1291	S437010	湖南耒阳经济开发区	1992.12	731.68	机械、电子、新材料
1292	S437011	湖南常宁水口山经济开发区	1994.03	405.19	有色金属冶炼加工、化工、废弃资源利用
1293	S437024	湖南邵阳经济开发区	1996.08	1611.29	装备制造、农产品加工、商贸物流
1294	S439084	大祥工业集中区	2012.12	88.14	汽车配件、非金属矿物制品
1295	S437025	湖南邵东经济开发区	1994.03	357.07	五金工具、皮具箱包、打火机
1296	S437026	湖南新邵经济开发区	2006.04	536.71	特种绝缘纸、有色金属、再生资源利用
1297	S439085	邵阳县工业集中区	2012.12	332.34	农副食品、电气机械、皮革制品
1298	S439086	隆回工业集中区	2012.11	275.87	农副食品、皮革制品、电子设备
1299	S437028	湖南洞口经济开发区	1994.03	229.75	农副食品加工、非金属矿物制品、木材加工
1300	S439087	绥宁工业集中区	2014.07	181.69	木竹制品、家具
1301	S439088	新宁工业集中区	2012.12	156.99	农副食品、木竹加工、机电设备
1302	S439089	城步工业集中区	2014.07	149.02	农副食品加工、木竹藤棕草制品
1303	S437027	湖南武冈经济开发区	1994.03	308.69	农副产品加工、电气机械器材、建材
1304	S438090	岳阳临港高新技术产业开发区	2012.04	1815.1	物流、装备制造、电子信息
1305	S439030	湖南岳阳绿色化工产业园	2003.07	298.33	石化、化工、医药
1306	S439091	君山工业集中区	2012.12	508.46	食品、农副产品加工
1307	S438092	岳阳高新技术产业园区	2012.11	458	生物医药、机械、新材料
1308	S439093	华容工业集中区	2012.11	925.01	纺织服装、食品、医药
1309	S438034	湘阴高新技术产业园区	2006.04	104.83	机械、食品、电子信息

序号	代码	开发区名称	批准时间	核准面积/hm²	主导产业
1310	S438033	平江高新技术产业园区	2002.02	227.76	食品、新材料、装备制造
1311	S439031	湖南汨罗循环经济产业园区	1994.03	919.13	再生资源、电子信息、机械
1312	S439032	湖南临湘工业园区	2006.04	435.46	建材、化工、有色冶金
1313	S439094	安乡工业集中区	2012.11	592.95	农副产品加工、机械、建材
1314	S438038	湖南汉寿高新技术产业园区	1994.03	947.96	装备制造、生物医药、精细化工
1315	S437037	湖南澧县经济开发区	2003.03	743.34	医药、农副食品加工、非金属矿制品
1316	S437039	湖南临澧经济开发区	1994.03	619.17	化纤纺织、建材、装备制造
1317	S439095	桃源工业集中区	2012.11	890	有色金属冶炼加工、电子信息
1318	S437040	湖南石门经济开发区	1994.03	892.01	电力、热力、非金属矿制品
1319	S438096	津市高新技术产业开发区	2012.11	639.48	汽车零部件、纺织、生物医药
1320	S437041	湖南张家界经济开发区	1992.06	319.43	生物医药、建材
1321	S439097	慈利工业集中区	2012.11	159.89	金属及非金属材料加工、机械电子
1322	S439098	桑植工业集中区	2012.11	234.11	农副产品加工、建材、生物医药
1323	S437044	湖南益阳长春经济开发区	2006.04	583	电子信息、装备制造、农产品加工
1324	S437047	湖南南县经济开发区	1994.03	377.92	农副产品加工、食品、纺织
1325	S437043	湖南桃江经济开发区	1994.03	586.77	木材加工、通用设备、食品
1326	S437046	湖南安化经济开发区	1994.03	171.71	农副产品加工、废弃资源利用、中医药
1327	S438045	湖南沅江高新技术产业园区	2006.05	151.45	专用设备、运输设备
1328	S437048	湖南郴州经济开发区	1988.12	406.81	机械、有色金属加工、食品
1329	S439055	湖南桂阳工业园区	2006.08	561.29	有色金属冶炼加工、非金属矿物制品、食品
1330	S437052	湖南宜章经济开发区	1994.03	279.7	非金属矿物制品、电子设备、纸制品
1331	S437050	湖南永兴经济开发区	1992.03	353.38	稀贵金属加工、电子、机械设备
1332	S437053	湖南嘉禾经济开发区	1994.03	256.7	机械、铸造、五金
1333	S439056	湖南临武工业园区	2006.08	342.89	有色金属冶炼、农副食品、电子
1334	S437054	湖南汝城经济开发区	1994.03	49.6	金属冶炼加工、农副产品加工
1335	S439099	桂东工业集中区	2012.12	186.9	纺织服装、木材加工、金属冶炼
1336	S439100	安仁工业集中区	2012.11	358.86	电子、服装、皮具
1337	S437051	湖南资兴经济开发区	1994.03	1226.13	有色金属材料、食品、电子信息
1338	S439058	湖南零陵工业园区	2006.04	469.38	生物医学、电子、锰冶炼加工

续表

序号	代码	开发区名称	批准时间	核准面积/hm²	主导产业
1339	S437057	永州经济技术开发区	1994.03	1304	零部件、食品、医药
1340	S437059	湖南祁阳经济开发区	2006.04	182.83	轻纺制鞋、食品、医药
1341	S437060	湖南东安经济开发区	1996.05	334.53	金属冶炼加工、轻纺制鞋、农产品加工
1342	S439101	双牌工业集中区	2012.12	118.51	农林产品加工、医药、化工
1343	S439102	道县工业集中区	2012.11	477.23	电子信息、轻纺制鞋、先进制造
1344	S439103	江永工业集中区	2012.12	177.3	食品、有色金属冶炼加工、新材料
1345	S439061	湖南宁远工业园区	2006.04	105.79	电气机械、建材、金属冶炼加工
1346	S437062	湖南蓝山经济开发区	1994.03	400.36	纺织服装、皮革、电气机械器材
1347	S439104	新田工业集中区	2012.11	420.66	家具、机械、富硒农产品加工
1348	S437063	湖南江华经济开发区	2006.05	592.19	有色金属、电子、新能源
1349	S437065	湖南怀化经济开发区	2006.05	980.89	生物医药、电子信息
1350	S438064	怀化高新技术产业开发区	2006.04	924.27	生物医药、农产品加工、新能源
1351	S439105	沅陵工业集中区	2012.12	300.09	新材料、电气机械、食品
1352	S439106	辰溪工业集中区	2012.11	217.84	非金属矿制品、电子元器件
1353	S439107	溆浦工业集中区	2012.12	324.74	化纤、农副食品、建材
1354	S439108	会同工业集中区	2012.12	201.19	木材加工、有色金属冶炼加工
1355	S439109	麻阳工业集中区	2012.12	213.87	建材、冶金、农副食品
1356	S439110	新晃工业集中区	2012.11	400.73	农副食品、非金属矿物制品、电气机械
1357	S439111	芷江工业集中区	2012.12	187.02	农副产品加工、橡胶制品、塑料
1358	S439112	靖州工业集中区	2012.12	306.11	农副产品加工、新材料、木材加工
1359	S439113	通道工业集中区	2012.12	198.57	农副产品加工、木材加工
1360	S439114	洪江工业集中区	2012.11	471.57	基础化工、精细化工、建材
1361	S437069	湖南双峰经济开发区	1992.03	636.95	专用设备、皮革制品、农副产品加工
1362	S437070	湖南新化经济开发区	1992.03	407.21	非金属矿物制品、化工、农产品加工
1363	S437067	湖南冷水江经济开发区	1992.03	738.37	黑色金属冶炼加工、电力
1364	S438068	涟源高新技术产业开发区	1994.03	734.3	装备制造、新材料、生物医药
1365	S437071	湖南湘西经济开发区	2006.04	1142.24	食品、医药、新材料、电子信息
1366	S437072	湖南吉首经济开发区	2001.03	837.28	农副食品加工、医药、纺织服饰
1367	S438115	泸溪高新技术产业开发区	2012.11	314.3	铝加工、新金属材料加工、生物医药

序号	代码	开发区名称	批准时间	核准面积/hm²	主导产业
1368	S439116	凤凰工业集中区	2012.12	373.25	旅游产品加工、农副产品加工
1369	S439117	花垣工业集中区	2012.11	726.76	金属冶炼加工
1370	S439118	保靖工业集中区	2012.11	278.76	矿产品、农副产品加工、电子信息
1371	S439119	古丈工业集中区	2012.12	185.35	建材、农产品加工、食品
1372	S437073	湖南永顺经济开发区	2001.05	204.7	农产品加工、电子信息、医药
1373	S439120	龙山工业集中区	2012.12	103.96	农产品加工、建材、中药材
广东省（共102家）					
1374	S449001	广州白云工业园区	2006.05	159.06	铝材加工、化妆品、电子信息
1375	S449002	广州云埔工业园区	2006.08	771.81	智能装备、食品饮料
1376	S447003	广州花都经济开发区	1992.12	1188.34	汽车及零部件、新能源汽车、智能装备
1377	S447004	广东从化经济开发区	2006.05	132	生物医药、化妆品、电器装备
1378	S448018	韶关高新技术产业开发区	2010.10	640	机械装备、电子信息、生物医药
1379	S447019	广东韶关曲江经济开发区	1997.12	161.56	食品、电子、金属加工
1380	S449021	广东始兴工业园区	1993.06	450	新材料、电子机械、玩具
1381	S449070	广东仁化县产业转移工业园区	2015.09	121.93	有色金属冶炼、有色金属深加工、木材加工
1382	S447022	广东翁源经济开发区	1992.08	405.61	新材料、电源电子、五金家具
1383	S447023	广东乳源经济开发区	2006.05	561.56	铝箔、电子元器件、食品
1384	S449071	广东新丰县产业转移工业园区	2010.06	258.11	新材料、建材
1385	S447020	广东乐昌经济开发区	2006.09	303.31	机械设备、纺织服装、非金属矿物制品
1386	S449072	广东南雄市产业转移工业园区	2010.03	559.24	精细化工、新材料
1387	S449008	广东珠海富山工业园区	2006.08	104.47	装备制造、电子信息、家用电器
1388	S449007	广东珠海金湾联港工业园区	2006.08	502.43	电子电器、生物制药、装备制造
1389	S449011	广东汕头龙湖工业园区	2006.08	245.49	机械、电子、玩具、珠宝
1390	S449010	广东汕头金平工业园区	2006.08	302.8	食品、机械、印刷
1391	S449073	汕头市潮阳区贵屿循环经济产业园区	2010.03	166.47	电器拆解、塑料造粒
1392	S449074	广东省汕头市澄海岭海工业园	2003.07	475.15	玩具、毛衫、木制品
1393	S447012	广东佛山禅城经济开发区	2006.08	488.76	陶瓷、新能源汽车配件、装备制造
1394	S447013	广东佛山南海经济开发区	2003.06	838.42	汽车及零部件、光电显示、机械装备

序号	代码	开发区名称	批准时间	核准面积/hm²	主导产业
1395	S448014	南海高新技术产业开发区	2006.08	753.8	节能环保、装备制造、新材料
1396	S448015	顺德高新技术产业开发区	2003.06	393.33	家电、装备制造
1397	S449017	广东佛山三水工业园区	2006.08	431.33	机械装备、金属加工及制品、电子电器
1398	S449016	广东佛山高明沧江工业园区	2006.08	1220.16	食品、纺织、新材料
1399	S449075	广东江门蓬江区产业转移工业园区	2015.12	494.6	精密电子、摩托车及零配件、精细化工
1400	S447042	广东江门新会经济开发区	1996.04	705	装备制造、纸及纸制品、食品饮料
1401	S449043	广东台山广海湾工业园区	1992.12	1432.89	电力、热力、汽车
1402	S449076	开平翠山湖科技产业园	2009.06	1165.16	五金机械、电子信息、新材料
1403	S449077	广东鹤山市产业转移工业园区	2015.05	925.83	装备制造、电子信息、新材料
1404	S449078	广东恩平市工业园	2015.12	865.97	电子信息、机械
1405	S449047	广东湛江临港工业园区	2006.05	538.67	石油加工、资源加工、物流
1406	S449079	坡头区科技产业园	2015.05	404.93	食品、电气机械器材、计算机及通信
1407	S447048	广东湛江麻章经济开发区	1997.04	878.26	家具、农副食品、设备制造
1408	S448049	湛江高新技术产业开发区	1992.07	408.8	海洋装备、特种纸、食品
1409	S449080	广东遂溪县产业转移工业园区	2015.06	267.9	农副产品加工、酿酒、饮料、茶制品
1410	S447051	广东徐闻经济开发区	1992.12	942	农副食品、食品、木材加工
1411	S447052	广东廉江经济开发区	1996.01	830	家电、家具、金属制品
1412	S449081	广东奋勇东盟产业园	2015.05	301.64	医药、专用设备、汽车
1413	S447050	广东吴川经济开发区	1997.03	435.15	羽绒及制品、电气机械器材、塑料
1414	S447054	广东茂名茂南经济开发区	1992.12	968.58	农副产品加工、石油加工、化工
1415	S448053	广东茂名高新技术产业开发区	2003.01	1027.51	石油化工、新材料、机械
1416	S447055	广东茂名电白经济开发区	1992.06	599.79	精细化工、机械、电子
1417	S447057	广东高州金山经济开发区	1993.06	310.72	农副食品、皮革制品、金属制品
1418	S447058	广东化州鉴江经济开发区	1993.02	484.79	电子、塑料加工、轻纺
1419	S447056	广东信宜经济开发区	1992.07	246.74	电子电器、工艺品、金属制品
1420	S449060	广东肇庆工业园区	1993.02	247.95	有色金属加工、汽车零部件、医药
1421	S449082	广东肇庆高要区产业转移工业园区	2015.05	347.48	汽车零配件、五金制品
1422	S449083	广东广宁县产业转移工业园区	2015.05	398.39	再生资源、新材料、林浆纸一体化

序号	代码	开发区名称	批准时间	核准面积/hm²	主导产业
1423	S449084	广佛肇怀集经济合作区	2007.01	671.49	食品、机械、生物医药
1424	S449085	粤桂合作特别试验区	2014.07	406.14	电子信息、节能环保、食品
1425	S449086	广东德庆县产业转移工业园区	2006.11	423.88	林化工、金属加工、家具
1426	S449032	广东惠州工业园区	2006.05	199.86	互联网、平板显示、先进制造
1427	S447033	广东惠州惠阳经济开发区	1997.03	743.69	电子信息、印刷、金属制品
1428	S449034	广东惠州大亚湾石化产业园区	2006.05	1384.06	石化、电力
1429	S449087	广东博罗县产业转移工业园区	2015.05	792.29	电子信息、装备制造、化学材料
1430	S449088	广东惠东县产业转移工业园区	2006.10	746.61	装备制造、新能源、新材料
1431	S449089	广东惠州产业转移工业园区	2009.06	295	电子信息、服装、建材
1432	S447027	广东梅州经济开发区	1992.10	706.02	电子信息、机械装备、生物医药
1433	S448028	广东梅州高新技术产业园区	2003.04	700	电子信息、机械装备、生物医药
1434	S449090	广东大埔县产业转移工业园区	2015.05	333.77	陶瓷
1435	S447030	广东丰顺经济开发区	1995.12	474.82	电子、电声、生物制药、饲料
1436	S447031	广东五华经济开发区	1995.12	491.33	酿酒、医药、五金机电、汽车零配件
1437	S449091	广东平远县产业转移工业园区	2013.11	400.01	稀土材料、家具、机械
1438	S449029	广东梅州蕉华工业园区	2006.08	202.51	建材、食品、医药、机械
1439	S449092	广东兴宁市产业转移工业园区	2006.09	400.23	机械、汽车零配件、五金电子
1440	S447035	广东汕尾红海湾经济开发区	1992.11	1095.3	电力
1441	S447036	广东海丰经济开发区	1992.12	325.63	毛织服装、珠宝首饰、电子信息
1442	S449093	广东陆河县产业转移工业园区	2015.05	326.65	新能源汽车、建材、机械设备
1443	S447069	广东汕尾星都经济开发区	1994.01	148.3	医药、节能设备、新材料
1444	S447037	广东陆丰东海经济开发区	1994.03	500	珠宝加工、电子机械、纺织服装
1445	S449026	广东河源江东新区产业转移工业园区	1992.01	211	光学、电子信息、装备制造
1446	S449094	广东龙川县产业转移工业园区	2008.11	400	电子、电器、钢结构
1447	S449095	广东连平县产业转移工业园区	2015.05	139.46	农产品加工、新材料、电子信息
1448	S449096	广东和平县产业转移工业园区	2007.05	407.1	钟表计时仪器、电子通信设备、医药
1449	S449097	广东东源县产业转移工业园区	2011.10	843.5	新电子、新材料、机械
1450	S449044	广东阳江工业园区	2002.12	976	金属制品、机械装备、硅胶制品
1451	S448045	广东阳江高新技术产业开发区	2002.12	1955.27	金属制品、食品、医药
1452	S447046	广东阳东经济开发区	2006.08	1491.42	金属制品、木材加工、农副食品

序号	代码	开发区名称	批准时间	核准面积/hm²	主导产业
1453	S449098	广东阳西县产业转移工业园区	2005.12	1001.28	不锈钢、食品、服装
1454	S449099	广东阳春市产业转移工业园区	2007.05	1334.16	建材、特种钢、纺织服装
1455	S449100	广东佛冈县产业转移工业园区	2015.09	348.36	电子信息、食品饮料、通用装备
1456	S449101	广东顺德清远英德经济合作区	2011.12	1290.6	机械装备、电子电器、新材料
1457	S449102	广东连州市产业转移工业园区	2015.09	433.31	新材料、食品、生物医药
1458	S449039	东莞生态产业园	2006.08	1244.55	电子信息、生物技术、新能源
1459	S449103	东莞水乡新城开发区	2014.07	739.13	电子信息、纸制品、电气机械
1460	S449104	东莞粤海装备产业园	2014.11	1083.34	光电科技、电子信息、五金机械
1461	S449040	广东中山工业园区	2006.05	427.77	保健食品、化妆品、游戏游艺设备
1462	S447062	广东潮州经济开发区	1992.10	963.64	电子、五金、陶瓷
1463	S447063	广东潮安经济开发区	1992.10	236.13	食品、不锈钢、印刷
1464	S447064	广东饶平潮州港经济开发区	1993.06	114.93	能源、化工、水产品加工
1465	S448065	广东揭阳高新技术产业开发区	1992.08	698.59	装备制造、金属制品、家电
1466	S449066	揭阳榕城工业园	2006.05	495.94	制鞋、五金不锈制品、新材料
1467	S447067	广东揭东经济开发区	1992.10	569.55	金属制品、装备制造、食品饮料
1468	S449105	广东揭阳产业转移工业园区	2015.09	478.85	黑色金属加工、金属制品、农副食品
1469	S449106	揭阳大南海石化工业区	2007.07	1731.27	石油炼化、精细化工、新材料
1470	S449107	广东普宁市产业转移工业园区	2007.08	274.66	生物医药、医疗器械、纺织服装
1471	S449068	广东云浮工业园区	2006.05	569.79	石材加工、电力、热力、机械装备
1472	S448108	云浮高新技术产业开发区	2010.11	300	云计算及信息服务、建材、装备制造
1473	S449109	广东新兴县产业转移工业园区	2016.05	578.3	金属制品、通信电子设备、医药
1474	S449110	广东郁南县产业转移工业园区	2015.06	258.01	电气机械器材、农副食品、医药
1475	S449111	广东罗定市产业转移工业园区	2015.05	762.06	电子、纺织、日用品
广西壮族自治区（共50家）					
1476	S457003	南宁仙葫经济开发区	2001.01	671.42	电子、食品、混凝土
1477	S459005	南宁江南工业园区	2006.02	453.48	铝加工、电子信息
1478	S457002	广西良庆经济开发区	2006.05	248.96	建材、农副产品加工、医药
1479	S459024	宾阳县黎塘工业园区	2009.04	1600.99	建材、农副产品加工、木材
1480	S459004	南宁六景工业园区	2002.12	157.15	机械、浆纸、农林产品加工
1481	S459010	广西柳州阳和工业园区	1994.11	1314.7	汽车零部件、机械

序号	代码	开发区名称	批准时间	核准面积/hm²	主导产业
1482	S458025	广西柳州河西高新技术产业开发区	2015.09	1766.55	汽车、机械、食品
1483	S459026	柳州市柳北工业区	2009.01	933.37	汽车零部件、机械、钢铁
1484	S459027	柳江区新兴工业园	2007.09	1030.59	汽车零部件、机械、食品
1485	S457009	广西鹿寨经济开发区	1992.12	1282.51	造纸、建材、化工
1486	S457006	桂林经济技术开发区	1994.11	1878.53	装备制造、食品、生物医药
1487	S459007	广西灵川八里街工业园区	1992.06	1074.92	机械、电子信息、商贸物流
1488	S459028	全州县工业集中区	2008.02	610.06	食品、机械、铁合金冶炼
1489	S459029	灌阳县工业集中区	2009.04	432.26	冶炼、食品、石材加工
1490	S459030	广西平乐县工业集中区	2008.02	548.97	机械、建材
1491	S458012	广西梧州高新技术产业开发区	2002.09	1121.39	医药、电子信息、食品
1492	S459011	广西梧州长洲工业园区	1991.05	27	再生不锈钢、电子、机械
1493	S459031	梧州进口再生资源加工园区	2008.10	716.06	再生铜、再生塑料、再生铝
1494	S459032	藤县中和陶瓷产业园	2008.02	867.21	陶瓷
1495	S459018	广西北海工业园区	2003.03	1344.36	电子信息
1496	S459033	北海市铁山港临海工业区	2011.05	1707.25	石化、新材料
1497	S459020	广西合浦工业园区	1992.07	545.46	食品、农副产品加工、水产品加工
1498	S459034	防城港市企沙工业区	2009.09	1707.56	有色金属、钢铁、节能环保
1499	S459035	防城区工业园区	2009.09	74.54	食品、海产品加工、建材
1500	S457036	钦州市钦北区经济技术开发区	2007.09	821.35	农产品加工、建材、医药
1501	S459037	灵山工业区	2009.01	1179.08	食品、木材、服装
1502	S457038	广西浦北经济开发区	2008.10	904.48	医药、建材
1503	S459039	贵港国家生态工业示范园区	2012.09	385.11	电子信息、新能源、生物制药
1504	S459013	贵港市产业园区	2006.10	1645.55	电力、木材、化工
1505	S459040	平南县工业园	2010.01	1046.13	建材、食品、五金
1506	S459041	桂平市产业园	2008.02	1380.75	医药、服装、机械
1507	S457014	广西玉林经济开发区	2002.12	947	食品、彩印、医疗设备
1508	S457015	广西容县经济开发区	1991.09	1316.51	食品、电子信息、林化工
1509	S459042	广西北部湾经济区龙港新区	2017.04	1419.23	装备制造、再生资源加工、化工
1510	S459016	广西北流日用陶瓷工业园区	2006.02	1336.15	陶瓷、水泥
1511	S458021	广西百色高新技术产业开发区	2006.05	2566.61	铝加工、农副产品加工、装备制造
1512	S459043	百色新山铝产业示范园	2011.05	695.09	铝加工

序号	代码	开发区名称	批准时间	核准面积/hm²	主导产业
1513	S459044	广西田东石化工业园区	2013.02	522.58	石化、氯碱化工、铝加工
1514	S459045	平果工业区	2007.11	1029.32	铝产品、家具
1515	S459046	粤桂县域经济产业合作示范区	2007.11	510.67	钢材加工、人造板、陶瓷
1516	S459023	广西贺州旺高工业区	2002.05	1273.67	服装、食品、医药
1517	S459047	贺州市钟山工业园区	2009.01	322.62	机械装备、碳酸钙材料、轻纺
1518	S459048	广西贺州华润循环经济产业示范区	2012.08	340.6	电力、水泥、啤酒
1519	S459049	河池市工业园区	2007.12	422.31	有色金属冶炼、建材、农副产品加工
1520	S457022	广西宜州经济开发区	1992.12	548.07	丝绸、生物化工、食品
1521	S459050	河池南丹有色金属新材料工业园区	2008.02	664.98	有色金属冶炼加工
1522	S459051	来宾市河南工业园区	2007.11	1447.53	电力、制糖
1523	S459052	合山市产业转型工业园	2010.05	645.7	电力、煤炭、制糖
1524	S459053	中泰崇左产业园	2007.12	997.26	制糖、矿产品加工、建材
1525	S459054	广西中国一东盟青年产业园	2007.11	324.04	有色金属、化工、建材
海南省（共2家）					
1526	S469006	海南东方工业园区	2011.06	1713.95	油气化工、精细化工
1527	S467004	海南老城经济开发区	2006.03	2607.8	软件、信息技术、农副产品加工、电力
重庆市（共41家）					
1528	S507015	重庆渝东经济开发区	1993.04	363.99	化工、建材、照明电气
1529	S509016	重庆涪陵工业园区	2003.03	1471.29	装备制造、医药、材料
1530	S509017	重庆白涛工业园区	1997.08	316.93	化工、页岩气、铝加工
1531	S509001	重庆建桥工业园区	2002.12	1152.88	机械、新材料、环保
1532	S509002	重庆港城工业园区	2002.12	683.07	电子电器、汽车零部件、建材
1533	S509004	重庆西永微电子产业园区	2006.05	1708.53	计算机、电子及通信设备
1534	S509005	重庆沙坪坝工业园区	2002.12	1162.95	汽车、摩托车、装备制造
1535	S509006	重庆九龙工业园区	1998.08	2142.59	汽车、摩托车、智能装备
1536	S509007	重庆西彭工业园区	2003.07	1406.39	铝加工、汽车摩托车零配件、食品
1537	S509008	重庆茶园工业园区	2002.12	1754.96	电子信息、装备制造、医药化工
1538	S509009	重庆同兴工业园区	2002.12	1107.99	机械、仪器仪表、汽车摩托车配件
1539	S509010	重庆万盛工业园区	2002.12	539.15	煤电、化工、新材料、装备制造

序号	代码	开发区名称	批准时间	核准面积/hm²	主导产业
1540	S509035	重庆綦江工业园区	2006.01	801.48	汽车、摩托车、有色金属冶炼加工
1541	S509011	重庆双桥工业园区	2003.03	1227.02	汽车及零部件、装备制造、电子信息
1542	S508026	重庆大足高新技术产业开发区	2003.07	530.55	智能装备、节能环保装备、五金
1543	S509012	重庆空港工业园区	2002.12	1001.4	汽车、摩托车、电气设备
1544	S509013	重庆巴南工业园区	2002.12	964.78	汽车、装备制造、电子信息
1545	S509018	重庆正阳工业园区	2003.07	778.07	新材料、农副产品加工、节能环保
1546	S509019	重庆长寿工业园区	2003.03	1881.06	钢铁、装备制造、智能家居
1547	S509023	重庆江津工业园区	2002.12	2817.07	汽车、摩托车、装备制造
1548	S509021	重庆合川工业园区	2003.03	2001.16	汽车、摩托车、信息技术
1549	S508022	重庆永川高新技术产业开发区	2002.12	1680.87	装备制造、电子信息、软件
1550	S509036	重庆南川工业园区	2006.01	354.48	铝铜材料、精细化工、机械装备
1551	S508025	重庆铜梁高新技术产业开发区	2002.12	1160.18	装备制造、新材料、电子信息
1552	S508024	重庆潼南高新技术产业开发区	2006.05	659.38	电子信息、装备制造、精细化工
1553	S508027	重庆荣昌高新技术产业开发区	2002.12	1705.61	装备制造、节能环保
1554	S509033	重庆开州工业园区	2003.07	360.19	纺织服装、电子信息、汽车配套
1555	S509032	重庆梁平工业园区	2002.12	682.46	集成电路、不锈钢制品
1556	S509030	重庆武隆工业园区	2003.03	241.03	汽摩及零部件、升降设备、食品加工
1557	S509037	重庆城口工业园区	2008.12	21.58	农林产品加工、矿产加工
1558	S509031	重庆丰都工业园区	2003.07	760.38	食品、医疗器械、光电
1559	S509029	重庆垫江工业园区	2003.07	463.07	机械、医药、化工
1560	S509038	重庆忠县工业园区	2006.01	192.8	医药、新材料、装备制造
1561	S509034	重庆云阳工业园区	2003.07	286.88	新材料、食品、机械装备
1562	S509039	重庆奉节工业园区	2009.09	74.71	农副产品加工、医药、轻工
1563	S509040	重庆巫山工业园区	2006.01	68.74	轻纺、机械、农副产品加工
1564	S509041	重庆巫溪工业园区	2007.04	137.43	轻纺、建材、农产品加工
1565	S509042	重庆石柱工业园区	2006.01	460.47	机械、新材料、医药
1566	S509043	重庆秀山工业园区	2006.01	211.53	食品、医药、装备制造
1567	S509044	重庆酉阳工业园区	2007.07	336.32	医药、食品、金属制品
1568	S509045	重庆彭水工业园区	2006.01	289.28	鞋服、食品、非金属矿物制品
四川省（共116家）					
1569	S519002	成都锦江工业园区	2006.02	443.69	食品、印刷、医药

续表

序号	代码	开发区名称	批准时间	核准面积/hm²	主导产业
1570	S519039	成都青羊工业集中发展区	2005.09	344.09	航空航天器、饮料、金属制品
1571	S518004	成都金牛高新技术产业园区	2006.02	269.11	医药、饮料、食品、电子设备
1572	S519005	成都武侯工业园区	2006.04	450.85	电子信息、医药、机电
1573	S519040	成都龙潭都市工业集中发展区	2005.09	812.72	装备制造、电子信息、节能环保
1574	S517041	成都青白江经济开发区	2005.09	878.86	装备制造、建材
1575	S519001	成都新都工业园区	1992.08	805.27	轨道交通设备、航空、能源装备
1576	S519003	成都台商投资工业园区	1993.12	163.72	医药、食品饮料、电子信息
1577	S517010	四川双流经济开发区	1992.08	2523.88	电子信息、新能源、装备制造
1578	S519042	成都现代工业港	2005.09	1151.32	机械、新材料、电子信息
1579	S519043	成都—阿坝工业园区	2010.07	998.64	节能环保、食品、医药
1580	S519008	四川金堂工业园区	1994.05	751.86	节能环保、电力、食品
1581	S517044	四川大邑经济开发区	2013.06	837.05	轻工、机械、食品饮料
1582	S517045	四川蒲江经济开发区	2005.09	726.38	食品、医药、印刷、包装
1583	S519009	四川新津工业园区	2006.12	228.79	轨道交通设备、食品、新材料
1584	S517006	四川都江堰经济开发区	2001.03	553.58	机械、医药、食品
1585	S519007	四川彭州工业园区	1997.05	538.01	医药、家纺、服装
1586	S517046	四川邛崃经济开发区	2005.09	1197.57	食品饮料、医药
1587	S517047	四川崇州经济开发区	2010.05	1208.85	电子信息、建材、家具
1588	S517037	四川简阳经济开发区	2006.08	176.59	机械、农副食品、橡胶化工
1589	S519048	四川自贡航空产业园	2015.07	305	通用航空、装备制造、航空新材料
1590	S517049	四川荣县经济开发区	2009.12	538.76	农副产品加工
1591	S517050	四川富顺晨光经济开发区	2007.12	801.1	化工、新材料、汽车零部件
1592	S518051	四川攀枝花东区高新技术产业园区	2000.07	1896.79	金属冶炼加工、石化、核燃料
1593	S519052	四川攀枝花格里坪特色产业园区	2008.08	310.47	煤化工、电力、机械、建材
1594	S519053	四川泸州白酒产业园区	2006.06	371.33	酿酒、印刷、包装
1595	S517054	四川泸州纳溪经济开发区	2012.03	806.54	化学制品、酿酒、饮料、非金属矿物制品
1596	S517055	四川泸县经济开发区	2011.05	314.41	酿酒、精细化工、新材料
1597	S519056	四川合江临港工业园区	2008.04	302.26	化工、酿酒、茶、农副食品
1598	S519057	四川叙永资源综合利用经济园区	2011.12	202.24	非金属矿物制品、竹木制品、农副食品

序号	代码	开发区名称	批准时间	核准面积/hm²	主导产业
1599	S517058	四川古蔺经济开发区	2011.02	172.45	酿酒
1600	S518059	四川中江高新技术产业园区	2015.07	635.14	新材料、电子信息、医药
1601	S517060	四川罗江经济开发区	2012.12	262.39	新材料、电子信息、机械
1602	S517061	四川什邡经济开发区	2010.05	827.72	食品、化工、金属制品
1603	S517062	四川绵竹经济开发区	2010.05	535.51	化工、建材、医药、装备制造
1604	S519063	德阳—阿坝生态经济产业园区	2012.05	649.89	新材料、能源、磷化工
1605	S519016	四川绵阳工业园区	2001.07	787.73	电子信息、装备制造
1606	S517064	四川绵阳游仙经济开发区	2013.04	545.59	节能环保、新材料、通信
1607	S519065	四川安县工业园区	2010.07	180	精细化工、医药、汽车及零部件
1608	S519018	四川三台工业园区	2006.02	325.59	服装、能源化工、食品
1609	S517066	四川盐亭经济开发区	2014.07	660.25	医药、建材、机电
1610	S517067	四川梓潼经济开发区	2014.07	417.35	食品、轻纺、机械
1611	S517068	四川北川经济开发区	2012.06	355.36	电子、新材料、食品
1612	S519017	四川江油工业园区	2006.02	1886.11	装备制造、电子、新材料
1613	S517069	四川广元昭化经济开发区	2007.09	239.19	食品饮料、建材、电子
1614	S517070	四川广元朝天经济开发区	2015.12	250.65	建材、农产品加工
1615	S517071	四川旺苍经济开发区	2012.12	333.88	煤资源综合利用、生物资源综合利用、机械
1616	S517072	四川青川经济开发区	2011.12	398.62	矿产品加工、节能环保、新材料
1617	S517073	四川剑阁经济开发区	2013.12	212.98	新能源、新材料、食品、建材
1618	S517074	四川苍溪经济开发区	2014.07	155.1	农副产品加工、天然气加工、电子
1619	S517075	四川遂宁安居经济开发区	2007.03	1296.61	机械、天然气化工
1620	S517076	四川蓬溪经济开发区	2009.12	663.96	家具、服装、食品饮料
1621	S517077	四川射洪经济开发区	2012.05	925.76	新材料、机电、精细化工
1622	S517078	四川大英经济开发区	2001.12	541.16	石化、纺织、机电
1623	S517079	四川内江东兴经济开发区	2010.04	390.99	资源综合利用、精细化工、食品
1624	S517080	四川威远经济开发区	2008.01	330	钒钛钢铁、节能环保、新材料
1625	S517022	四川资中经济开发区	2006.12	402.97	食品、农副产品加工、机械
1626	S517081	四川乐山沙湾经济开发区	2009.05	615.83	不锈钢、钒钛钢、机械
1627	S517082	四川犍为经济开发区	2008.05	61.4	建材、竹浆纸、机械
1628	S517083	四川井研经济开发区	2008.05	255.39	农副食品、纺织
1629	S517025	四川夹江经济开发区	2006.08	108.55	陶瓷、新材料

序号	代码	开发区名称	批准时间	核准面积/hm²	主导产业
1630	S517084	四川峨眉山经济开发区	2006.08	248.31	建材、食品饮料、机械
1631	S518085	四川南充潆华高新技术产业园区	2007.04	596.83	装备制造、新材料、电子信息
1632	S517086	四川南充航空港经济开发区	2007.06	1028.61	电子、服装、建材
1633	S517027	四川南充经济开发区	1993.05	725.94	石化、生物新能源、化工
1634	S517087	四川南部经济开发区	2010.05	591.45	机械、建材、食品、医药
1635	S517088	四川营山经济开发区	2016.05	386.85	机械、农产品加工、建材
1636	S519028	四川蓬安工业园区	2006.02	197.08	机械、农产品加工、电子
1637	S517089	四川仪陇经济开发区	2006.09	429.1	农副产品加工、鞋帽、电子
1638	S517090	四川西充经济开发区	2009.12	404	机械、生物科技、农产品加工
1639	S517091	四川阆中经济开发区	2016.05	439.45	食品、新材料、新能源
1640	S517034	四川眉山经济开发区	2006.02	1013.81	医药、化工、食品、机械
1641	S519092	甘孜—眉山工业园区	2012.01	745.43	有色金属、新能源、新材料
1642	S517035	四川彭山经济开发区	2006.02	331.04	精细化工、新材料、装备制造
1643	S517093	四川仁寿经济开发区	2012.08	361.77	农副产品加工、医药、建材
1644	S517094	四川洪雅经济开发区	2005.11	111	食品、机械、电子
1645	S517095	四川丹棱经济开发区	2014.03	292.99	机械、建材、新材料
1646	S517096	四川青神经济开发区	2006.04	182.58	机械、日用化工
1647	S517097	四川宜宾南溪经济开发区	2007.07	560.66	食品饮料、轻工、医药
1648	S518098	四川宜宾县高新技术产业园区	2013.12	642.98	装备制造、能源、酿酒
1649	S517099	四川江安经济开发区	2007.09	515.01	化工、竹木制品、食品
1650	S517100	四川长宁经济开发区	2008.07	254.85	农产品加工、新材料
1651	S517101	四川高县经济开发区	2014.01	160.46	农副产品加工、能源、医药
1652	S517102	四川珙县经济开发区	2007.12	295.02	能源、建材、化工
1653	S517103	四川筠连经济开发区	2007.10	277.48	煤炭、建材、农产品加工
1654	S517104	四川兴文经济开发区	2009.07	166.92	食品、环保
1655	S517105	四川屏山经济开发区	2012.12	350.23	轻纺、农副产品加工、化工
1656	S517106	四川广安临港经济开发区	2014.02	588	电力、农副食品、包装
1657	S517107	四川岳池经济开发区	2013.11	292.55	农副食品、医药、机械
1658	S517108	四川武胜经济开发区	2010.05	840.44	金属制品、农副产品加工、医药
1659	S518109	四川邻水高新技术产业园区	2006.03	677.08	节能环保、装备制造、电子信息
1660	S517110	四川华蓥山经济开发区	2014.09	538.72	电子信息、机械、建材

序号	代码	开发区名称	批准时间	核准面积/hm²	主导产业
1661	S517111	四川达州通川经济开发区	2008.04	876.51	金属冶炼加工、食品、建材
1662	S517031	四川达州经济开发区	2003.03	1426.84	能源、化工、机械
1663	S517112	四川达州普光经济开发区	2008.04	324.51	天然气化工、建材、新材料
1664	S517113	四川开江经济开发区	2008.02	118.13	五金、农副产品加工、电子
1665	S517114	四川大竹经济开发区	2011.02	603.92	建材、能源、电子
1666	S517115	四川渠县经济开发区	2007.06	241.22	农产品加工、电子、汽摩配件
1667	S517030	四川雅安经济开发区	2006.02	646.02	新材料、机械
1668	S519116	成都—雅安工业园区	2013.01	280.99	机械
1669	S517117	四川荥经经济开发区	2007.03	586.31	合金、建材、宝石加工
1670	S519118	四川汉源工业园区	2012.12	169.24	有色金属冶炼、化工、食品
1671	S519119	四川石棉工业园区	2012.12	459.07	冶金、磷化工、新材料
1672	S517120	四川天全经济开发区	2008.09	372.18	电冶、建材、新材料
1673	S517121	四川芦山经济开发区	2013.11	347.56	纺织、根雕产品、新材料
1674	S519122	四川宝兴汉白玉特色产业园区	2007.01	131.18	石材、电力
1675	S517033	四川巴中经济开发区	2003.06	879.6	机械、电子、服装
1676	S517123	四川平昌经济开发区	2012.03	348.18	机械、食品饮料、能源
1677	S518036	四川资阳高新技术产业园区	1995.10	254.35	汽车、食品饮料、电子
1678	S517124	四川安岳经济开发区	2001.10	623.37	农副产品加工、医药、建材
1679	S517125	四川乐至经济开发区	2010.04	754.65	食品、纺织、汽车及零部件
1680	S519038	四川阿坝工业园区	2006.08	161.56	铝冶炼、化学原料、非金属矿物制品
1681	S519126	四川西昌钒钛产业园区	2004.12	859.4	钒钛钢铁、新材料、装备制造
1682	S519127	四川德昌特色产业园区	2005.07	230.78	装备制造、稀土、钒钛
1683	S517128	四川会理有色产业经济开发区	2006.12	116.2	有色金属
1684	S517129	四川冕宁稀土经济开发区	2007.12	118.86	稀土、建材
贵州省（共57家）					
1685	S527014	贵州乌当经济开发区	2011.12	422.7	医药、食品、电子信息
1686	S527001	贵州白云经济开发区	1992.05	395.32	铝加工、装备制造、食品
1687	S527015	贵州开阳经济开发区	2011.11	676.85	煤化工、建材
1688	S527016	贵州息烽经济开发区	2011.11	210.2	煤化工、建材
1689	S527002	贵州修文经济开发区	2006.06	651.07	医药、新材料、装备制造
1690	S527017	贵州清镇经济开发区	2011.08	370.18	铝加工、建材、电力

序号	代码	开发区名称	批准时间	核准面积/hm²	主导产业
1691	S527011	贵州钟山经济开发区	1992.05	595.46	医药、装备制造
1692	S527018	贵州水城经济开发区	2011.11	1099.74	煤炭加工、电力、煤电铝
1693	S527012	贵州红果经济开发区	1995.06	566.09	装备制造、电子、医药
1694	S528019	遵义高新技术产业开发区	2016.05	623.85	装备制造、新材料、电子信息
1695	S527020	贵州和平经济开发区	2012.01	477.28	有色金属加工、建材、装备制造
1696	S527021	贵州娄山关经济开发区	2011.07	451.94	酿酒、电力、化工
1697	S527022	贵州绥阳经济开发区	2012.01	407.97	装备制造、有色金属
1698	S527023	贵州正安经济开发区	2012.12	79.64	乐器、食品、智能制造
1699	S527024	贵州湄潭经济开发区	2011.07	393.79	农副产品加工
1700	S527025	贵州余庆经济开发区	2012.12	43.44	食品、石材、烟花爆竹
1701	S527026	贵州习水经济开发区	2012.09	293.07	酿酒
1702	S527027	贵州仁怀经济开发区	2011.07	504.8	酿酒
1703	S527004	贵州省安顺经济技术开发区	1992.05	538	装备制造、医药、农副产品加工
1704	S527005	贵州西秀经济开发区	2006.08	270.39	装备制造、建材、医药
1705	S527028	贵州普定经济开发区	2012.08	292.45	电力、建材
1706	S529029	镇宁产业园区	2011.01	258.7	纺织、日用品、化工
1707	S527030	贵州毕节经济开发区	2011.07	729.7	汽车、专用设备、建材
1708	S527031	贵州大方经济开发区	2012.08	92.32	煤炭加工、电力、医药
1709	S527032	贵州黔西经济开发区	2012.08	340.11	能源、装备制造、食品
1710	S527033	贵州金沙经济开发区	2012.08	196.61	食品、建材
1711	S527034	贵州织金经济开发区	2011.07	403.71	煤化工、磷化工、电力
1712	S527035	贵州纳雍经济开发区	2012.08	568.12	煤炭加工、电力、农产品加工
1713	S527036	贵州威宁经济开发区	2011.07	510.88	农产品加工、装备制造
1714	S527037	贵州碧江经济开发区	2012.10	445.55	能源、建材、食品
1715	S527038	贵州万山经济开发区	2012.12	371.07	资源循环利用、新材料、新能源
1716	S527010	贵州大龙经济开发区	1999.07	667.62	精细化工、新能源、新材料
1717	S527039	贵州思南经济开发区	2012.12	314.99	船舶、农产品加工
1718	S527040	贵州印江经济开发区	2012.10	300	电子、鞋服、食品
1719	S527041	遵义德江经济开发区	2012.12	90.13	装备制造、农产品加工、建材
1720	S527042	贵州沿河经济开发区	2012.12	362.37	医药、能源、建材
1721	S527043	贵州松桃经济开发区	2012.12	300.67	电解锰、碳酸锰粉
1722	S527013	贵州顶效经济开发区	1995.05	220.35	医药、食品、建材

附录

续表

序号	代码	开发区名称	批准时间	核准面积/hm²	主导产业
1723	S527044	贵州兴仁经济开发区	2012.12	200.79	服装
1724	S527045	贵州安龙经济开发区	2012.12	126.62	铁合金、石材、水泥
1725	S527009	贵州凯里经济开发区	1999.07	340.22	医药、食品、装备制造
1726	S527046	贵州炉碧经济开发区	2011.07	382.21	煤电铝、建材、装备制造
1727	S527047	贵州三穗经济开发区	2012.08	330.13	轻工、服装、食品
1728	S527048	贵州省黔东经济开发区	2012.01	452.6	酿酒、电冶、建材
1729	S527049	贵州岑巩经济开发区	2012.08	244.66	冶金、建材、食品
1730	S527050	贵州锦屏经济开发区	2012.09	220.65	建材、食品、电力
1731	S527051	贵州台江经济开发区	2012.01	192.07	蓄电池、再生铅
1732	S527052	贵州黎平经济开发区	2012.12	108.18	农产品加工、林产品加工、电子
1733	S527053	贵州洛贯经济开发区	2011.07	443.95	建材、电子、农产品加工
1734	S527054	贵州丹寨金钟经济开发区	2011.07	154.97	装备制造、食品、电子
1735	S527007	贵州都匀经济开发区	1995.09	139.02	医药、装备制造、建材
1736	S527055	贵州福泉经济开发区	2011.07	614.52	磷化工、煤化工、电力
1737	S527056	贵州昌明经济开发区	2011.07	133.93	装备制造、建材
1738	S527057	贵州瓮安经济开发区	2012.05	175.44	磷化工、煤化工
1739	S527058	贵州独山经济开发区	2012.01	857.16	冶金、建材、装备制造
1740	S527008	贵州龙里经济开发区	2006.03	311.88	建材、医药
1741	S527059	贵州惠水经济开发区	2012.07	266.05	装备制造、农产品加工、建材

云南省（共63家）

序号	代码	开发区名称	批准时间	核准面积/hm²	主导产业
1742	S539016	云南五华科技产业园	2008.08	3275.35	专用设备、印刷
1743	S539017	云南省东川再就业特色产业园	2004.04	433.23	金属加工、再生资源利用
1744	S539018	云南呈贡信息产业园区	2015.12	2071.23	医药、信息
1745	S539019	云南晋宁工业园区	2007.06	390.37	磷化工、贵金属、装备制造
1746	S539020	云南富民工业园区	2012.03	364.95	钛盐化工、装备制造、新材料
1747	S539021	石林生态工业集中区	2012.03	385.08	农畜产品加工、建材
1748	S539022	云南禄劝工业园区	2008.12	585.77	电力、非金属矿采选、农副产品加工
1749	S539023	云南寻甸特色产业园区	2007.04	583.56	煤磷化工、能源、建材
1750	S539024	云南安宁工业园区	2006.01	1390.66	磷化工、钢铁、石化
1751	S539025	云南沾益工业园区	2004.05	749.85	煤化工、冶金、能源
1752	S539026	云南马龙工业园区	2012.12	855.66	冶金、机械、建材

序号	代码	开发区名称	批准时间	核准面积/hm²	主导产业
1753	S539027	云南师宗工业园区	2006.11	474.92	化工、冶金、建材
1754	S539028	云南罗平工业园区	2007.05	572.72	生物资源加工、能源化工、建材
1755	S539029	云南富源工业园区	2012.03	435.19	冶金、电力、煤化工
1756	S539030	云南会泽工业园区	2008.12	254.91	卷烟、冶金、生物
1757	S537003	云南宣威经济开发区	1994.08	492.08	能源、化工、冶金
1758	S537006	云南玉溪经济开发区	2003.01	252.35	冶金加工、建筑
1759	S539031	云南江川工业园区	2012.03	375.77	生物医药、装备制造、新能源
1760	S539032	云南澄江工业园区	2012.03	371.89	精细磷化工
1761	S539033	云南通海五金产业园区	2006.01	504.13	机电、彩印、包装
1762	S539034	云南新平矿业循环经济特色工业园区	2012.03	499.3	生物资源加工、箱包
1763	S539035	元江工业园区	2012.03	237.67	镍加工、建材、特色生物资源加工
1764	S537012	云南腾冲经济开发区	1996.06	240.28	林产品加工、石材、生物
1765	S539036	云南昭阳工业园区	2006.01	561.45	农产品加工、医药、建材
1766	S539037	云南盐津工业园区	2007.10	92.91	电力、农林产品加工
1767	S539038	云南大关工业园区	2012.03	269.01	水泥、建材、硅
1768	S539039	云南镇雄工业园区	2010.06	183.22	电力、建材
1769	S539040	云南彝良工业园区	2004.04	236.95	有色金属、碳素、煤化工
1770	S539041	云南水富工业园区	2006.10	385.07	能源、化工、农产品加工
1771	S538042	金山高新技术产业经济区	2011.04	941.79	生物制品
1772	S539043	云南永胜工业园区	2004.02	177.74	农产品加工、建材
1773	S537014	华坪经济开发区	1999.06	315.04	煤炭、建材、生物
1774	S539044	云南普洱工业园区	2006.05	625.33	生物制品、林产品加工
1775	S539045	云南景东工业园区	2012.03	227.23	林产品加工、生物
1776	S539046	景谷林产工业园区	2006.10	371.15	林板材、林化工、林浆纸
1777	S539047	孟连勐阿边境经济合作区	2012.05	115.86	锡矿、橡胶、农副产品加工
1778	S539048	云南临沧工业园区	2004.10	849.24	农林产品加工、矿产品加工、电力
1779	S539049	凤庆县滇红生态产业园区	2011.08	206.13	农副产品加工
1780	S539050	云县新材料光伏产业园区	2011.06	374.25	新材料、新能源、生物医药
1781	S537004	云南楚雄经济开发区	2006.05	716.14	建材、食品
1782	S539051	云南大姚特色工业园区	2006.11	46.51	食品、有色金属采选加工、轻纺
1783	S539052	云南武定工业园区	2012.12	211.49	冶金、化工、石材
1784	S539053	云南禄丰工业园区	2013.09	532.77	冶金、建材、机械
1785	S539054	云南个旧特色工业园区	2010.09	483.11	有色金属冶炼加工、资源循环利用

序号	代码	开发区名称	批准时间	核准面积/hm²	主导产业
1786	S537007	云南开远经济开发区	1999.06	164.44	产品加工
1787	S539055	云南建水工业园区	2012.03	387.88	冶金、化工、生物
1788	S539056	云南泸西工业园区	2007.04	226.74	生物医药、农产品加工、煤化工
1789	S539009	云南文山三七药物产业园区	2000.06	363.38	轻工业产品加工、三七生物资源加工
1790	S539057	云南砚山工业园区	2010.06	313.65	冶金、农副产品加工、建材
1791	S539058	麻栗坡天保边境经济合作区	2012.05	203.91	商贸、轻工
1792	S539059	马关县边境贸易加工区	2013.01	135.98	矿产品加工、生物
1793	S539060	云南丘北工业园区	2013.03	127.78	生物、石材加工
1794	S539061	富宁边境贸易加工园区	2012.03	131.86	生物、医药
1795	S539062	云南勐海工业园区	2012.03	401.42	饮料、食品、纺织
1796	S539063	云南祥云财富工业园区	2011.04	446.34	冶金、化工、农产品加工
1797	S539064	云南南涧工业园区	2003.05	211.51	农产品加工
1798	S539065	云南巍山工业园区	2012.03	170.56	医药、农副产品加工
1799	S539066	云南云龙工业园区	2011.08	41.46	能源、矿冶、建材、生物
1800	S539067	云南洱源邓川工业园区	2015.02	147.33	装备制造、农产品加工
1801	S539068	云南鹤庆兴鹤工业园区	2013.06	350.91	矿冶、能源、建材
1802	S539069	云南芒市工业园	2007.06	469.77	咖啡、制糖、橡胶
1803	S539070	云南陇川工业园区	2013.03	264.42	制糖、硅冶炼、干酵母
1804	S537015	云南迪庆经济开发区	1994.07	108.01	医药、农副产品加工、有色金属加工
西藏自治区（共4家）					
1805	S548001	拉萨高新技术产业开发区	2015.12	1680.96	生物、医药、信息技术
1806	S549002	达孜工业园区	2011.12	603.09	生物、医药、农畜产品加工
1807	S548003	西藏那曲高新技术产业开发区	2012.10	1479.06	农畜产品加工
1808	S549004	西藏自治区藏青工业园	2013.12	2999.33	矿产资源加工、清洁能源装备、藏医药
陕西省（共40家）					
1809	S617003	西安浐河经济开发区	1994.09	286.78	机械、服装、钢材加工
1810	S619005	西安灞桥工业园区	2002.09	223.64	商贸物流
1811	S619018	临潼区新丰工业集中区	2010.08	439.56	机械加工、乳制品加工、油脂加工
1812	S619002	西安郭杜工业园区	2006.08	855.27	机械、电子
1813	S619007	陕西高陵泾河工业园区	1993.08	1013.01	装备制造
1814	S619009	陕西户县沣京工业园区	2001.03	172.63	装备制造、电子信息、生物医药
1815	S619008	陕西蓝田工业园区	2006.05	195.47	食品加工、机械、生物制药

序号	代码	开发区名称	批准时间	核准面积/hm²	主导产业
1816	S617012	陕西铜川经济技术开发区	1993.11	1992.45	电力能源、装备制造、食品加工
1817	S618019	凤翔高新技术产业开发区	2015.09	1604	煤化工、白酒酿造、电力能源
1818	S617010	蔡家坡经济技术开发区	1995.03	302	汽车及零部件、机电模具、生物制品
1819	S619020	眉县科技工业园	2014.07	686.1	钛材加工、机械、纺织
1820	S618021	三原高新技术产业开发区	2015.06	1319.7	农产品加工、先进制造、生物医药
1821	S619022	咸阳市泾阳县工业密集区	2009.03	168.32	化工、机械
1822	S619023	咸阳市乾县纺织工业园区	2009.03	481	纺织加工
1823	S619024	咸阳市礼泉县工业园	2009.03	173.41	食品加工
1824	S619025	咸阳市彬县循环经济工业园区	2009.03	77.59	清洁煤电
1825	S619026	长武煤电工业园区	2013.09	297.16	清洁煤电
1826	S619027	咸阳市武功县工业园区	2009.03	458.36	建材、食品、医药
1827	S619028	澄城韦庄工业集中区	2013.09	756.53	农产品加工、新能源
1828	S618029	蒲城高新技术产业开发区	2015.09	116.59	生物、化工材料、农副产品加工
1829	S619030	渭南市白水县苹果科技产业园	2009.03	104.4	食品加工
1830	S618031	富平高新技术产业开发区	2015.07	354.68	装备制造、绿色食品加工、包装印刷
1831	S617032	韩城经济技术开发区	2015.01	1953.14	钢铁、煤化工、电力能源
1832	S618033	延安高新技术产业开发区	2014.03	1630.05	能源化工、精细化工、装备制造
1833	S619034	安塞工业园区	2009.04	281.79	石油机械装备、新能源、生物医药
1834	S619035	延长县工业集中区	2009.06	166.78	能源化工
1835	S619036	甘泉工业园区	2009.03	163.75	农副产品加工、石油装备、精细化工
1836	S619037	延安市中国洛川现代苹果产业园区	2009.03	167.33	苹果加工销售物流
1837	S619038	城固县三合循环经济工业园区	2013.09	238.38	食品、医药
1838	S619039	宁强县循环经济产业园区	2009.06	254.88	食品、中药材加工、钢材加工
1839	S619040	汉阴县月河工业集中区	2009.03	113.61	富硒食品、建材
1840	S619041	石泉县古堰工业集中区	2013.09	238.61	丝绸服装、装备制造、新材料
1841	S619042	安康市中国紫阳硒谷生态工业园	2009.03	136.76	茶制品、饮料、富硒食品
1842	S619043	岚皋县六口工业集中区	2010.02	119.67	食品饮料、新材料
1843	S619044	平利县工业集中区	2009.06	469.84	富硒食品、新材料、装备制造
1844	S618045	旬阳高新技术产业开发区	2009.03	409.14	生物制品、新材料、先进制造
1845	S619046	商丹循环工业经济园区	2009.04	734.75	新材料、光伏、新能源汽车

序号	代码	开发区名称	批准时间	核准面积/hm²	主导产业
1846	S619047	洛南县陶岭工业园区	2009.06	383.39	矿产品深加工、农副产品加工、建材
1847	S619048	商南县工业集中区	2010.08	342.64	食品、电子、矿产品
1848	S619049	山阳县工业集中区	2010.02	199.79	材料、有机食品、装备制造
甘肃省（共58家）					
1849	S627003	兰州九州经济开发区	2006.08	671.89	食品、医药、商贸物流
1850	S629004	兰州西固新城工业园区	2006.08	65.07	商贸物流
1851	S627001	兰州连海经济开发区	1988.08	690.42	碳素、新材料、食品
1852	S629035	皋兰三川口工业园区	2016.05	309.17	建材、机械、食品
1853	S629002	兰州榆中和平工业园区	2006.04	465	新材料、医药、机械
1854	S629005	甘肃嘉峪关工业园区	2006.03	841.33	有色金属冶炼加工、装备制造、建材
1855	S629007	甘肃永昌工业园区	2006.03	479.91	农畜产品加工、机械、商贸物流
1856	S627009	甘肃白银西区经济开发区	1988.08	1960.36	医药、食品、商贸物流
1857	S627010	甘肃白银平川经济开发区	2006.03	448.43	建材、农产品加工、装备制造
1858	S629036	白银刘川工业集中区	2013.06	659.86	有色金属加工、稀土、化工建材
1859	S629037	会宁工业集中区	2013.06	357.6	农产品加工、纺织、电器
1860	S629038	景泰工业集中区	2013.06	234.49	建材、非金属矿物加工、机械
1861	S627039	张家川经济开发区	2013.06	112.21	医药、食品、电力、建材
1862	S629019	甘肃武威工业园区	2006.03	1168.5	食品饮料、农副产品加工、生物医药
1863	S629020	甘肃武威黄羊工业园区	2006.03	145.42	农副食品加工、装备制造、生物技术
1864	S629040	武威民勤红沙岗能源化工工业集中区	2009.06	641.85	精细化工、能源、农副产品加工
1865	S629041	武威古浪工业集中区	2009.06	415.86	建材、医药、食品
1866	S629042	武威天祝金强工业集中区	2009.06	299.43	新材料、建材、机械
1867	S629043	肃南县祁青工业集中区	2010.12	101.04	矿产品采选加工、水电
1868	S629017	甘肃民乐工业园区	2006.03	255.78	农副产品加工、医药、新材料
1869	S629015	甘肃临泽工业园区	2006.03	411.28	农副产品加工、建材
1870	S629016	甘肃高台工业园区	2006.03	621.57	农副产品加工、装备制造、化工
1871	S629018	甘肃山丹城北工业园区	2006.03	207.37	建材、农产品加工、化工冶炼
1872	S629026	甘肃平凉工业园区	2006.08	849.96	煤电化工、装备制造、商贸物流
1873	S629044	泾川工业集中区	2014.03	67.1	农副产品加工、建材、纺织
1874	S629045	灵台县工业集中区	2014.03	64.18	煤电化工、建材、农副产品加工

序号	代码	开发区名称	批准时间	核准面积/hm²	主导产业
1875	S629046	崇信县工业集中区	2014.03	177.03	煤电化工、建材、机械
1876	S629027	甘肃华亭工业园区	2006.04	361.53	煤化工、有色金属加工、电力
1877	S629047	庄浪县工业集中区	2014.03	36.96	农副产品加工
1878	S629028	甘肃静宁工业园区	2006.03	388.55	包装、印刷、农副产品加工
1879	S629048	金塔工业集中区	2015.05	15.56	农副产品加工、矿产采选加工、煤化工
1880	S629049	阿克塞工业园区	2015.05	260.01	建材、化工、装备制造
1881	S627012	甘肃玉门经济开发区	2006.03	710	石化、装备制造、煤化工
1882	S629050	敦煌市循环经济产业园区	2015.05	28.7	装备制造、建材
1883	S629029	甘肃庆阳西峰工业园区	2006.03	399.44	石化、装备制造、医药、食品
1884	S629051	庆城驿马工业集中区	2008.09	301.29	农副产品加工、医药、食品
1885	S629052	合水县工业集中区	2008.09	75.59	特色农产品加工
1886	S629053	正宁县周家工业集中区	2010.12	50.76	煤电化工
1887	S629054	宁县长庆桥工业集中区	2008.09	334.76	煤电化工
1888	S629055	镇原金龙工业集中区	2008.09	77.18	农副产品加工
1889	S627021	甘肃定西经济开发区	2006.08	850.21	食品、医药、装备制造
1890	S629056	通渭县工业集中区	2011.04	221.39	农副产品加工、机械
1891	S627022	甘肃陇西经济开发区	2006.03	1681.43	中医药、铝冶炼及制品、装备制造
1892	S629057	渭源县工业集中区	2011.04	152.75	医药、农产品加工
1893	S627023	甘肃临洮经济开发区	2006.03	837.98	装备制造、金属冶炼、建材
1894	S629058	漳县工业集中区	2011.04	235.84	建材、农产品加工
1895	S629024	甘肃岷县工业园区	2006.08	648.45	食品、医药、农副产品加工
1896	S629059	武都区工业集中区	2014.12	568.44	农产品加工、制药、物流
1897	S627025	陇南经济开发区	2006.12	689.53	绿色有机食品加工、电商、仓储物流
1898	S629060	宕昌县工业集中区	2014.12	92.34	医药、农产品加工
1899	S629061	康县工业集中区	2014.12	127.86	特色农副产品加工、制药
1900	S629062	西和县工业集中区	2014.12	112.67	中药材、农副产品加工
1901	S629063	礼县工业集中区	2014.12	523.48	农副产品加工、医药、商贸物流
1902	S627031	甘肃临夏经济开发区	2010.02	463.89	食品加工、民族特需用品加工

序号	代码	开发区名称	批准时间	核准面积/hm²	主导产业
1903	S629034	甘肃永靖工业园区	2006.08	70.01	装备制造、化工
1904	S627033	甘肃广河经济开发区	2006.08	20.83	皮革加工、毛纺轻工
1905	S627030	甘肃东乡经济开发区	2006.12	23.09	农畜产品加工、机械
1906	S629064	甘南合作生态产业园区	2013.11	196.81	农畜产品加工、中藏药研发、民族特色用品
青海省（共12家）					
1907	S639004	青海南川工业园区	2008.02	2605.04	藏毯绒纺、新能源、新材料
1908	S639005	西宁大通北川工业园区	2015.12	3088.68	铝电、建材、基础化工
1909	S639002	青海甘河工业园区	2002.06	3528.06	金属、化工
1910	S639006	海东工业园区乐都工业园	2011.02	1002.7	装备制造、建材、玻璃
1911	S639007	海东工业园区临空综合经济园	2010.12	3081.36	新能源、新材料、商贸物流
1912	S639008	海东工业园区民和工业园	2010.12	1247.7	铝冶炼加工、铁合金冶炼、碳化硅冶炼
1913	S639009	海东工业园区互助绿色产业园	2013.12	214.96	青稞酒酿造、生物医药、农畜产品加工
1914	S639010	海北州生物园区	2013.06	276.11	农畜产品加工、生物制药
1915	S639011	热水煤炭产业园区	2010.04	830.99	煤炭洗选加工
1916	S639012	柴达木循环经济试验区大柴旦工业园	2010.03	382.4	盐湖化工、有色金属、煤炭
1917	S639013	柴达木循环经济试验区德令哈工业园	2010.03	4701.19	盐碱化工、新材料、新能源
1918	S639014	柴达木循环经济试验区乌兰工业园	2010.03	633.44	煤化工、盐化工、新能源
宁夏回族自治区（共12家）					
1919	S649004	宁夏永宁工业园区（含永宁县闽宁扶贫产业园）	2006.03	2501.03	生物制药、装备制造
1920	S647005	石嘴山生态经济开发区	2006.08	5717.44	电石化工、多元合金、生物制药
1921	S649008	宁夏吴忠金积工业园区	2006.08	1754.82	食品、纺织、装备制造
1922	S649009	宁夏同德慈善产业园	2012.11	274.46	羊绒制品、农副产品加工、中药材
1923	S649016	宁夏吴忠青铜峡新材料产业基地	2004.02	2559.34	有色金属材料及制品、机械
1924	S647014	宁夏固原经济开发区	1997.07	1177.08	盐化工、农副产品加工、装备制造

序号	代码	开发区名称	批准时间	核准面积/hm²	主导产业
1925	S649017	宁夏吉德慈善园区	2012.01	208.25	农副产品加工、塑料制品
1926	S649018	隆德县六盘山工业园区	2012.11	171.15	农副产品加工、中药材、建材
1927	S649019	泾源县轻工产业园区	2012.11	160.42	农副产品加工
1928	S649020	彭阳县王洼产业园区	2012.08	352.58	煤炭采选、农产品加工
1929	S649012	宁夏中卫工业园区	2003.04	2195.72	精细化工、冶金、信息技术
1930	S649021	中卫市海兴开发区	2013.11	1874.64	农副产品加工、毛纺织、装备制造
新疆维吾尔自治区（共61家）					
1931	S659001	乌鲁木齐市水磨沟工业园区	2006.04	352.58	电力、建材、木器加工、印刷
1932	S659012	克拉玛依云计算产业园区	2012.11	350	云计算、软件及系统集成
1933	S658013	克拉玛依高新技术产业开发区	2005.03	6182.64	油气化工、机械
1934	S657008	吐鲁番经济开发区	2006.07	412.13	能源化工、装备制造、建材
1935	S659007	鄯善工业园区	2003.03	1251.26	石油天然气化工、无机盐化工、装备制造
1936	S659014	托克逊能源重化工工业园区	2006.12	583.6	煤炭、盐化工、新能源
1937	S658015	哈密高新技术产业开发区	2015.08	4115.42	装备制造、综合能源利用、黑色金属矿采选
1938	S659016	新疆阜康产业园	2006.10	892.08	有色金属冶炼加工、煤化工、建材
1939	S659017	呼图壁工业园区	2010.11	253.84	农副产品加工、精细化工、轻工
1940	S659018	玛纳斯工业园区	2010.08	508.82	纺织、化纤、电力
1941	S659019	奇台产业园区	2011.06	337.5	石材
1942	S659020	木垒民生工业园区	2012.09	187.29	刺绣、农产品加工、石材加工
1943	S659021	精河工业园区	2014.11	999.3	纺织服装、新材料、新能源装备
1944	S658022	轮台高新技术产业开发区	2014.12	1788.03	精细化工、新能源
1945	S659023	尉犁工业园区	2014.08	232.14	纺织服装、矿产加工、农副产品加工
1946	S659024	若羌罗布泊盐化工工业园区	2010.12	179.39	盐化工
1947	S659025	焉耆工业园区	2013.06	388.84	农产品加工、酿酒、石材
1948	S659026	和静工业园区	2010.10	988.18	钢铁、建材、农副产品加工
1949	S657010	新疆和硕经济开发区	1996.07	484.39	石材加工、农副产品加工、新材料
1950	S657027	阿克苏经济技术开发区	2009.01	999.94	建材、能源、农资产品

续表

序号	代码	开发区名称	批准时间	核准面积/hm²	主导产业
1951	S659028	温宿产业园区	2011.11	595.25	碳硅镁新材料、建材、精细化工
1952	S659029	沙雅县循环经济工业园区	2010.08	797.58	轻纺、天然气化工、农副产品加工
1953	S659030	拜城重化工工业园区	2009.01	1503.01	钢铁冶炼、煤化工、天然气化工
1954	S659031	阿图什工业园区	2010.11	1206.79	建材、金属选冶加工、农副产品加工
1955	S659032	阿克陶江西工业园区	2013.11	798.89	矿产品冶炼加工
1956	S659033	乌恰工业园区	2014.01	254.73	钢铁、有色金属、轻工
1957	S658034	疏勒高新技术产业开发区	2015.08	3512.71	钢铁、纺织服装、建材
1958	S659035	英吉沙工业园区	2010.12	401.21	纺织服装、建材、农副产品加工
1959	S659036	莎车工业园区	2012.06	998.02	铅锌冶炼、建材、农副食品
1960	S659037	叶城工业园区	2012.10	500	农副产品加工、硼化工、建材
1961	S659038	麦盖提县工业园区	2013.07	508.51	农副产品加工、纺织服装、轻工
1962	S659039	岳普湖泰岳工业园区	2011.04	927.79	农副产品加工、纺织服装、建材
1963	S659040	伽师工业园区	2009.10	600	铜、纺织服装、农产品加工
1964	S659041	巴楚工业园区	2011.11	970.36	农副产品加工、纺织服装、建材
1965	S659042	北京和田工业园区	2011.07	987.18	农产品加工、手工地毯、建材
1966	S659043	皮山三峡工业园区	2010.12	430	纺织服装、建材、农副产品加工
1967	S659044	伊南工业园区	2012.02	1000	纺织服装、农副产品加工、环保节能
1968	S657003	新疆霍城经济开发区	2000.10	769.69	农副产品加工、建材、食品加工
1969	S659045	新源工业园区	2012.01	1000	钢铁、农畜产品加工、装备制造
1970	S659046	乌苏工业园区	2005.03	991.37	石化、农副产品加工、纺织
1971	S659047	沙湾工业园区	2012.07	654.53	化工、轻工、纺织
1972	S659048	和丰工业园区	2011.09	373.09	煤化工、盐化工、石化
1973	S659049	黑龙江富蕴工业园区	2007.12	741.98	金属加工
1974	S659050	福海工业园区	2010.10	842.06	农产品加工、建材、商贸物流
1975	S659051	青河工业园区	2015.01	309.02	有色金属加工、钢铁加工、石材
1976	S659052	新疆阿拉尔台州产业园区	2013.01	572.32	光伏、机械、科研孵化
1977	S659053	第二师铁门关经济工业园区	2009.01	1032.38	纺织、农副产品加工、机械设备
1978	S659054	兵团草湖产业园	2013.03	996.23	纺织服装、食品饮料

序号	代码	开发区名称	批准时间	核准面积/hm²	主导产业
1979	S659055	第三师图木舒克工业园区	2011.04	866.29	纺织、农副食品加工、生物制药
1980	S659056	兵团霍尔果斯口岸工业园区	2010.05	851.2	电子、建材、化工
1981	S659057	第四师金岗循环经济产业园区	2011.12	114.12	硅冶炼
1982	S659058	五家渠工业园区	2010.12	4483.56	农副产品加工、纺织服装、建材
1983	S659059	第七师奎屯天北新区工业园区	2011.03	1243.74	纺织、建材、新材料
1984	S659060	第七师五五工业园区	2011.03	3765.39	石化、新材料、建材
1985	S659061	石河子化工新材料产业园区	2010.08	1747.99	新材料、化工、金属冶炼
1986	S659062	九师巴克图工业园区	2011.06	559.72	轻工
1987	S659063	九师莫合台工业园区	2012.04	338.79	建材
1988	S659064	第十师北屯工业园区	2010.11	2339.23	食品、建材
1989	S659065	第十师屯南工业园区	2008.06	540.55	农副产品加工、非金属制品
1990	S659066	兵团乌鲁木齐工业园区	2010.08	1680.41	轻工
1991	S659067	新疆兵团准东产业园区	2011.08	719.37	精细化工、装备制造

附录2　国家生态工业示范园区名单

省份	序号	园区名称
北京（1）	1	北京经济技术开发区
天津（3）	2	天津经济技术开发区
	3	天津滨海高新技术产业开发区华苑科技园
	4	天津子牙经济技术开发区
河北（1）	5	廊坊经济技术开发区
内蒙古（1）	6	乌鲁木齐经济技术开发区
辽宁（1）	7	沈阳经济技术开发区
吉林（1）	8	长春汽车经济技术开发区
上海（10）	9	上海市莘庄工业区
	10	上海漕河泾新兴技术开发区
	11	上海金桥出口加工区
	12	山东阳谷祥光生态工业园区
	13	上海化学工业经济技术开发区
	14	上海张江高科技园区
	15	上海闵行经济技术开发区
	16	上海市市北高新技术服务业园区
	17	上海市工业综合开发区
	18	上海青浦工业园区
江苏（23）	19	苏州工业园区
	20	苏州高新技术产业开发区
	21	无锡新区（高新技术产业开发区）
	22	昆山经济技术开发区
	23	张家港保税区暨扬子江国际化学工业园
	24	扬州经济技术开发区
	25	南京经济技术开发区
	26	江苏常州钟楼经济开发区
	27	江阴高新技术产业开发区
	28	徐州经济技术开发区

省份	序号	园区名称
江苏（23）	29	南京高新技术产业开发区
	30	常州国家高新技术产业开发区
	31	常熟经济技术开发区
	32	南通经济技术开发区
	33	江苏武进经济开发区
	34	武进国家高新技术产业开发区
	35	南京江宁经济技术开发区
	36	扬州维扬经济开发区
	37	盐城经济技术开发区
	38	连云港经济技术开发区
	39	淮安经济技术开发区
	40	国家东中西区域合作示范区（连云港徐圩新区）
	41	昆山高新技术产业开发区
浙江（5）	42	宁波经济技术开发区
	43	宁波高新技术产业开发区
	44	杭州经济技术开发区
	45	温州经济技术开发区
	46	嘉兴港区
安徽（2）	47	合肥高新技术产业开发区
	48	芜湖经济技术开发区
福建（1）	49	福州经济技术开发区
山东（8）	50	烟台经济技术开发区
	51	山东潍坊滨海经济开发区
	52	日照经济技术开发区
	53	临沂经济技术开发区
	54	青岛高新技术产业开发区
	55	潍坊经济开发区
	56	山东鲁北企业集团
	57	青岛经济技术开发区

省份	序号	园区名称
河南（1）	58	郑州经济技术开发区
湖南（1）	59	长沙经济技术开发区
广东（2）	60	广州开发区
	61	珠海高新技术产业开发区
四川（1）	62	成都经济技术开发区
贵州（1）	63	贵阳经济技术开发区
云南（1）	64	昆明经济技术开发区
陕西（1）	65	西安高新技术产业开发区

附录3 国家生态工业示范园区管理办法
（2015年12月16日发布）

第一章 总则

第一条 为贯彻落实《中华人民共和国环境保护法》《中华人民共和国循环经济促进法》和《中华人民共和国清洁生产促进法》等法律法规和《中共中央 国务院关于加快推进生态文明建设的意见》，促进工业领域生态文明建设，推动工业园区实行生态工业生产组织方式和发展模式，促进工业园区绿色、低碳、循环发展，规范国家生态工业示范园区建设管理工作，制定本办法。

第二条 本办法所称生态工业是指综合运用技术、经济和管理等措施，将生产过程中剩余和产生的能量和物料，传递给其他生产过程使用，形成企业内或企业间的能量和物料高效传输与利用的协作链网，从而在总体上提高整个生产过程的资源和能源利用效率、降低废物和污染物产生量的工业生产组织方式和发展模式。

第三条 本办法所称国家生态工业示范园区是指依据循环经济理念、工业生态学原理和清洁生产要求，符合《国家生态工业示范园区标准》（以下简称《标准》）和其他相关要求，并按规定程序通过审查，被授予相应称号的新型工业园区。

第四条 本办法适用于国家生态工业示范园区的申报、创建、验收、命名、监督等管理工作。

省级生态工业园区创建活动可参照本办法执行。

第五条 国家生态工业示范园区建设协调领导小组（以下简称：领导小组）由环境保护部、商务部和科学技术部组成。领导小组负责国家生态工业示范园区（以下简称：示范园区）的批准建设、命名和综合协调工作。

领导小组下设办公室（以下简称：办公室），由环境保护部科技标准司、商务部外国投资管理司和科学技术部高新技术发展及产业化司组成，办公室设在环境保护部科技标准司，负责示范园区建设管理工作。适时召开领导小组工作会议，定期召开办公室年度工作会议。

各省、自治区、直辖市环保、商务和科技行政主管部门按职责分工，负责辖区内示范园区的建设和管理工作。

第二章 申报与创建

第六条 本办法所指示范园区是具有法定边界和明确的区域范围，具备统一的区域管理机构或服务机构（以下统称：园区管理机构），由省级以上人民政府批准成立的各类工业园区。

商务、科技等国家行政主管部门管理的各类工业园区创建和申报示范园区，应分别符合相应部门的管理要求。

园区管理机构负责示范园区的申报、创建和管理工作。

第七条　示范园区的创建活动实行自愿申报、自主创建、注重过程、注重实效的原则。

重点推进国家级经济技术开发区、国家高新技术产业开发区、发展水平较高的省级工业园区或其他特色园区，积极开展示范园区创建活动。

第八条　开展创建活动的工业园区应编制国家生态工业示范园区建设规划和技术报告（以下统称"建设规划"）。建设规划应参照《生态工业园区建设规划编制指南》（HJ/T 409—2007）编写。园区管理机构可自行或委托第三方机构编制建设规划。建设规划应对照《标准》明确园区验收考核指标，以及重点支撑项目。

所有考核指标所需基础数据，在建设规划中注明数据合法来源，基础数据在建设规划论证时备查并作为验收依据存档。

第九条　拟开展示范园区创建工作的工业园区，向园区所在地省级环境保护、商务、科技行政主管部门提交示范园区创建申请，经三部门同意后，由省级环境保护行政主管部门报办公室，创建申请材料一式三份，包括：

（一）园区创建推荐书（格式见附件1）。

（二）园区管理机构出具的示范园区创建申请。

（三）园区管理机构出具的环境守法承诺书。

主要内容包括：一是承诺有效贯彻执行了国家和地方有关环境保护的法律、法规、制度及各项政策，未发生严重污染环境事件，或重、特大突发环境事件；二是承诺重点污染源稳定排放达标；三是承诺所有企业完成国家或地方重点污染物总量控制指标；四是承诺具有完善的环境风险管理制度和环境应急保障措施。承诺时间段为申请创建之日前3年内。

（四）工业园区规划环境影响评价完成情况证明：提交符合工业园区规划范围的规划环境影响评价报告书和审查意见。对于申请时规划范围的规划环评已经超过5年的，应提交跟踪环评或者后评价的相关文件。

（五）示范园区建设规划和技术报告。

第十条　办公室每半年集中组织开展示范园区建设规划的专家论证工作。

第十一条　示范园区建设规划通过论证后，领导小组成员单位联合发文批准工业园区开展示范园区建设。

通过论证的建设规划原则上应由工业园区所在地人民政府审议后颁布实施。建设规划未通过论证的园区管理机构可对建设规划修改完善后重新申请论证。

第十二条　在创建工作中，建设规划内容发生重大调整的，管理机构应及时做出调整说明，并通过所在地省级环境保护行政主管部门向办公室报告。办公室认为有必要的，可要求工业园区停止创建工作，并重新申请论证。

需要说明并报备的建设规划调整情况包括：

（一）建设规划指标及预期指标值调整；

（二）建设规划重点支撑项目调整（项目内容、建设期限、投资方式等）；

（三）园区管理机构调整（机构性质、管辖范围等）。

第十三条　园区管理机构应加强档案管理，创建工作相关资料将作为技术核查、考核验收和复查的基本依据。

第三章　验收与命名

第十四条　按照建设规划完成创建工作，符合本办法各项要求，达到《标准》和《建设规划》目标的工业园区，由园区管理机构按要求编制示范园区验收申请材料（格式见附件2），报省级环境保护行政主管部门审查通过后，向办公室提出验收申请。

省级环境保护行政主管部门应征求省级商务、科技等行政主管部门的意见。

第十五条　对符合要求的申请，办公室于接到申请之日起30个工作日内组织核查组到工业园区进行技术核查。核查内容为：

（一）示范园区批准建设以来是否发生严重污染环境事件，或重、特大突发环境事件；

（二）评价指标数据支撑材料是否全面、完整、真实；

（三）指标计算方法正确性和结果的准确性；

（四）示范园区创建重点支撑项目的真实性与运行有效性；

（五）年度评价报告内容、数据与验收申请材料的一致性；

（六）已报备的建设规划调整说明的合理性。

第十六条　办公室在技术核查结束后向工业园区反馈核查意见；对技术核查中发现的问题，工业园区应立即整改，整改到位后向办公室提交整改后的验收材料以及对整改内容的说明。

办公室在60个工作日内组织专家组对通过技术核查的工业园区进行验收。工业园区所在地环保、商务和科技行政主管部门参与验收工作。

对于建设成效较为突出且验收材料准备较完善的工业园区，可将技术核查与验收合并开展。

第十七条　验收工作结束后，办公室在环境保护部政府网站等媒体公示通过验收、拟命名的工业园区相关信息，同时公布举报电话和邮箱，接受社会公众监督。公示时间为15个自然日。

公示期间若收到与示范园区创建相关举报信息，由办公室委托省级环境保护行政主管部门会同相关部门调查核实。经核实，举报信息属实且导致示范园区建设验收结果不能成立的，不予命名。

第十八条　办公室将公示结果无异议的工业园区名单及相关材料报领导小组审批。通过审批的工业园区，由领导小组成员单位联合发文予以命名。

获得命名的工业园区按规范的规格样式自行制作标牌（要求见附件3）。

第十九条　未通过第十五条、第十六条、第十七条规定审查的工业园区，园区管理机构应认真整改后按照第十四条规定向办公室重新申请验收。自获得批准建设起满5年没有通过验收的工业园区视为创建未完成，不再列入建设园区名单。如继续创建，应按照本办法第二章要求重新申请创建。

第四章　监督与管理

第二十条　获得命名的工业园区应采取有效措施，在建设和发展过程中，保持生态工业发展水平，保证评价指标数据统计、分析体系正常运行。

获批开展示范园区建设和获得命名的工业园区每年应对生态工业建设绩效进行自评价，形成年度评价报告，（内容要求见附件4），于次年5月底前报送办公室。年度评价报告中应按本办法和《标准》中的各项要求填写对照考核表。

第二十一条　自获得示范园区命名之日起，每3年开展一次复查。复查采取抽查方式，由办公室组织实施，提出拟复查名单并发布。

第二十二条　复查工作主要包括：

（一）听取园区管理机构对示范园区建设工作汇报；

（二）审核示范园区建设达标情况；

（三）检查示范园区建设工作的档案资料；

（四）现场评估，对重点企业和重点内容进行现场走访，核实相关数据和情况；

（五）形成并通报复查意见。

第二十三条　复查结果由办公室统一发布。对通过复查的示范园区，予以确认；未通过复查的，限期整改。

第二十四条　领导小组对有以下情况的示范园区撤销称号；处于建设阶段的园区，从批准建设园区中除名。出现下列（一）和（二）情形的，三年内不得再次申请创建。

（一）发生严重污染环境事件，或重、特大突发环境事件的；

（二）存在数据、资料弄虚作假的；

（三）复查未通过，且整改后仍达不到要求的；

（四）不能按时按要求提交年度评价报告的；

（五）发生重大变化，不再符合《标准》及相关要求，园区管理机构主动提出申请的；

（六）其他经核实并认定有必要的。

第二十五条　园区管理机构应指定或专门设立职能部门承担示范园区创建、申报和示范阶段的相关工作，形成长效机制，确保示范园区稳定运行。

第二十六条　办公室向社会公众公开示范园区名单和获批开展示范园区建设的工业园区名单、基本信息、论证结果、验收结果、年度评价报告、示范园区撤销通报以及相关信息动态等。

获批开展示范园区建设的工业园区应向社会公众公开建设目标、任务、内容、进展及成效，污染减排成效和环境质量改善状况等相关信息。同时积极配合环保、商务和科技等三部门推广园区创建的成功经验和有益做法，发布相关数据和信息；积极参加相关培训、交流、产业对接活动，加强园区间的交流、合作和互鉴。

第五章　其他事项

第二十七条　办公室负责征集、遴选专家，组建示范园区工作专家库。专家库实行动态管理，适时更新，为示范园区的建设和管理工作提供技术支持。办公室成员单位可推荐有关专家充实到专家库，推动专家组成更加多元化。

专家应认真履责，严格把关，并提出建设性意见。来自承担工业园区第三方机构的专家应回避该园区的各项论证检查工作。

第二十八条　领导小组成员单位探索建立和完善促进园区生态化发展的激励机制和政策体系。鼓励批准建设的园区探索购买第三方服务为园区验收、复查和监督管理工作提供技术支撑。

第二十九条　第三方机构在相关技术咨询工作中对数据、资料弄虚作假的，在环保部网站公开该机构名称，且该机构三年内不得参与示范园区相关技术咨询服务工作。

第三十条　办公室工作人员和相关专家在示范园区管理过程中，应廉洁自律，遵守廉政相关规定。

第三十一条　办公室开展示范园区管理工作所需经费纳入财政预算，并按相关规定管理。

第三十二条　各级地方人民政府有关部门及环境保护行政主管部门应出台具有针对性的扶持政策，对处于建设阶段的工业园区和已命名的示范园区建设污染防治基础设施、资源能源综合利用项目、生态工业链项目等优先审批立项，并设立专项基金给予补贴或实施税收优惠。加大示范园区科技创新扶持力度，鼓励建立有利于循环经济、节能环保产业发展等方面技术创新平台。

第六章　附则

第三十三条　本办法自发布之日起实施，原办法废止。

附件1　国家生态工业示范园区创建推荐书

国家生态工业示范园区创建推荐书

园区名称：_____

管理机构名称：_____（加盖公章）

填报时间：_____

一、园区基本情况				
园区所在地：	省（自治区、直辖市）		市（区）	
通信地址				
邮政编码		成立时间		
园区类型	经济技术开发区□　　　高新技术产业开发区□ 保税区　　　　□　　　出口加工区　　　□ 边境经济合作区□　　　其他　　　　　　□			
二、园区管理机构情况				
园区管理机构性质	政府□　　　政府派出机构□　　　企业□			
园区管理机构负责人	姓名			
	职务			
	电话			
园区生态工业示范工作职能部门	部门名称			
	部门负责人			
	电话			
	传真			
三、园区生态工业建设规划编制情况				
建设规划编制情况	编制时间			
	编制单位			
四、省级商务行政主管部门意见				
签名　　　　盖章　　　　年　　月　　日				
五、省级科技行政主管部门意见				
签名　　　　盖章　　　　年　　月　　日				
六、省级环境保护行政主管部门意见				
签名　　　　盖章　　　　年　　月　　日				

附件2 国家生态工业示范园区验收申请表（格式）

国家生态工业示范园区验收申请表

工业园区名称：_____

园区管理机构名称：_____（盖公章）

申请日期：_____

一、园区基本情况			
园区所在地：	省（自治区、直辖市）　　市（区）		
通信地址			
邮政编码		成立时间	
园区级别	国家级□	省级□	其他□
园区类型	经济技术开发区□　　高新技术产业开发区□ 保税区　　　　　□　　出口加工区　　　　□ 边境经济合作区□　　其他　　　　　　　　□		

二、园区管理机构情况		
园区管理 机构性质	政府□　　政府派出机构□　　企业□	
园区管理机构法定代表 人（或主要负责人）	姓名	
	职务	
	电话	
负责园区生态工业工作 的职能部门	部门名称	
	部门负责人	
	部门负责人电话	
	联系人	
	联系人电话	
	传真	
	邮箱	

三、园区创建国家生态工业示范园区工作情况	
获得创建批准时间	
建设规划是否经所在地人民政府批准实施	是□　　否□

四、省级环境保护行政主管部门意见（盖章）

签名　　　盖章　　　年　月　日

附：

园区验收报告提纲

一、园区概况

1. 基本情况（包括园区成立时间、发展概况、地理位置、主要资源条件、管理机构情况、生态工业园区建设历程等内容）。

2. 经济状况（描述园区经济、工业发展水平，具体数据要包括近三年园区总产值、地区生产总值、工业增加值、经济发展速度等）。

3. 环境现状（描述园区整体的环境质量、污染源情况、污染排放情况、环境风险情况、环境管理情况）。

二、评价目的和依据

1. 评价目的

通过收集园区经济发展、资源能源利用、生态工业链构建、污染物排放、环境风险防控和预警体系建设、管理机构建设等资料，评价园区与国家生态工业示范园区标准的符合性。

2. 评价区域范围

为园区法定边界内的区域，附示意图说明。

3. 评价期限

明确园区的考核时段为建设规划基准年至验收年。

4. 评价依据

《国家生态工业示范园区管理办法》和《国家生态工业示范园区标准》中的各项要求。

三、标准符合性评价

1. 标准中评价指标达标情况分析，根据建设规划选定的必选和可选指标，对照标准指标值要求，逐项分析各指标的达标情况，详列考核时段内各指标的数据采集方法、数据来源、计算过程、原始数据清单，分析重点工程项目、具体工作、措施与指标达标的逻辑关系和支撑性。

2. 园区整体达标情况总结（应对照标准列表逐项说明园区各指标的数值和达标情况）。

四、国家生态工业示范园区建设规划完成情况总结

1. 说明建设规划编制时间、范围、通过论证时间等基本情况。

2. 建设规划方案完成情况。对照建设规划，分别阐述园区主导行业生态工业链构建

情况，节能减排和污染控制情况和宣传教育等保障措施完成情况。

3. 建设规划目标完成情况。逐项分析建设规划目标（指标）完成情况，及对于建设规划目标指标做出调整的说明。

4. 建设规划重点项目落实情况。逐项阐述园区建设规划重点项目完成情况，及对建设规划重点项目调整的说明，是否有替代项目等，重点阐明项目完成对指标提升的意义。

5. 分析建设规划实施给园区带来的经济效益、环境效益、生态效益、社会效益分析。

五、建设特点和经验总结

总结园区在国家生态工业示范园区建设过程中的典型做法和措施、体制机制创新和突破、经济社会环境协调发展成果和效益，包括在生态工业链网构建与完善、主要污染物污染控制、环境风险防控和预警体系建设以及生态工业关键项目引进和实施以及园区管理机制的完善等方面的内容，提炼建设生态工业园区过程中可供其他园区借鉴的经验。

六、园区建设存在问题和下一步计划

总结园区在国家生态工业示范园区建设过程中存在的问题，有针对性地提出下一步的工作计划。

附件3

国家生态工业示范园区标牌规格

材质：黄铜板材

规格：长500mm，宽300mm，厚40mm

文字颜色：黑色

字体：黑体

示意图：

国家生态工业示范园区

中华人民共和国环境保护部　中华人民共和国商务部　中华人民共和国科学技术部

年　月　日

注：示意图中时间为领导小组成员单位联合发文命名的日期。

附件4

国家生态工业示范园区建设年度评价报告体例

一、国家生态工业示范园区建设主要工作回顾

对汇报年国家生态工业示范园区建设开展的主要工作加以回顾总结，回顾政府、企业、第三方机构以及公众在生态工业园区建设中发挥的作用和具体的行为，总结国家生态工业示范园区建设规划完成情况，包括生态工业链网构建与完善、主要污染物污染控制以及生态工业关键项目引进和实施以及园区管理机制的完善等内容。

二、建设主要成果

从资源能源利用效率和生态效率提升、环境质量改善以及园区整体发展等方面，总结国家生态工业示范园区建设取得的主要成果，并填写对照考核表。考核表数据全部填报，其中自选指标注明是否为考核指标，格式见附表。

三、建设中存在的问题和制约因素

园区在发展过程中遇到的问题和当前限制园区发展主要的制约因素。对于未验收园区应根据目前园区与国家生态工业示范园区标准要求之间存在的差距，分析存在差距的主要原因。

四、下一阶段工作计划

根据园区发展现状和存在的问题，提出下一年度国家生态工业示范园区建设的目标、任务和工作内容。

附表：对照考核表（表内指标需全部填报数据，选择为考核指标的考核其达标情况）

国家生态工业示范园区对照考核表							
园区名称：				填报时间：　　年　　月　　日			
考核指标							
分类	序号	指标	单位	要求	是否为考核指标	建设规划基准年值	当年现状值
经济发展	1	高新技术企业工业总产值占园区工业总产值比例	%	≥30	是/否		
	2	人均工业增加值	万元/人	≥15	是/否		
	3	园区工业增加值三年年均增长率	%	≥15	是/否		

国家生态工业示范园区对照考核表

园区名称：　　　　　　　　　　　　填报时间：　　年　　月　　日

考核指标

分类	序号	指标	单位	要求	是否为考核指标	建设规划基准年值	当年现状值
经济发展	4	资源再生利用产业增加值占园区工业增加值比例	%	≥30	是/否		
产业共生	5	建设规划实施后新增构建生态工业链项目数量	个	≥6	必选		
	6	工业固体废物综合利用率①	%	≥70	是/否		
	7	再生资源循环利用率②	%	≥80	是/否		
资源节约	8	单位工业用地面积工业增加值	亿元/平方公里	≥9	是/否		
	9	单位工业用地面积工业增加值三年年均增长率	%	≥6	是/否		
	10	综合能耗弹性系数	—	当园区工业增加值建设期年均增长率>0，≤0.6 当园区工业增加值建设期年均增长率<0，≥0.6	必选		
	11	单位工业增加值综合能耗①	吨标煤/万元	≤0.5	是/否		
	12	可再生能源使用比例	%	≥9	是/否		
	13	新鲜水耗弹性系数	—	当园区工业增加值建设期年均增长率>0，≤0.55 当园区工业增加值建设期年均增长率<0，≥0.55	必选		
	14	单位工业增加值新鲜水耗①	立方米/万元	≤8	是/否		
	15	工业用水重复利用率	%	≥75	是/否		
	16	再生水（中水）回用率	%	缺水城市达到20%以上 京津冀区域达到30%以上 其他地区达到10%以上	是/否		
环境保护	17	工业园区重点污染源稳定排放达标情况	%	达标	必选		

国家生态工业示范园区对照考核表

园区名称：				填报时间：		年　月　日		
考核指标								
分类	序号	指标	单位	要求	是否为考核指标	建设规划基准年值	当年现状值	
环境保护	18	工业园区国家重点污染物排放总量控制指标及地方特征污染物排放总量控制指标完成情况	—	全部完成	必选			
	19	工业园区内企事业单位发生特别重大、重大突发环境事件数量	—	0	必选			
	20	环境管理能力完善度	%	100	必选			
	21	工业园区重点企业清洁生产审核实施率	%	100	必选			
	22	污水集中处理设施	—	具备	必选			
	23	园区环境风险防控体系建设完善度	%	100	必选			
	24	工业固体废物（含危险废物）处置利用率	—	100	必选			
	25	主要污染物排放弹性系数	—	当园区工业增加值建设期年均增长率>0，≤0.3　当园区工业增加值建设期年均增长率<0，≥0.3	必选			
	26	单位工业增加值二氧化碳排放量年均削减率①	%	≥3	必选			
	27	单位工业增加值废水排放量①	吨/万元	≤7	是/否			
	28	单位工业增加值固废产生量①	吨/万元	≤0.1	是/否			
	29	绿化覆盖率	%	≥15	必选			
信息公开	30	重点企业环境信息公开率	%	100	必选			
	31	生态工业信息平台完善程度	%	100	必选			
	32	生态工业主题宣传活动	次/年	≥2	必选			

①园区中某一工业行业产值占园区工业总产值比例大于70%时，该指标的指标值为达到该行业清洁生产评价指标体系一级水平或公认国际先进水平。

②"指标4"无法达标的园区不能选择此项指标作为考核指标。

索引